Sewing Pattern Book II

Dress

详尽的服装版型教科书

裙装篇

〔日〕野木阳子　著
边冬梅　译

河南科学技术出版社
·郑州·

目录

※身片、袖子、领口、领子均可自由组合
※由于特大款是单独设计的，所以上述做法不适用

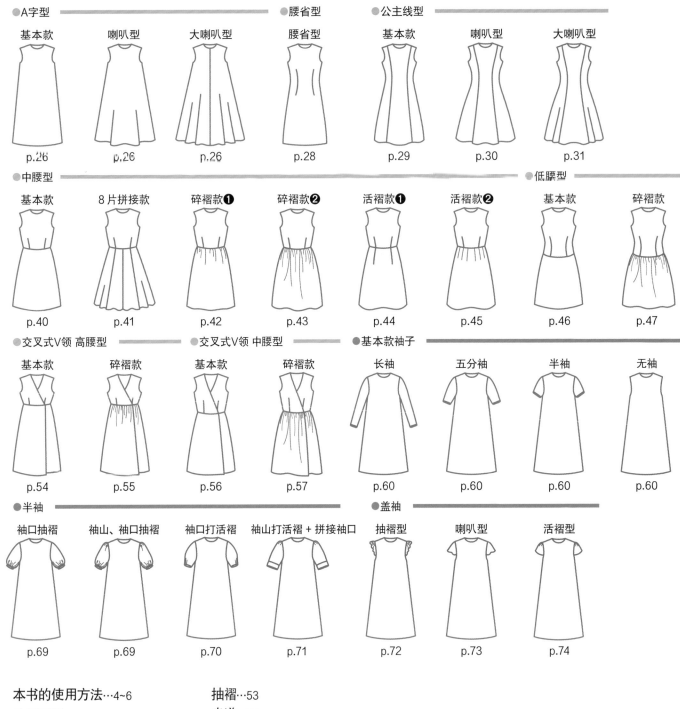

身片的变化
袖子的变化
领口、领子的变化

刀背线型

- 基本款 p.32
- 喇叭型 p.33
- 大喇叭型 p.34

高腰型

- 基本款 p.35
- 抽褶款 p.36
- 碎褶款 p.37
- 活褶款❶ p.38
- 活褶款❷ p.39
- 活褶款❶ p.48
- 活褶款❷ p.49

过肩型

- 碎褶款 p.50
- 细褶款 p.51
- 活褶款 p.52

特大款

- 基本款 p.58
- 喇叭型 p.59

长袖

- 袖口抽褶 p.62
- 袖山、袖口抽褶 p.62
- 灯笼袖 p.63

七分袖

- 喇叭袖 p.64
- 袖口穿松紧带 p.65

五分袖

- 贴边袖口 p.66
- 灯笼袖 p.67
- 郁金香袖 p.68

领口

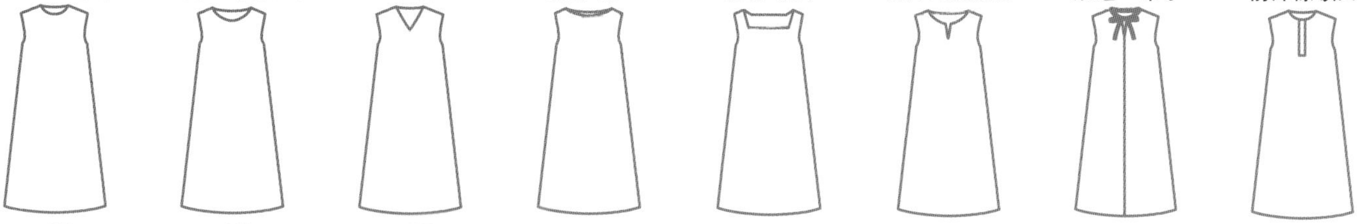

- 圆领口（基本款） p.76
- 圆领口（宽大型） p.76
- V 形领口 p.77
- 船形领口 p.78
- 方形领口 p.79
- 前开口加贴边 p.80
- 滚边 + 带子 p.81
- 前开襟领口 p.82

领子

- 衬衫领 p.84
- 平翻领 p.85
- 圆翻领 p.86

尝试制作连衣裙吧

图片页 / 制作方法页

本书的使用方法

图片
为了不因面料的质地产生误差，书中作品均使用较薄的宽幅平纹布制作。根据需要展示前身、侧身、后身。

索引
标示部件的变化和部件的类别。

部件的种类
标示身片、袖子、领子等部件的变化和名称。

说明
解释说明款式的特征和制作要点等。

纸样

此处把实物等大纸样缩小了，只表示部件的使用方法。

●【　】内的字母表示实物等大纸样所在的页面，其后面的文字表示部件的名称。

●灰色的部分…实物等大纸样上多条线条重叠，为了容易辨别，将本页面作品使用的部分标注为灰色。单独使用的部件上面没有着色。

●基本款上内侧的线条是成品线（纸样上标示的线），外侧线条是缝份线。

●缝份的宽度、黏合衬、布纹线的标示只是基本标准。可根据设计和缝纫方法的不同进行改变，在此仅作为参考。

●由直线构成的部件基本上没有纸样，只在图示上面标注了尺寸。

●本书图中表示长度的数字，未注明的均以厘米（cm）为单位。

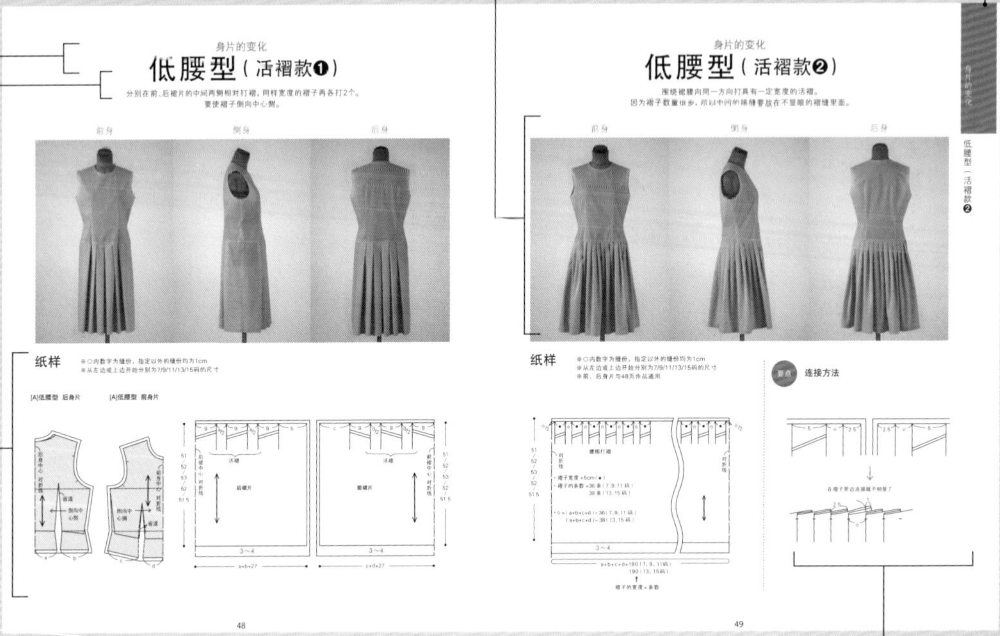

要点
要点中记载着制作方法的部分说明、设计方法、便于制作的提示等。但并非所有页面都有这部分内容。

纸样的描绘方法

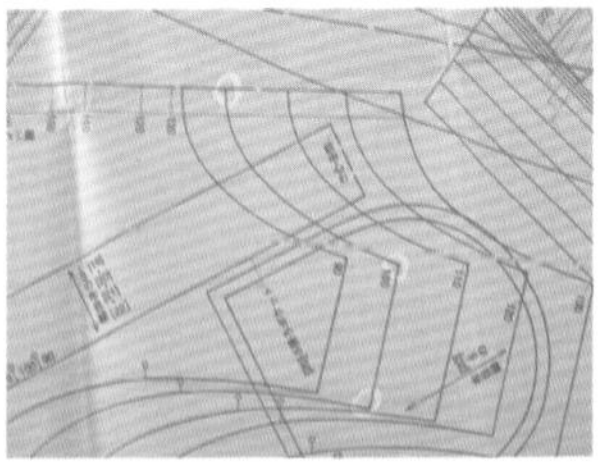

1. 从实物等大纸样中选择想做的设计和尺寸，用记号笔等做标记。

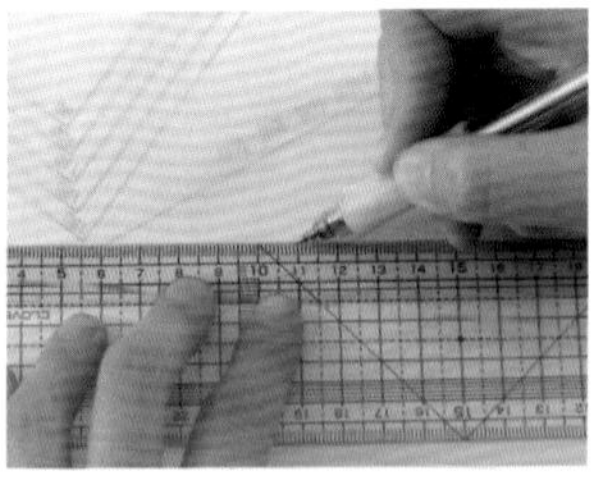

2. 将硫酸纸放在实物等大纸样上，注意不要移动。使用方格尺描线。

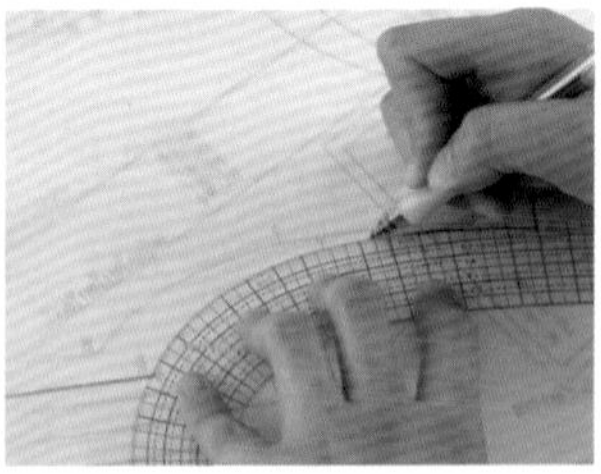

3. 曲线部分用直尺一点点挪着描绘，用弯尺的话就与弯尺的弧度对齐描绘。

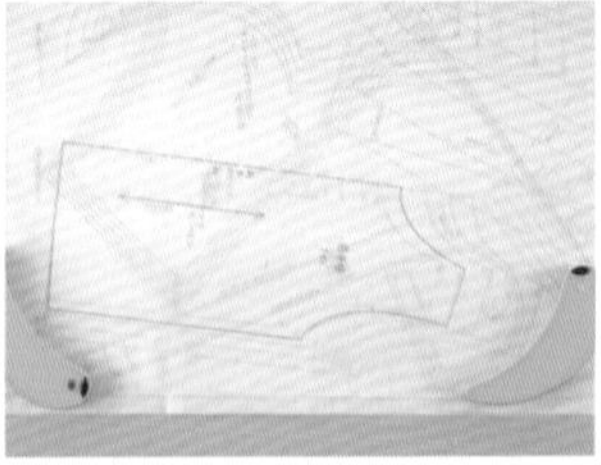

4. 还要在纸样上标上布纹线、对接符号、部件名称等。

测量尺寸

本书以下表尺寸为标准，从7码到15码依次列出相关数据。请测量个体尺寸，确认哪个尺码更适合。

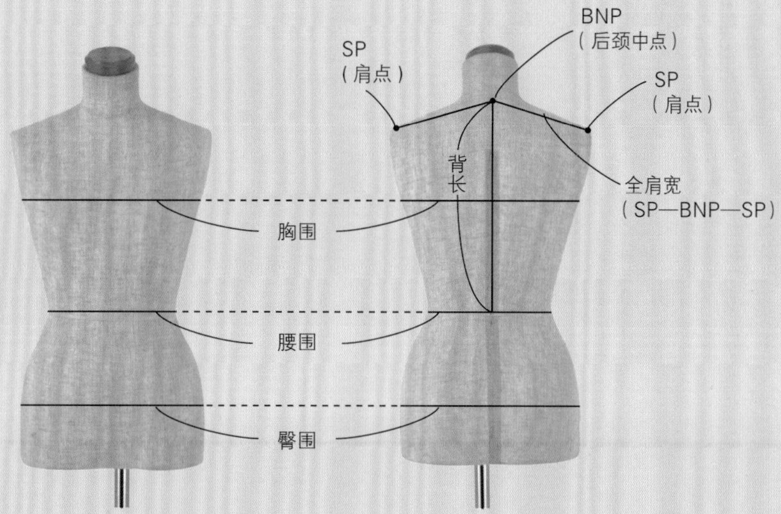

尺寸表

在穿着内衣的情况下测量的尺寸（裸尺寸）

单位：cm

号码（码）	胸围	腰围	臀围	全肩宽	身高	背长
7	80	60	86	38	150～156	38
9	84	64	90	39	156～162	39
11	88	68	94	40	162～168	40
13	93	73	99	41	162～168	40
15	98	78	104	42	162～168	40

成品尺寸

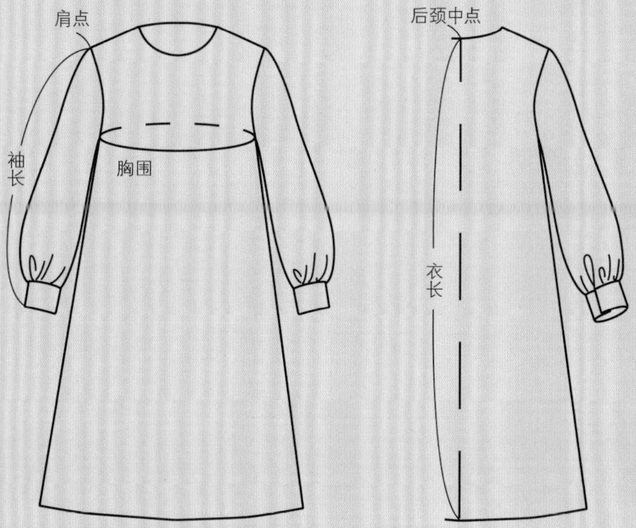

各部件的名称

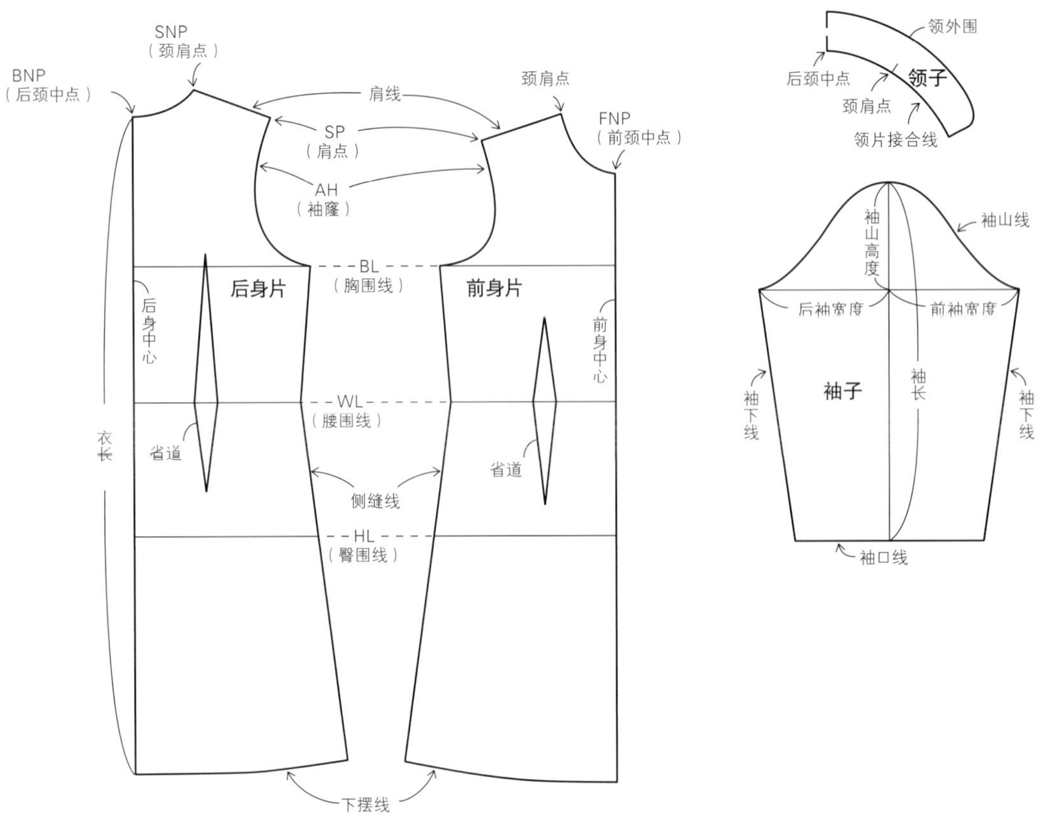

线条的种类及符号

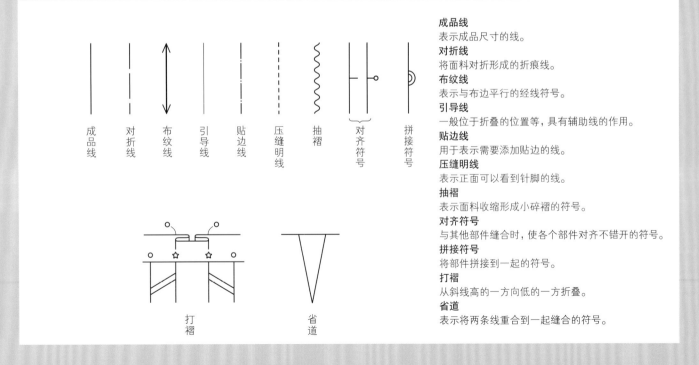

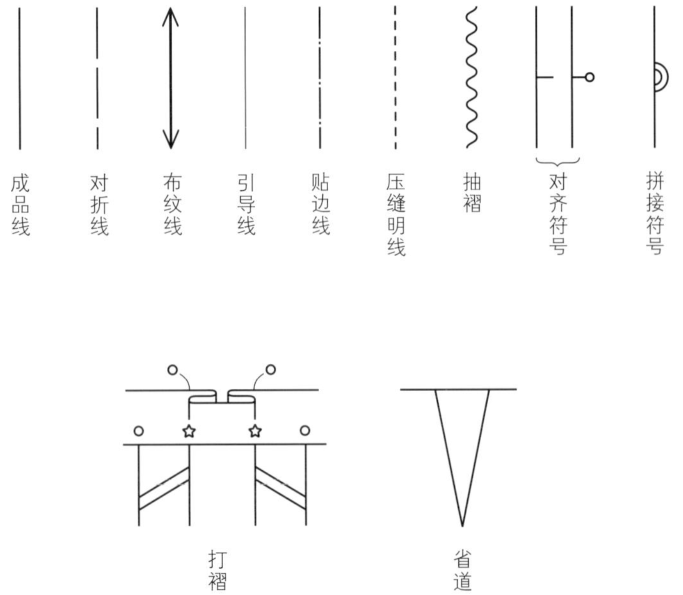

成品线
表示成品尺寸的线。
对折线
将面料对折形成的折痕线。
布纹线
表示与布边平行的经线符号。
引导线
一般位于折叠的位置等，具有辅助线的作用。
贴边线
用于表示需要添加贴边的线。
压缝明线
表示正面可以看到针脚的线。
抽褶
表示面料收缩形成小碎褶的符号。
对齐符号
与其他部件缝合时，使各个部件对齐不错开的符号。
拼接符号
将部件拼接到一起的符号。
打褶
从斜线高的一方向低的一方折叠。
省道
表示将两条线重合到一起缝合的符号。

关于面料

面料的选择在确定款式和设计方面非常重要。要了解面料的种类和特性，才能够完成和想象中一样的作品。

相关术语

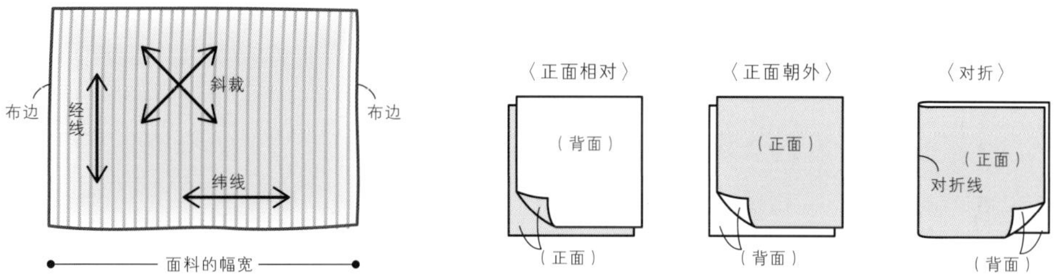

面料的准备

[过水]

有的面料会因洗涤而收缩，这种面料在裁剪之前要浸入水中使其收缩。但是，浸入水中就会脱色或手感发生变化的面料（如化学纤维和丝绸面料等）不宜过水。

●棉（棉布）、麻（亚麻布）

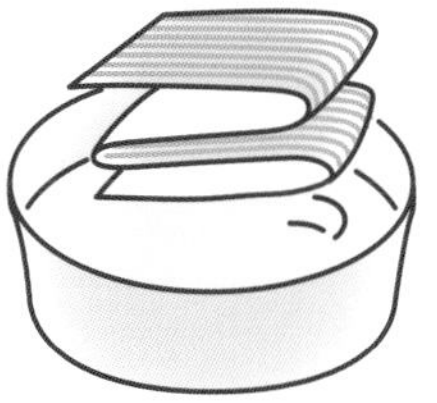

1. 将面料充分浸泡到冷水中，浸泡一个晚上。

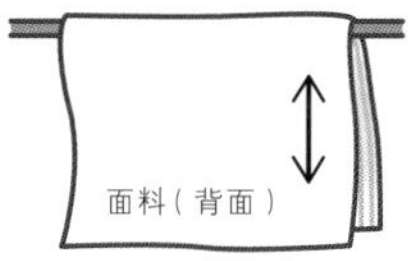

2. 轻轻挤出水，整理布纹后阴干。

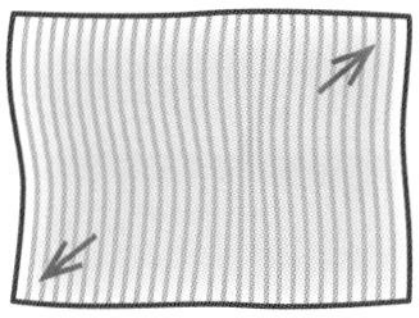

3. 在完全干透之前，伸展面料，将经线和纬线整理成相互垂直的状态。

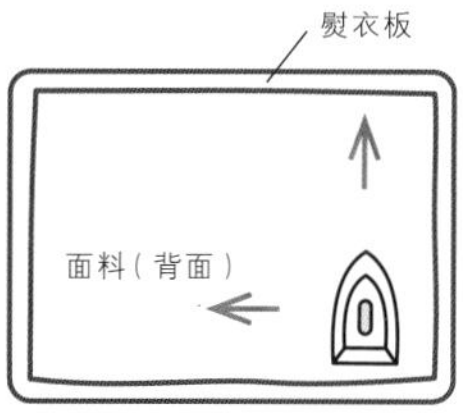

4. 在半干的状态下，沿着布纹线从背面熨烫。

●化学纤维（化纤面料）

这种面料不用过水，也不用修整。如果担心起皱，可用熨斗低温轻轻烫平。

●绢（丝绸面料）

这种面料不宜过水，用熨斗低温熨平布纹即可。

●毛料

用喷雾器将面料全部喷湿，为防止水分蒸发，将其装入一个大大的塑料袋中，放置一个晚上。从塑料袋中取出，用熨斗低温熨烫背面熨平布纹。为了不影响面料的手感，可铺上一块垫布；或者熨烫时稍微向上悬空熨斗，一边修整一边熨烫。

[修整面料]

面料的经线和纬线不能歪斜，为此要对面料进行修整，这就叫作修整面料。

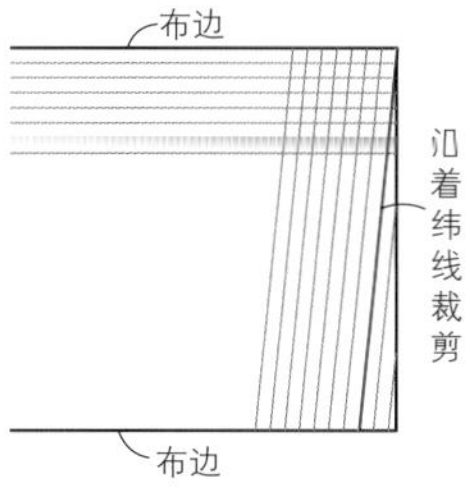

1. 布纹不直的情况下，沿着纬线裁剪。

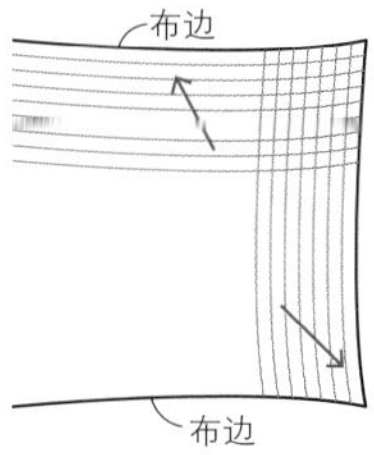

2. 拉展不直的地方。

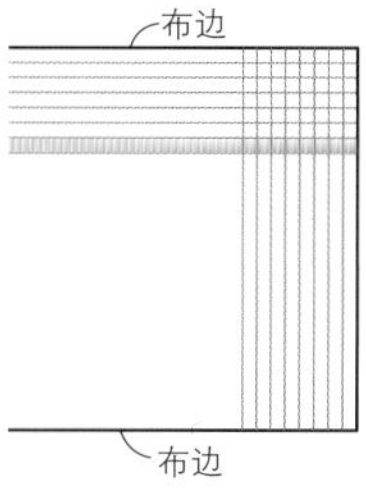

3. 一边将横、竖布纹修整成相互垂直的状态，一边熨烫。

带布边的情况下

在布边上剪很多个牙口，再用熨斗修整布纹。

面料的种类 ※样品面料均为10cm×10cm

亚麻面料

这是一种以亚麻为原料的天然纤维织成的面料，抗拉强度高、柔韧性好。这种面料吸水性强、有清凉感，适合制作夏季服装，但近年来一年四季都活跃在市面上。虽然处理起来有点麻烦，但是独特的褶皱和手感很受欢迎。很有立体感，是中间的印花布的亮点。

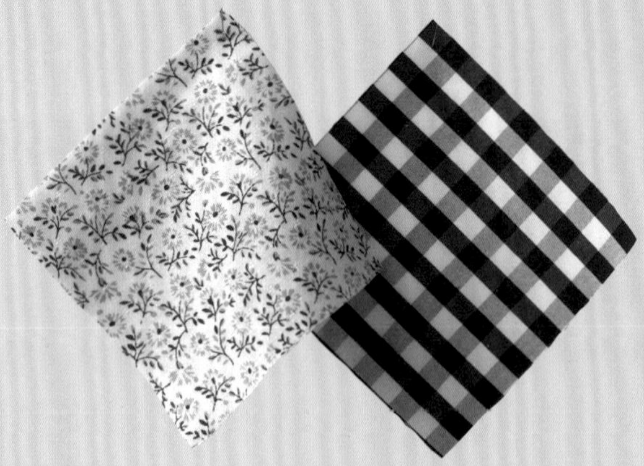

棉质面料

这种面料手感好、吸汗，可用于很多种衣服的制作。左边的花布是在提花织物上印了小花纹。右边的平纹方格面料是棉与聚酯纤维混纺而成的面料，所以不容易起皱，还有点光泽。建议用于有较多抽褶的设计。

灯芯绒、平绒

左边的是纵向条纹的细灯芯绒。使用时注意需要逆毛方向裁剪（各衣片都要保持一致的裁剪方向）。右边是经过起皱处理的平绒面料。厚的平绒面料很难处理，推荐使用薄的平绒面料。接触的瞬间就能感到温暖，适合秋冬装的制作。

中厚棉布

这是一款布纹致密的结实的面料，布纹不易走形，又很容易缝制。推荐用于A型设计和打活褶设计的款式。厚度适中又不透，所以适合制作连衣裙。代表性的面料有牛仔布等。

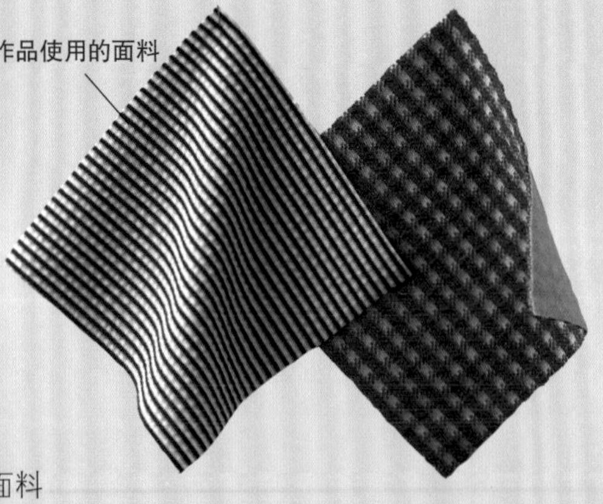

弹性面料

左边的条纹面料是带小凹凸的泡泡纱弹力针织面料。右边的格子面料是双层织的弹力针织面料。因为有弹性很贴身，所以穿着很舒服。如果选择伸缩性不太大的面料的话，家用缝纫机也能缝制。

丝绸

在天然纤维中，丝绸的优点是柔软而有光泽且手感好。丝绸面料种类丰富，既有垂感好的面料，也有有弹性的面料。垂感好的面料可做出漂亮的喇叭裙。推荐用于华丽优美的设计。

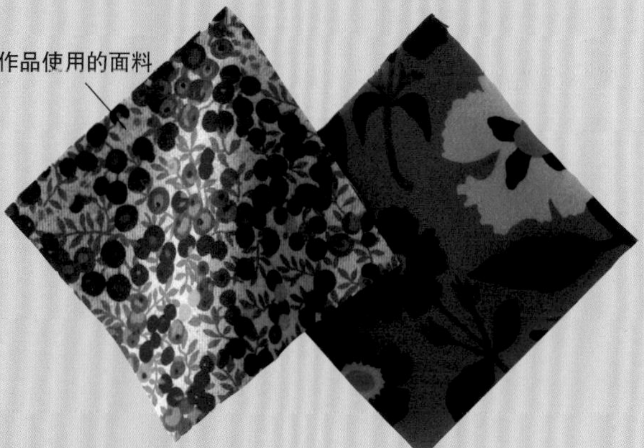

法兰绒、羊毛面料

左边的棉质法兰绒印花面料，因为是起绒的，所以优点是保暖、柔软。右边是平纹羊毛印花面料。虽然两者都很薄，但前者因具有温暖的手感而推荐用于秋冬连衣裙的制作，后者因轻薄可以用来制作有美丽褶子的裙装。

起绒羊毛面料、压缩针织羊毛面料

左边是起绒格子羊毛面料。大大的格子花纹的对接是必须的，所以在计算面料尺寸时需要注意。右边的是压缩针织羊毛面料，是将羊毛线织成的平纹布压缩而成的，所以非常密，看不到布纹。可用于秋冬连衣裙的制作。

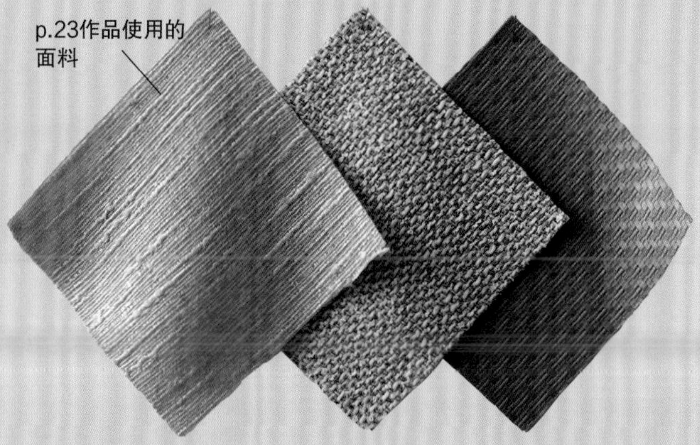

化纤面料

左边是混合粗花呢面料，中间是粗花呢面料，右边是提花面料。化纤面料不容易起皱，适合制作西服。中厚型面料不透且容易处理。也推荐使用与棉或蚕丝等天然纤维混纺的面料。

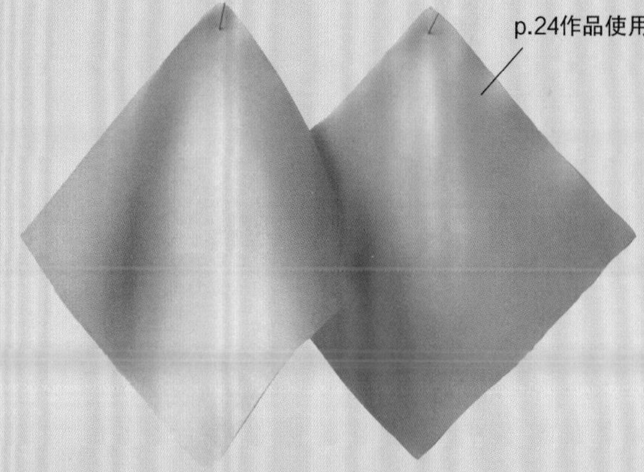

铜氨纤维面料（人造丝绸）

这种面料多采用棉籽上轧花之后残留的短纤维（棉短绒）等制作而成，是再生纤维。多用于里布。质感和颜色的种类都很丰富。非常光滑，但是比较难以裁剪和缝制，所以初学者最好还是选择有张力的面料。

[对接花纹]

对齐竖线和横线。竖线的话，后身中心、前身中心、袖子中心要搭配相同的花纹。横线的话，胸围线和袖宽线要在一条线上对齐花纹。

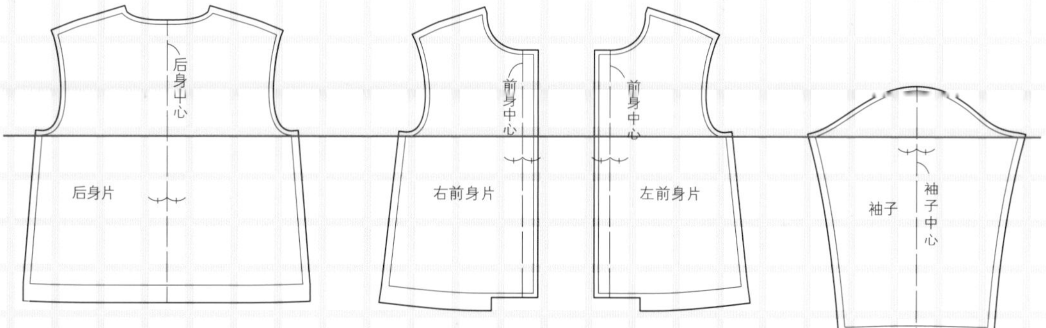

关于工具和材料

纸样制作、面料裁剪、完成缝合等都需要工具。
一开始没有必要全部准备齐全，但把使用方便的工具准备好，再开始轻松地缝纫吧。

工具和材料提供 / ★ = CLOVER株式会社、缝纫线=株式会社富士克

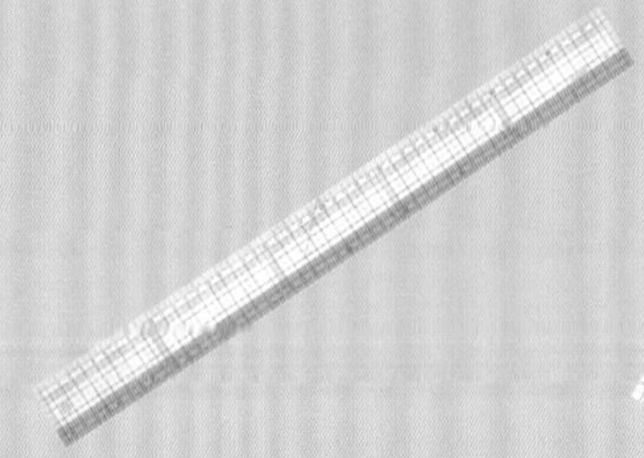

方格尺★
长度50cm、方格中印有数字且透明的尺子很方便。主要用于测量尺寸、描绘纸样等。

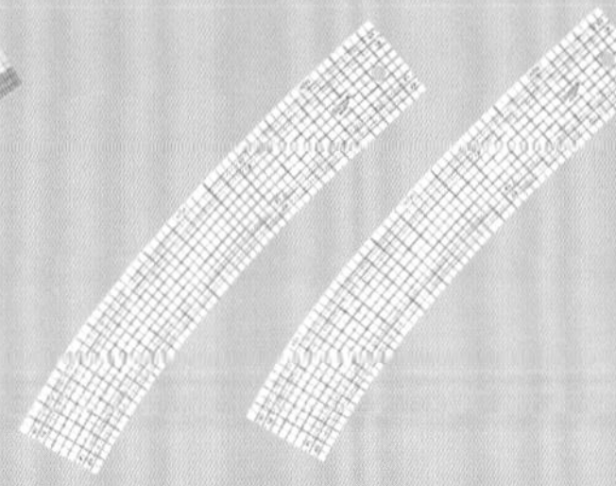

弯尺★
主要用于制图和描绘纸样时画曲线部分。

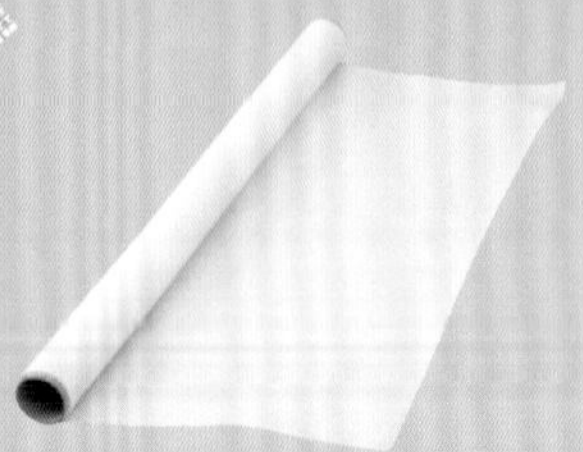

硫酸纸★
是一种可以看到下层东西的薄而结实的纸，主要用于制图和描绘纸样。

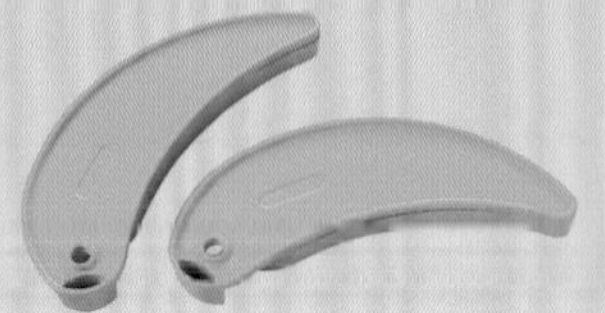

布镇★
是一种为压住纸样不让其错开的重物。

画粉笔★
这是一种能在面料上画出符号的铅笔。容易洗掉的水溶性笔比较方便。

布用复写纸★
用于在面料上画符号。有单面的也有双面的，与描线轮一起使用。

描线轮★
与布用复写纸一起使用。带有圆齿型的齿轮。

裁布剪刀★
用于裁剪面料的剪刀。如果裁剪面料以外的东西，刀刃就会变钝，所以只能用于面料裁剪。

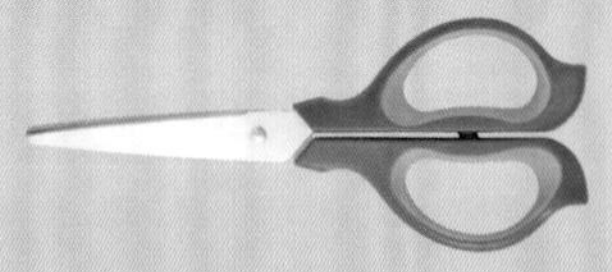

裁纸剪刀★
主要用于裁剪纸样等纸类和面料以外的松紧带、带子等。

剪线剪刀★
剪线用的剪刀。主要用于线头部分的剪切。

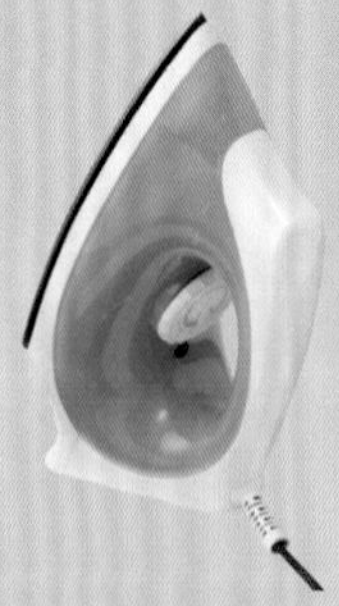

熨斗★
整理面料，伸展褶皱，整理形状，折叠、分开缝份等情况下，熨斗是必不可少的工具。每一道工序做完再用熨斗整理形状，效果就会有很大的提升。

缝纫机

家用缝纫机。推荐使用除了可以做直线缝之外，还可以做扣眼缝和布边处理的Z形机缝的缝纫机。

针插★

用于插放大头针和缝纫针等。

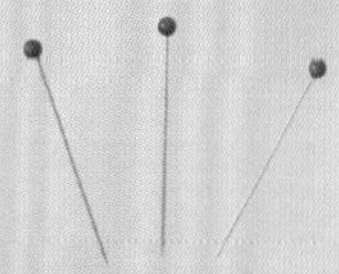

大头针★

用于面料之间的疏缝固定。玻璃针头耐热性强，插在上面直接用熨斗熨烫也没关系。

固定夹★

主要用于固定较厚面料或不想留有针眼的素材。

锥子★

锥子主要用于缝纫时往缝纫机里送布和调整衣角。

拆线刀★

主要用于拆开接缝或挖扣眼。

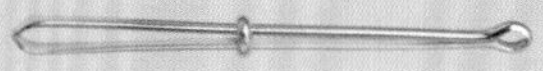

穿绳器★

用来穿松紧带或绳子的工具。

缝纫针和缝纫线

要选择适合所用面料的缝纫针和缝纫线，才能制作出漂亮的接缝。

缝纫针的号码越大针越粗，号码越小针越细。缝纫线的号码越大线越细，号码越小线越粗。

请根据面料的厚度和素材的不同选择使用。

面料的种类（标准）	缝纫针	缝纫线
薄面料 （细棉布、巴厘纱等）	9～11号	90号 
普通面料 （棉布、亚麻布、尼龙布、薄牛仔布、薄毛料）	11～14号	60号 
厚面料 （针织布、毛料、粗花呢面料等）	14～16号	60～30号 

缝纫线的色彩搭配

为了使接缝不那么显眼，

要使面料和缝纫线的颜色基本吻合，但也不是绝对的。

如果想使压缝的明线发挥装饰效果，

换用颜色醒目的缝纫线或粗线，也是一个诀窍。

浅颜色的情况下

可把样品缝纫线放到所用面料上，选择最为接近的颜色。没有完全吻合的颜色时，选择稍微浅一点的颜色的话，接缝不会太明显。

深颜色的情况下

可把样品缝纫线放到所用面料上，选择最为接近的颜色。没有完全吻合的颜色时，选择稍微深一点的颜色的话，接缝不会太明显。

印花布的情况下

可选择花纹中出现最多的颜色，能跟花纹融合到一起，接缝就不会太明显。

关于缝份

缝份的宽度和转角部分，可根据缝制方法和使用材料的不同有所改变。
使用容易绽开的面料和较厚的面料时，缝份稍微留多一点；弯度较大的地方，缝份留少一点，可灵活调整。
拿不定主意或有点担心的时候，可多留一点缝份，做好之后再剪去多余部分即可。

标准的缝份宽度

下摆、袖口等处折一折	2~4cm
下摆、袖口等处折两折	2~4cm
领子周围、领口等弯度较大的地方	0.7cm
其他地方（侧缝、袖下、肩部、袖窿等处）	1cm

缝份的预留方法

首先，缝份线（直线、曲线），使用方格尺与成品线平行画线。接着再画出转角处的缝份。转角处的缝份要根据缝纫方法和倒向的不同而不同，请参考下图，根据缝纫的顺序适当添加缝份。
※最基本的是延长先缝纫的一侧
※需要折边角（袖口和下摆等）时，延长折起的一侧

●转角处的缝份

A

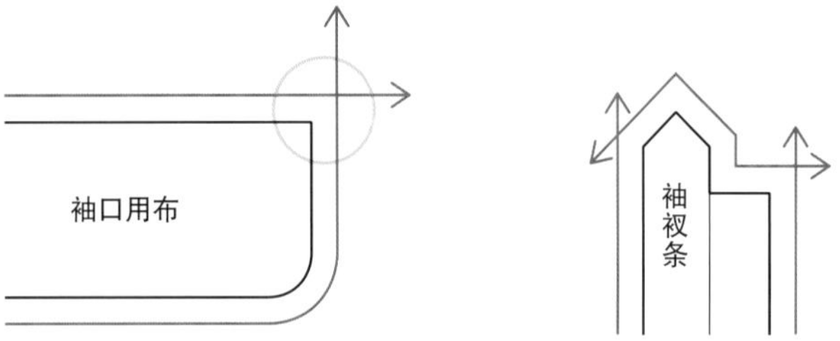

给袖口用布、领子和袖衩条等画缝份线时，使用方格尺平行延长。

B

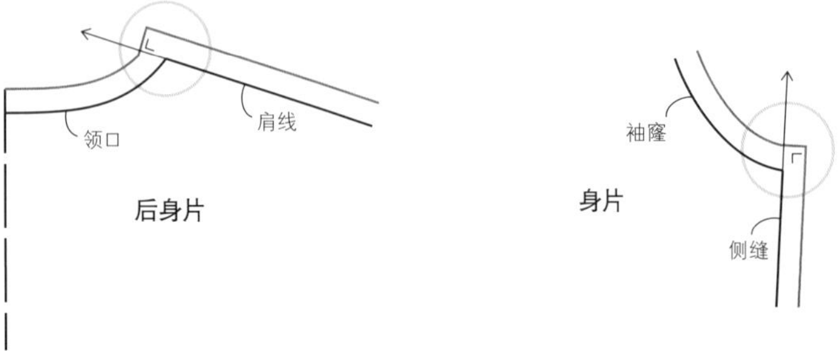

给侧缝、袖下、肩部等画缝份线时，与成品线的延长线相对画成直角。

C

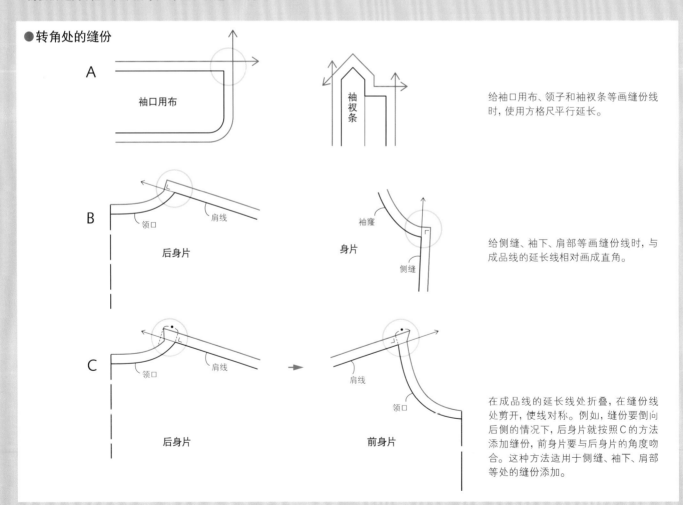

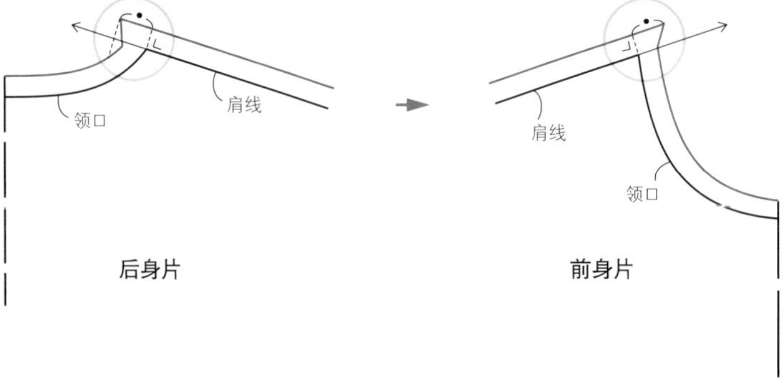

在成品线的延长线处折叠，在缝份线处剪开，使线对称。例如，缝份要倒向后侧的情况下，后身片就按照C的方法添加缝份，前身片要与后身片的角度吻合。这种方法适用于侧缝、袖下、肩部等处的缝份添加。

●需折叠的角处的缝份（以袖口为例进行说明）

折一折

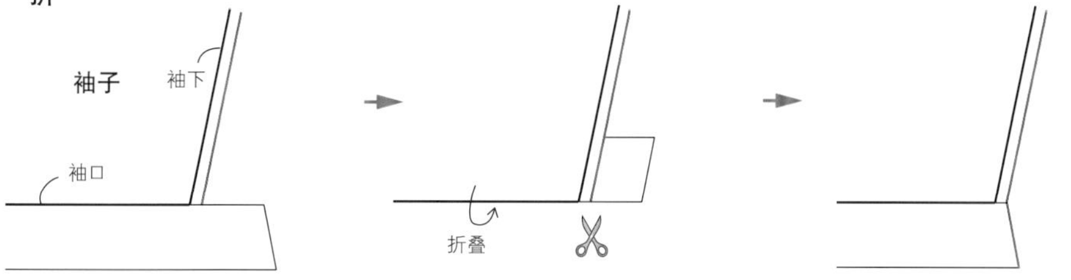

1. 延长袖口的成品线，在转角的下侧多预留一些，剪下纸样。

2. 在成品线处折叠，沿着袖下的缝份线剪去多余部分。

3. 必要的缝份就预留好了。

折两折

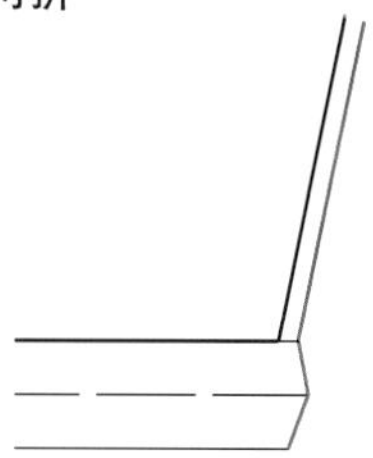

与折一折方法相同，将缝份折两折后剪去多余部分。

●省道 ※打褶也采取同样的方法

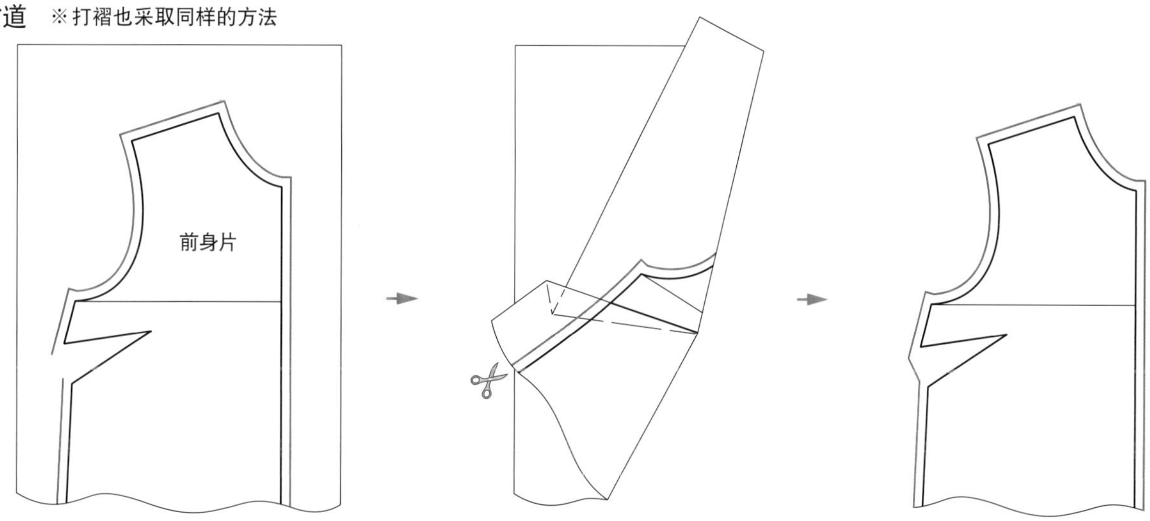

1. 留下省道部分，画出其他部分的缝份线。

2. 折叠省道，沿缝份线剪掉多余部分。
※ 注意省道的倒向

3. 必要的缝份就做好了。

添加缝份前需要注意的事项

●与对折线交叉的线

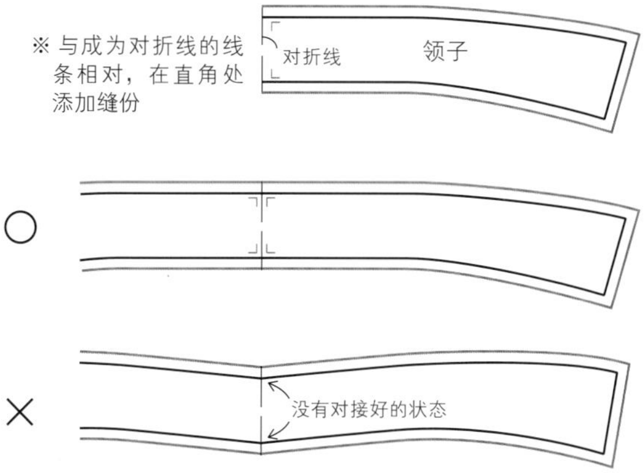

※ 在直角处不画线的话，容易变形

●对接符号

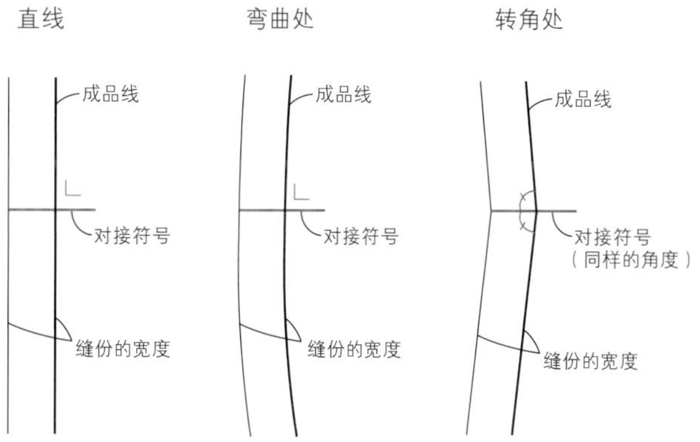

缝份的处理方法

缝份的处理方法有很多。需根据素材、做法和设计的不同来区别使用。

●锁边

就是给裁剪好的缝份进行防绽线缝纫。

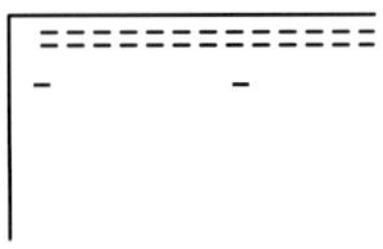

●Z形机缝

是防止布边绽线的一种缝纫方法。

※专用锁边机可以边裁剪边缝纫

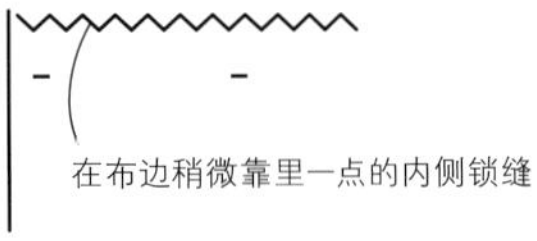

要点　薄面料或容易绽线的面料要用Z形机缝加固

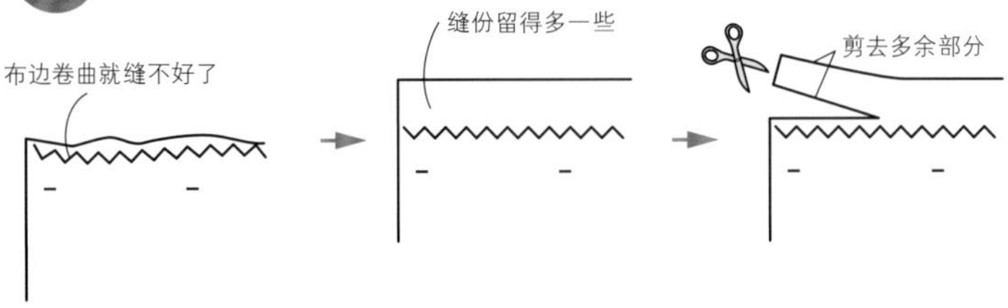

●折一折

这是将布边折叠一次进行缝纫的方法。用于厚面料的下摆或袖口等处。

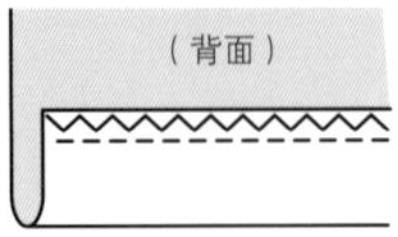

●折两折

这是将布边折叠两次进行缝纫的方法。面料不厚或不重的情况下使用。

●完整折两折

这是将布边以同样的宽度折叠两次进行缝纫的方法。用于比较通透的面料或不想露出缝份长短的情况下。

●分开缝份

首先将2片锁好布边的面料缝合到一起，再打开缝份，并使之倒向两侧。

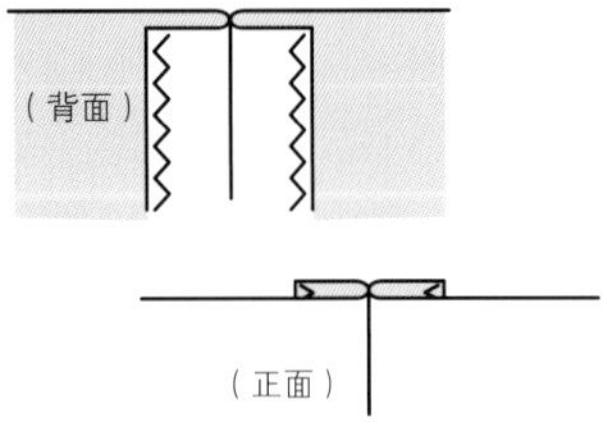

●使缝份倒向一边

这是将缝好的缝份倒向一侧的做法。将两层缝份缝合到一起后，用Z形机缝（或专用锁边机）处理布边。

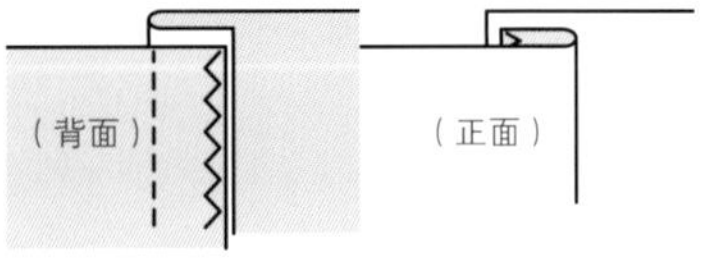

●包边缝

这是一种接缝非常结实的缝纫方法。这种方法主要用于制作衬衫和儿童服装等洗涤次数较多的服装。将缝份隐藏起来，背面也显得整齐美观。

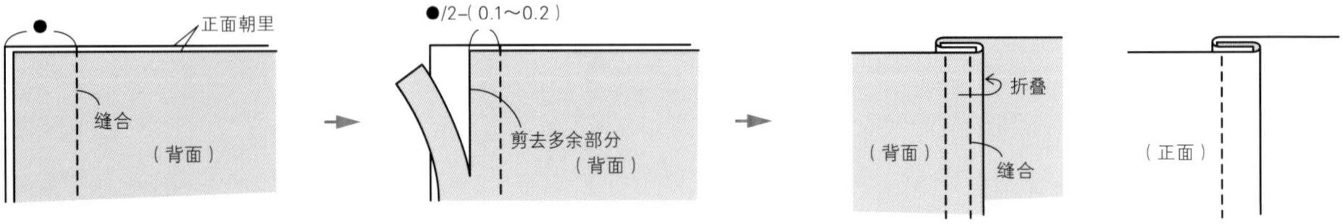

●分开式包边缝

这是一种将布边隐藏起来，缝好后接缝处看起来薄而漂亮的缝纫方法。这种方法主要用于容易绽线的面料。

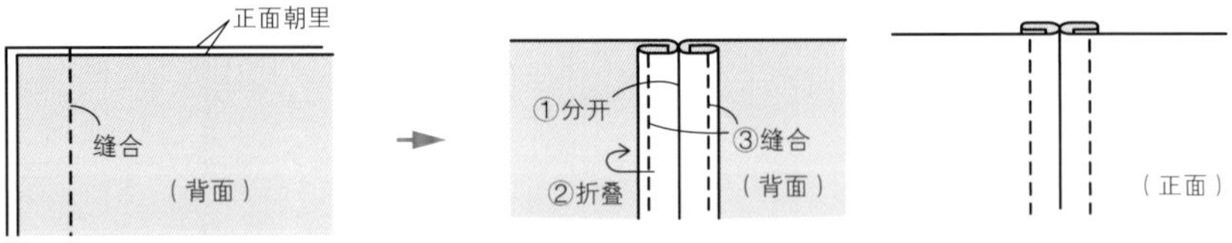

●仿法式缝

这种方法适合容易绽线的面料。也可以用于想使缝份变窄的情况，但是厚面料容易滚动不太适合。

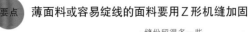

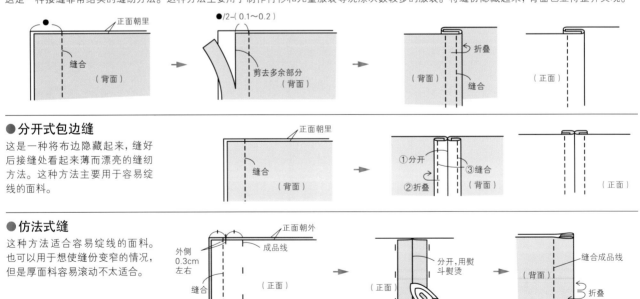

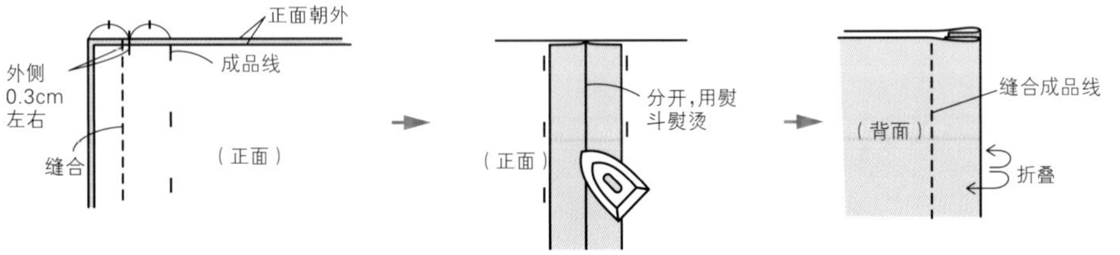

纸样修改方法

书中虽然展示了7~15码的尺寸，但是每个人的体形都不一样。
因为有的人想要稍微大一点的,也有人想要小一点的，所以在这里介绍几个可以简单修改纸样的方法。

长度的修改

●修改衣长 -1

平行移动前后身片的原下摆线。加长时需要延长中心线和侧缝线。

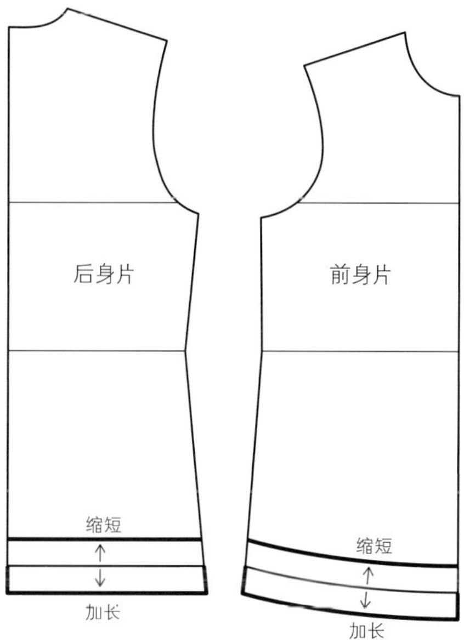

●修改衣长 -2

在胸围线和腰围线的中间附近画出引导线。与引导线平行着加长(或缩短)，重新画好侧缝线。

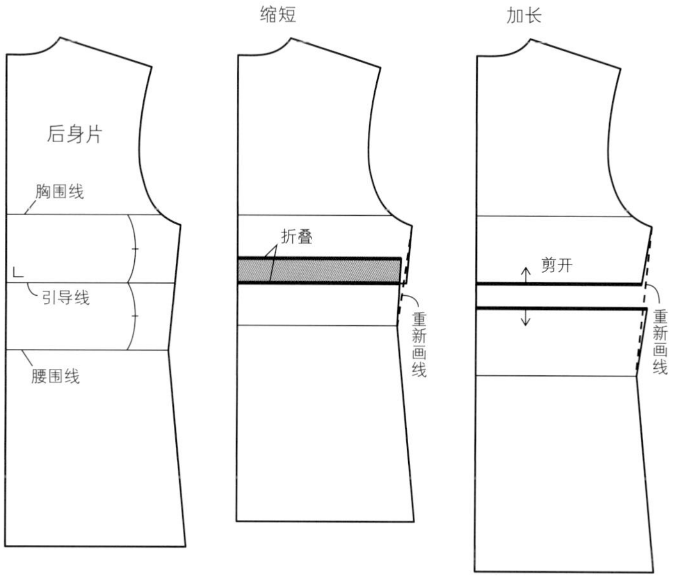

●修改袖长 -1

平行移动袖口线。加长时需要延长袖下线。当袖口变宽 (或变窄) 时，需要注意袖口的尺寸变化。请不要忘记调整袖口用布的尺寸。

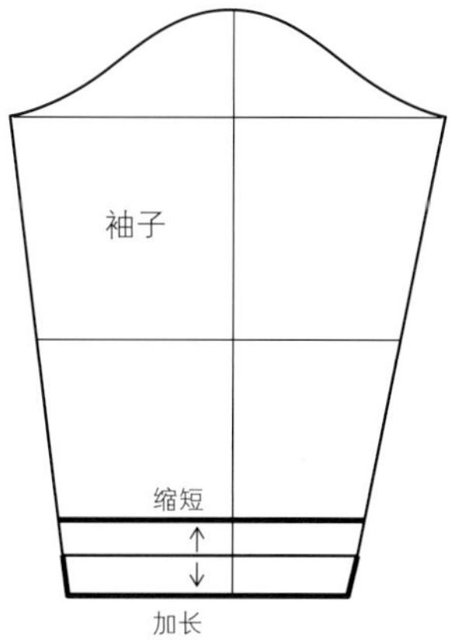

●修改袖长 -2

在袖宽线和袖口线中间附近画出引导线。与引导线平行着加长 (或缩短)，重新画好袖下线。

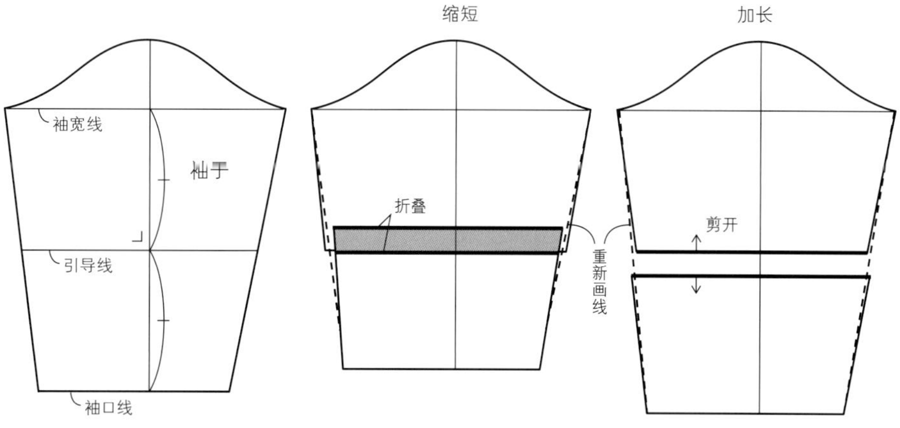

宽度的修改

●在侧缝处修改衣宽

身片：与前后身片的侧缝平行加宽（或缩小）欲改变尺寸的1/4（★）。与身片的中心线垂直画出侧缝线的引导线（也有胸围线的情况），使侧缝线平行移动。为使前后身片侧缝线的尺寸相同，需要调整下摆线。总共为4cm（★=1cm）。

袖子：从侧缝处修改衣宽的情况下，袖子也要同样修改。袖宽线要加宽（或缩小）欲改变尺寸的1/4（★），要向袖口方向重新画线。在袖口处调整前后袖下线的尺寸并使之相同。

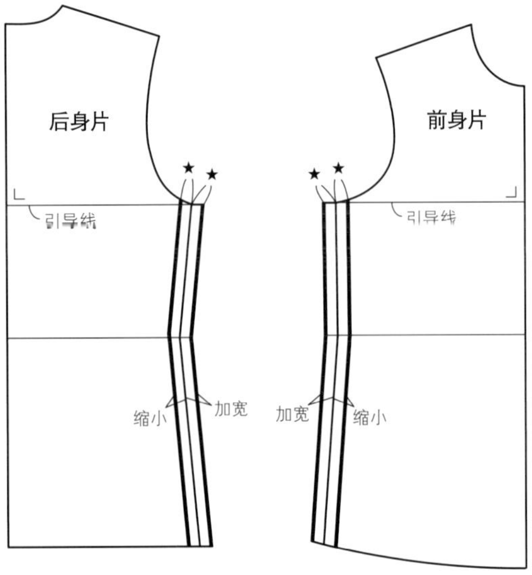

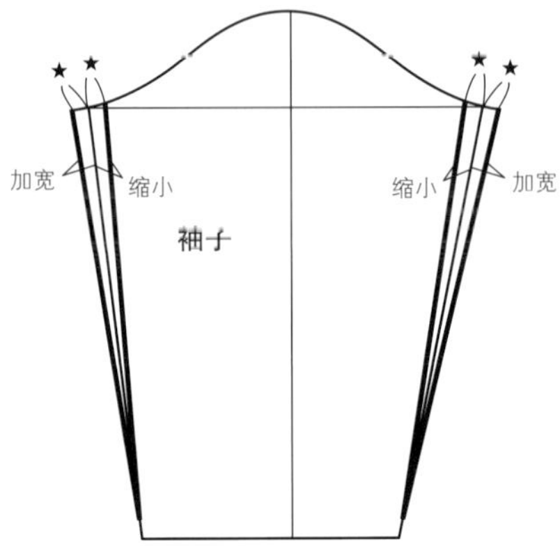

●剪开身片，修改衣宽

不想改变袖子宽度，只想改变身片宽度时，身片宽度和肩部宽度同时加宽（或缩小）。
在身片中间附近画出引导线，与引导线平行着加宽（或缩小）后，重新画好肩线和下摆线。

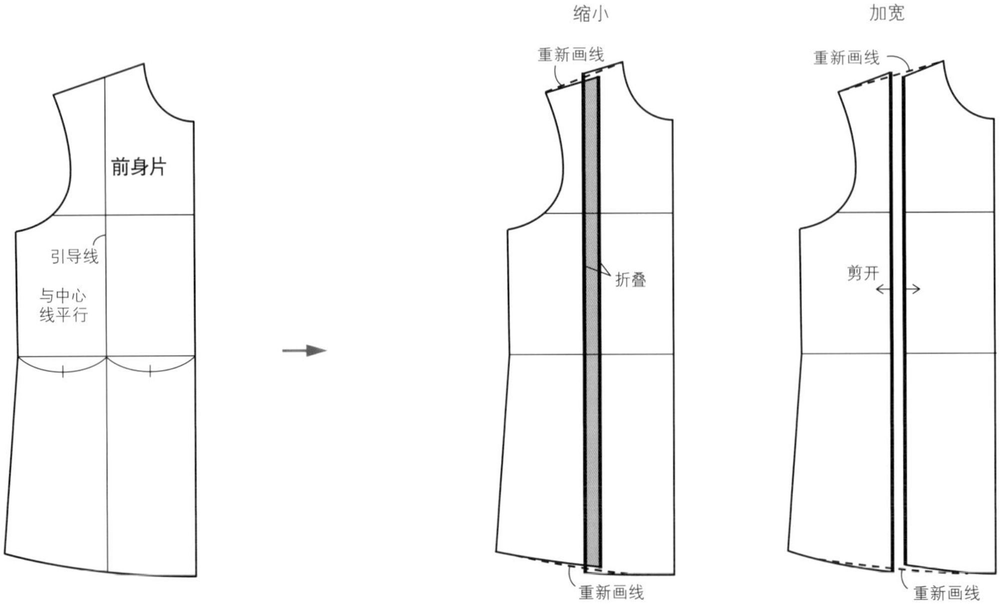

●修改袖子的宽度

不想改变身片宽度，只想改变袖子宽度时的修改方法。
由于加宽（或缩小）了袖子的宽度，袖窿的尺寸也必须修改。
另外，因为袖口宽度的加宽（或缩小），也要注意调整袖口用布。

袖子：分别在前后袖宽线的中间画出引导线。与引导线平行加宽（或缩小），重新连接并画好袖山线和袖口线。

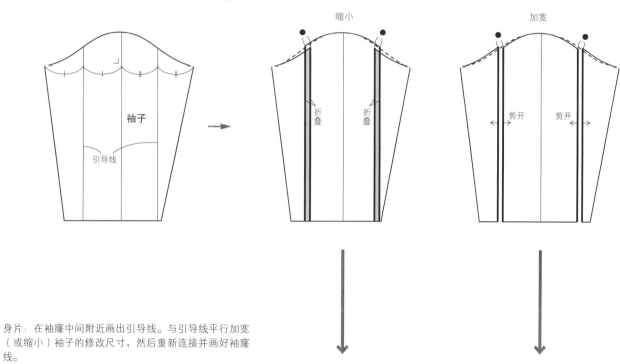

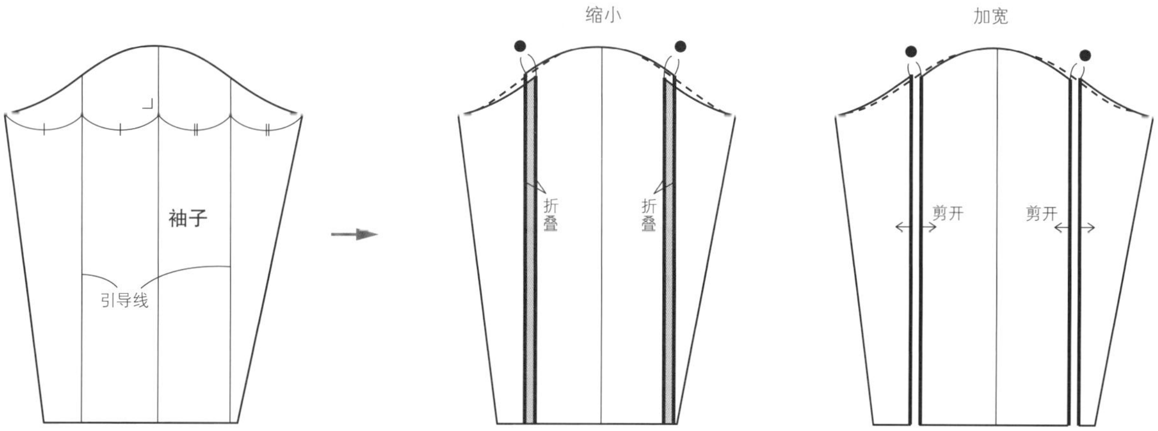

身片：在袖窿中间附近画出引导线。与引导线平行加宽（或缩小）袖子的修改尺寸，然后重新连接并画好袖窿线。

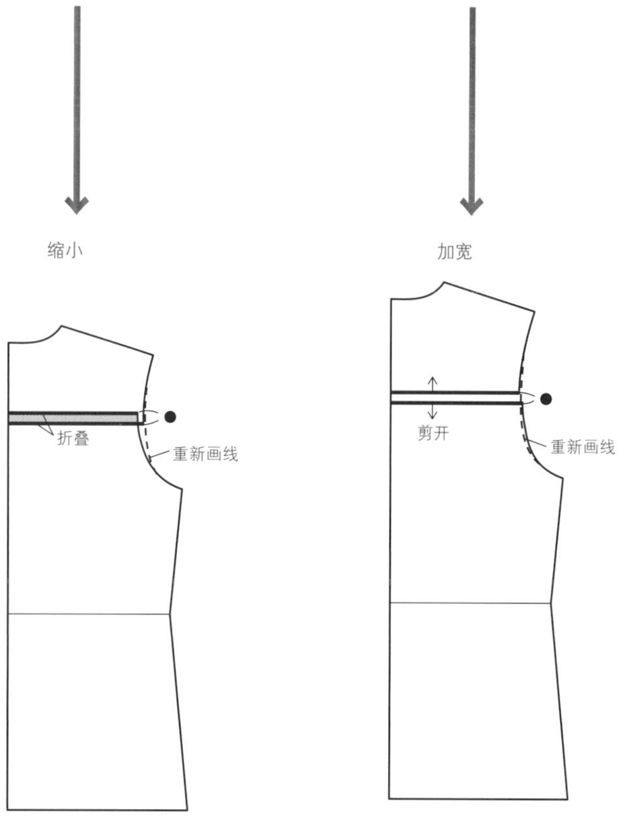

尝试制作连衣裙吧

款式决定之后，就用自己喜欢的面料制作连衣裙吧！

Sample 1

A字型连衣裙

这是一款A字型（基本款）轮廓搭配圆领的无袖连衣裙。
选择适合直接缝制的中厚面料，后身中心用隐形拉链收口。
制作方法 p.92

●不同衣长的比较

只需加长（或缩短）身片即可改变印象，设计思路很宽。试着改变一下18页的A字型连衣裙的衣长吧。

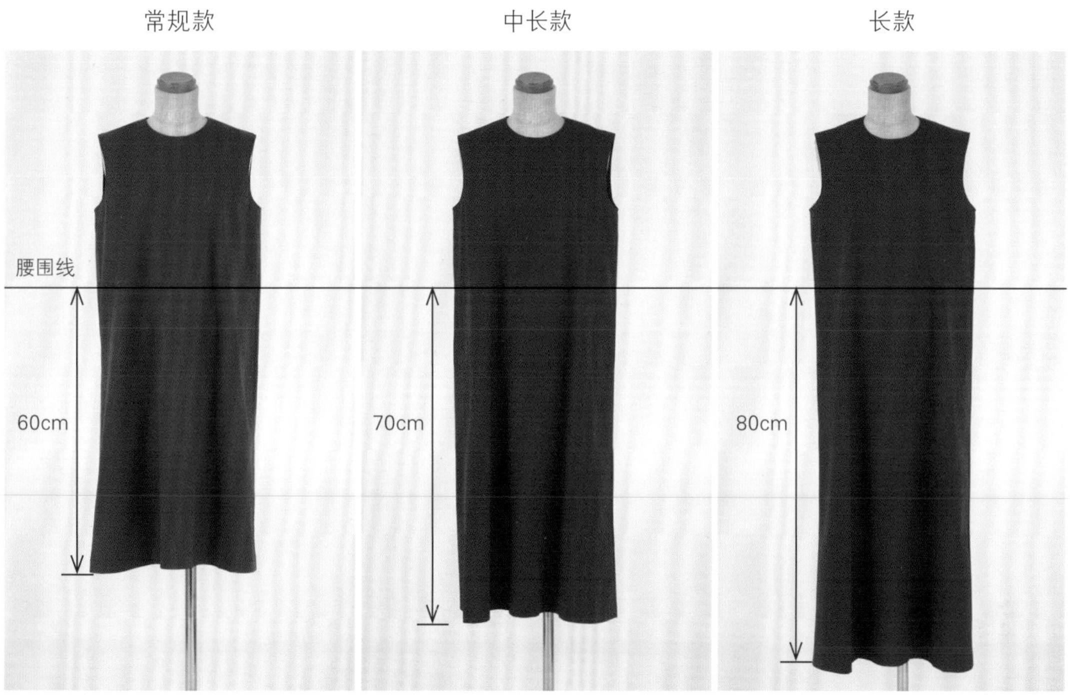

以9码的裙子长度（从腰围线到下摆线为60cm）为基础，酌情增减。衣长是上衣长度（从后颈中点到腰围线）加裙子长度。

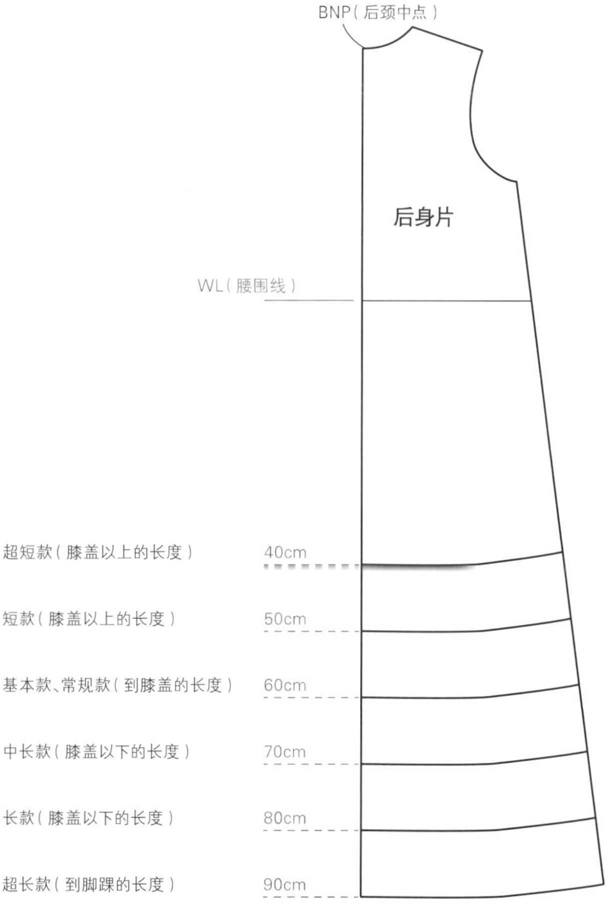

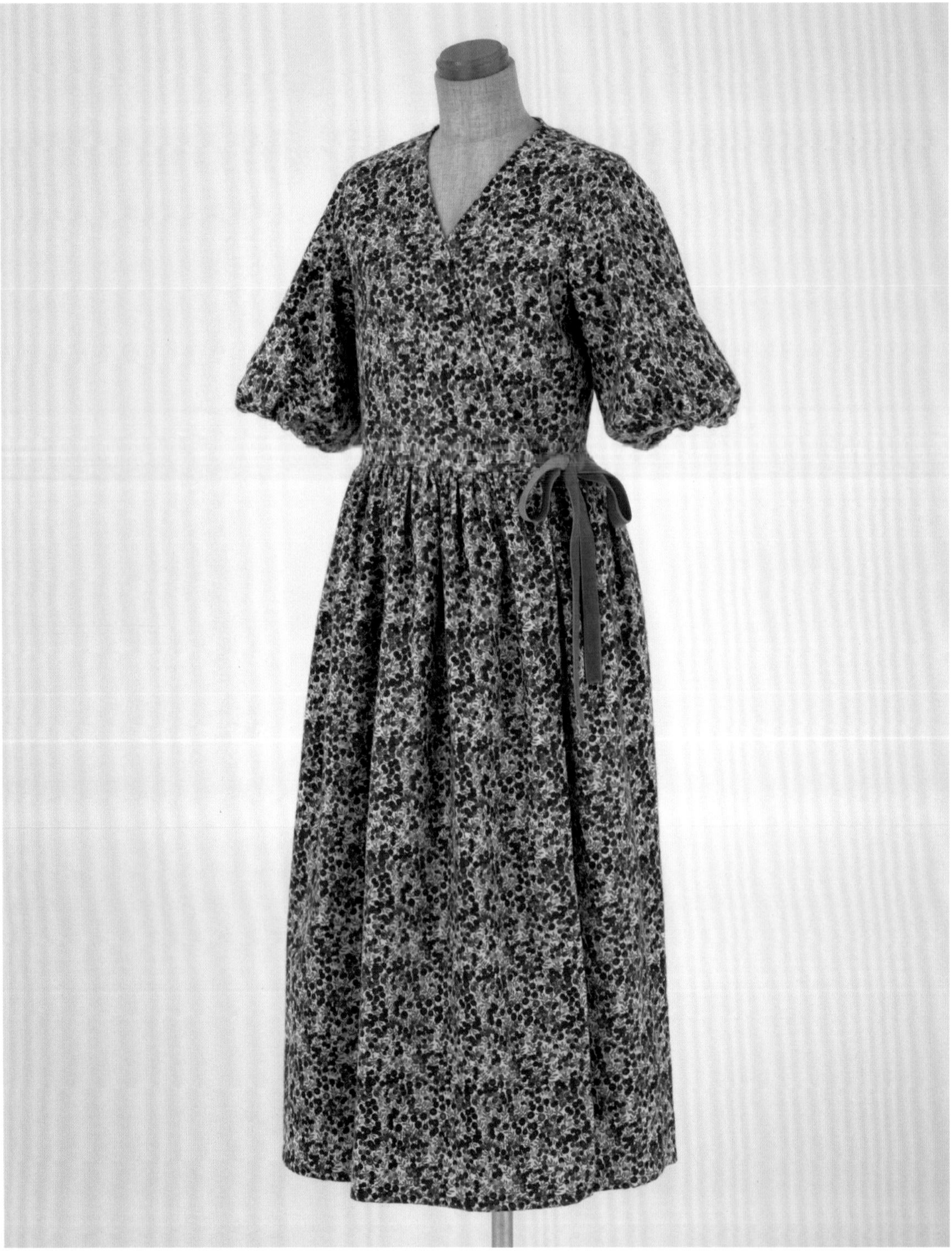

Sample 2

交叉式V领连衣裙

中腰连衣裙搭配了灯笼袖。

在打底的衬里上面套一层抽褶的袖子，可以确保袖子的蓬松感。

制作方法 p.94

Sample 3

特大款连衣裙

连衣裙采用了非常宽松的设计。在微宽的圆领上添加了条形短门襟。小扣子是设计的重点。
如果用清爽的亚麻布制作，这将是一件非常适合夏季穿着的衣服。
制作方法 p.96

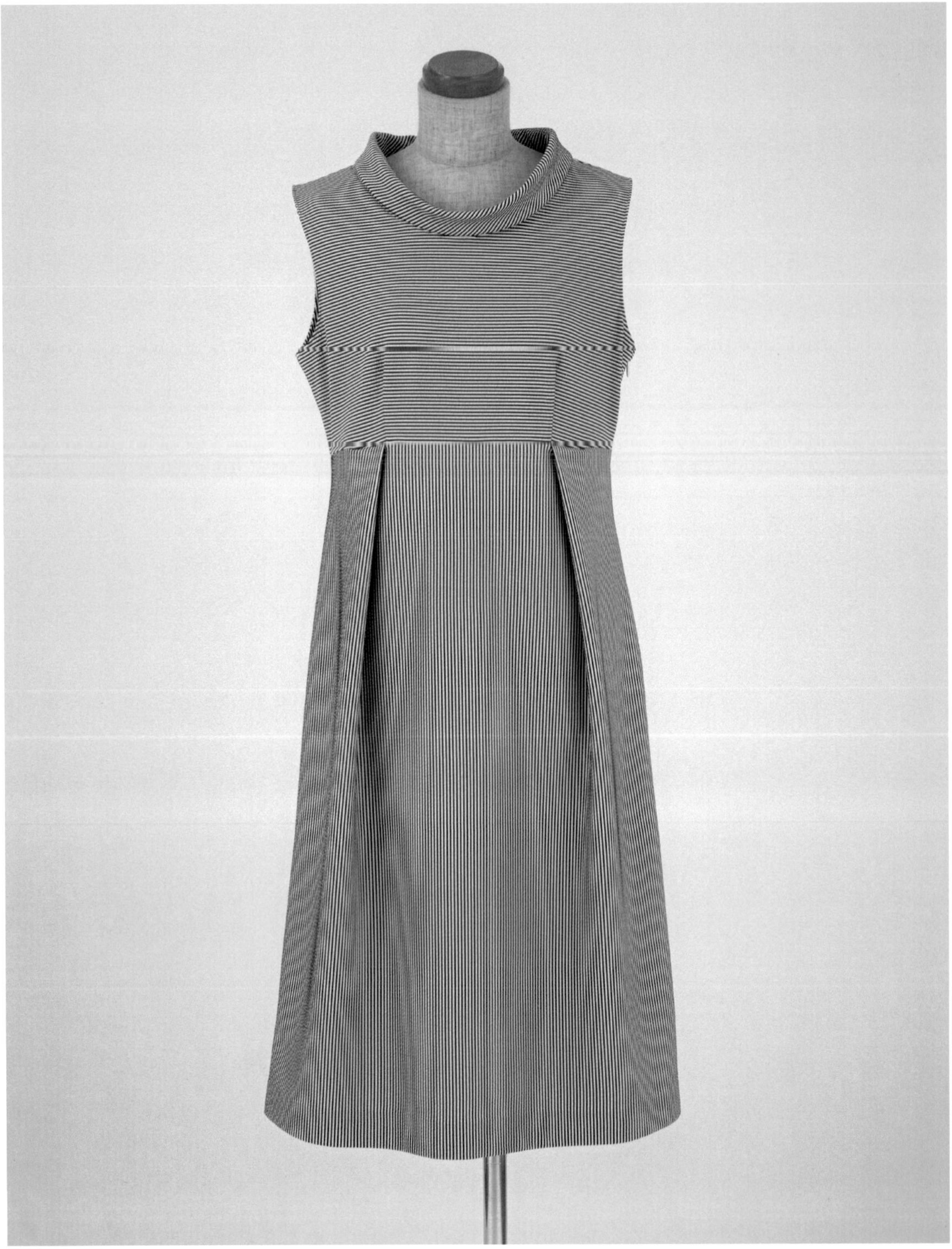

Sample 4

圆翻领连衣裙

高腰连衣裙的上衣上打两个流畅的省道。裙子上向内侧加入两个稍大一点的活褶。

为了活用条纹，将领子改成直线型,斜裁。

制作方法 p.98

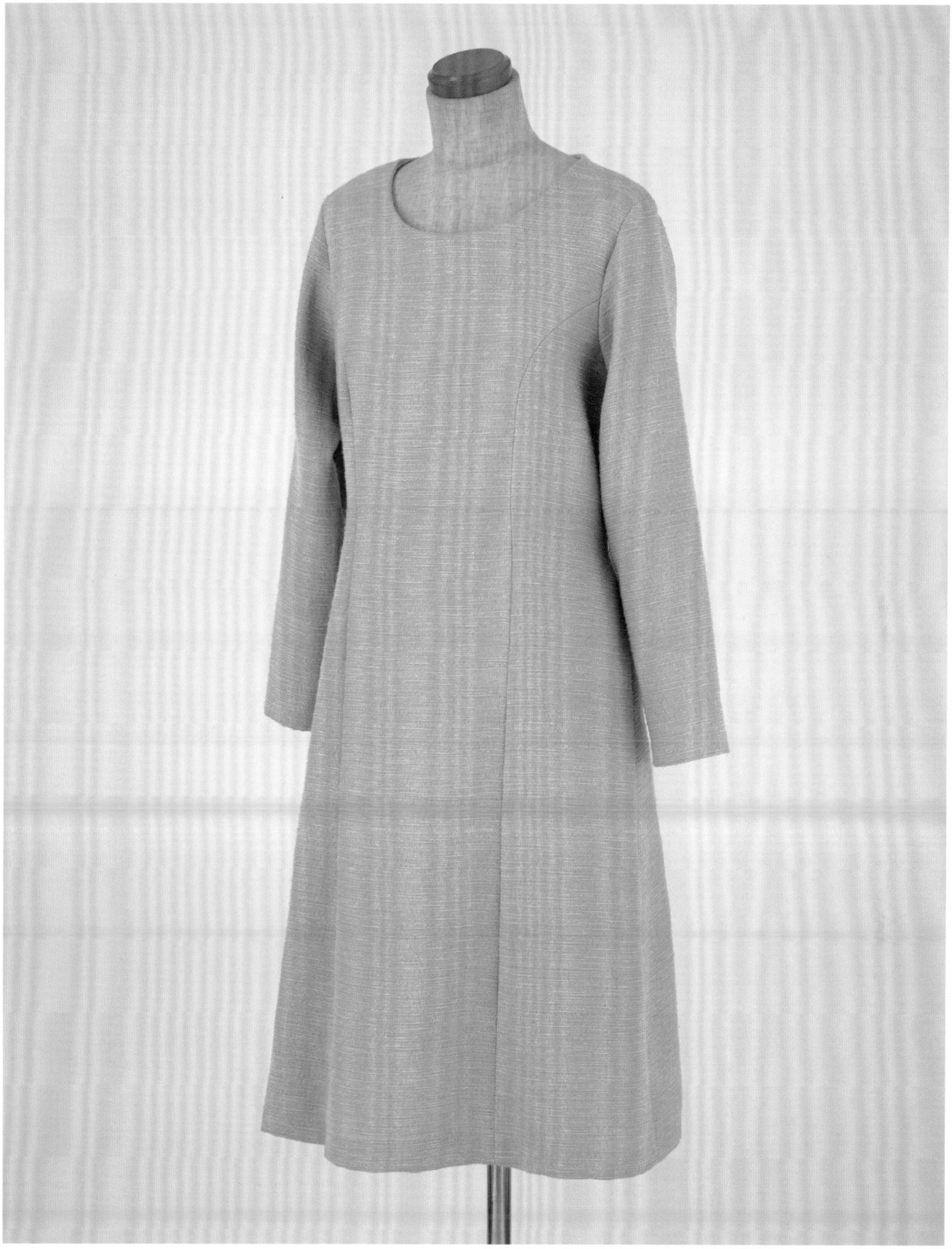

Sample 5

刀背线型连衣裙

尽显腰部曲线的刀背线条，很好地表现了女性的形体之美，这是一款适度宽松、容易穿着的设计。
用华丽的粗呢制作，带衬里，也很适合正式场合穿着。
制作方法 p.100

Sample 6

吊带裙

这是一款可代替连衣裙衬裙且穿搭万能的单品。

前身的省道和后身的活褶，使胸部和身体周围有了很清晰的轮廓。

推荐使用光滑度较好的面料。

制作方法 p.103

Dress

连衣裙

连衣裙是指上衣和裙子相连的女士服装，
或者是加入拼接线的上下一体的女士裙装。
在日本也称为裙装礼服，英语中叫作“dress（礼服）”，
而“one-piece（连衣裙）”本义是指泳衣和运动服等“连接在一起的服装”。

为了能自由组合身片、袖口、领口，后面对各个部分都有展开介绍。
从基本款到突出腰部曲线及女性身体线条的款式，
均是以容易穿着和廓形优美为重点设计出来的。
请随心所欲地享受设计吧。

身片的变化

A 字型

A 字型因从肩部到下摆展开的轮廓让人联想到字母 A 而得名。可以通过增减量来享受设计的乐趣。

前身　　侧身　　后身

基本款

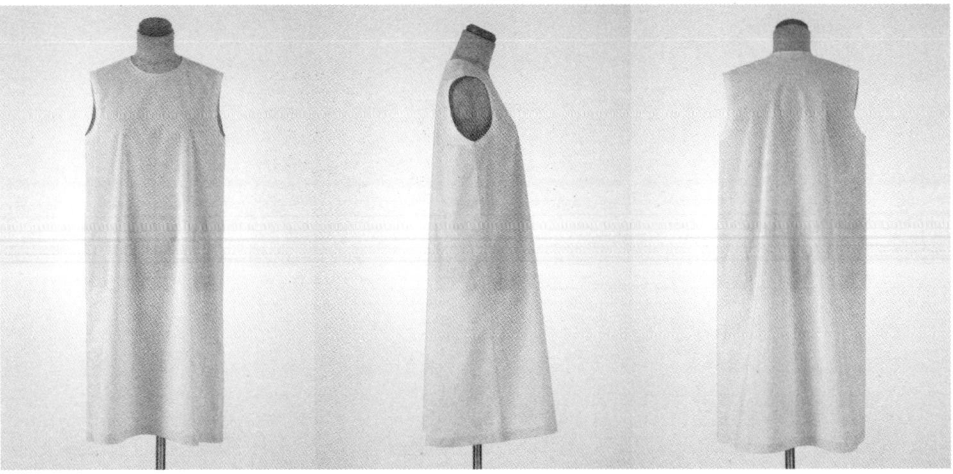

喇叭型

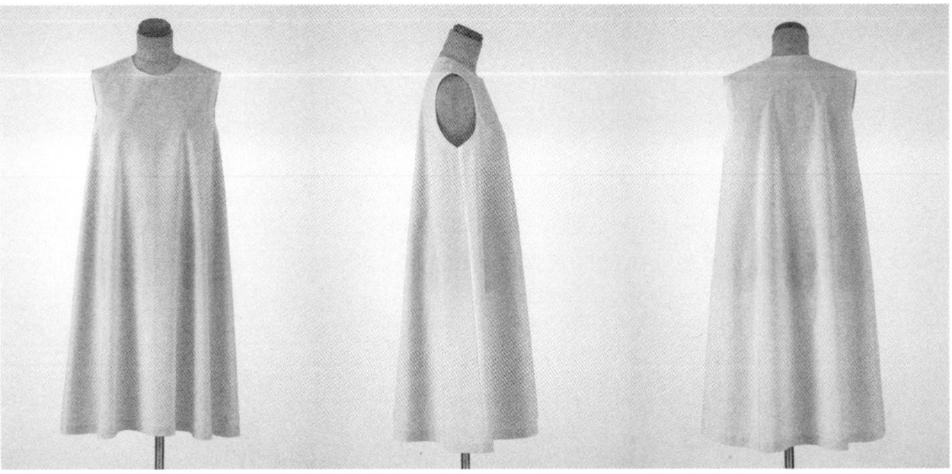

大喇叭型

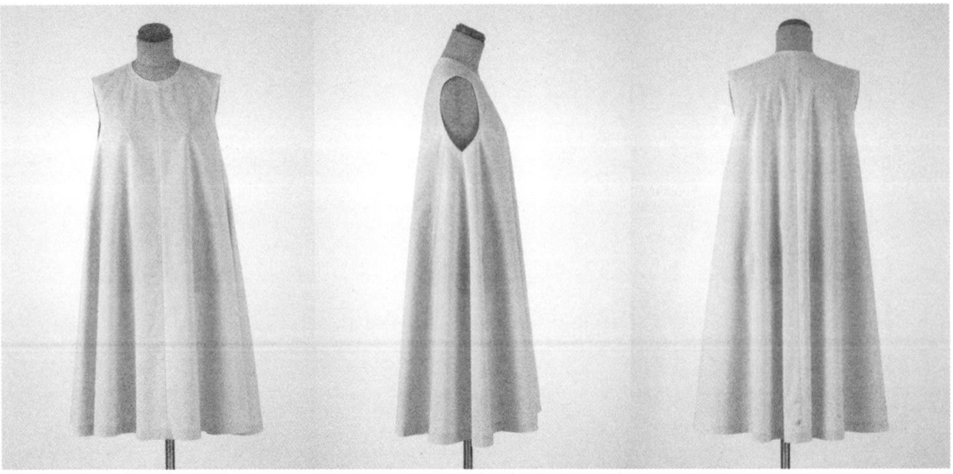

纸样

※○内数字为缝份，指定以外的缝份均为1cm

[B]A 字型 后身片
（基本款）

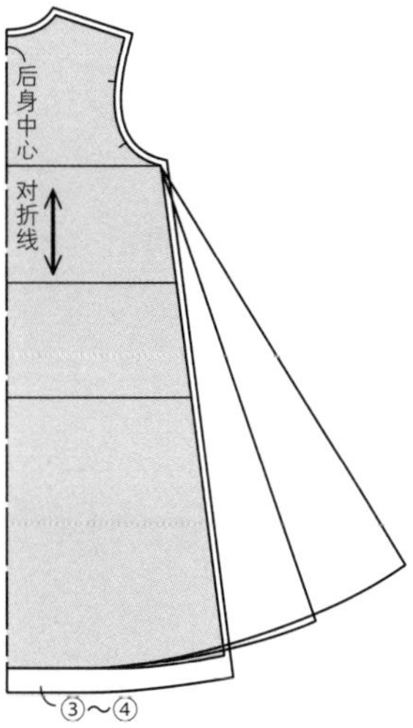

[A]A 字型 前身片
（基本款）

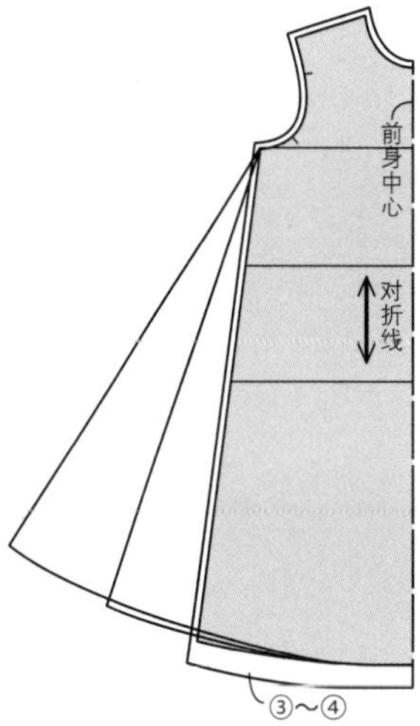

[B]A 字型 后身片
（喇叭型）

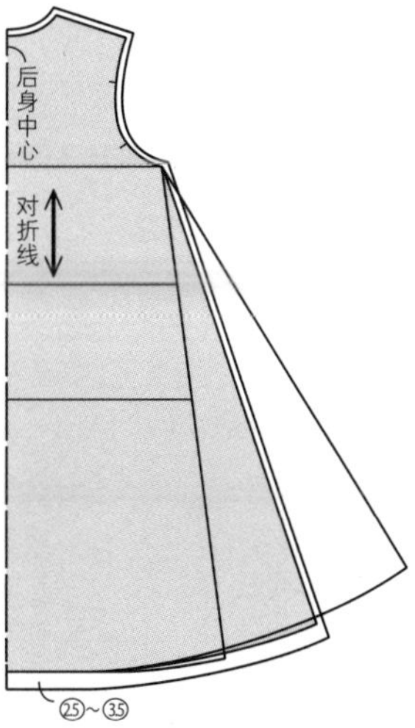

[A]A 字型 前身片
（喇叭型）

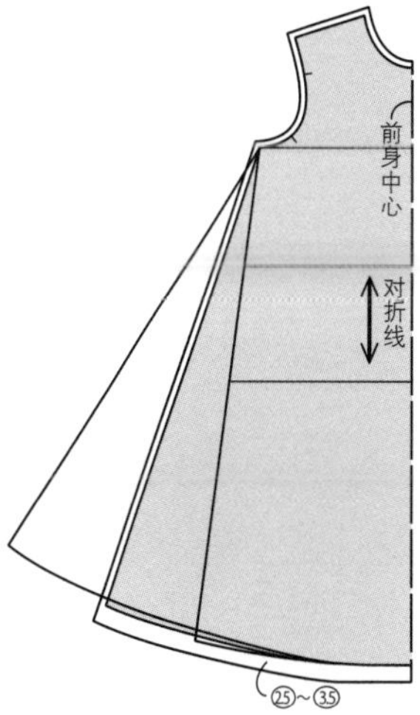

[B]A 字型 后身片
（大喇叭型）

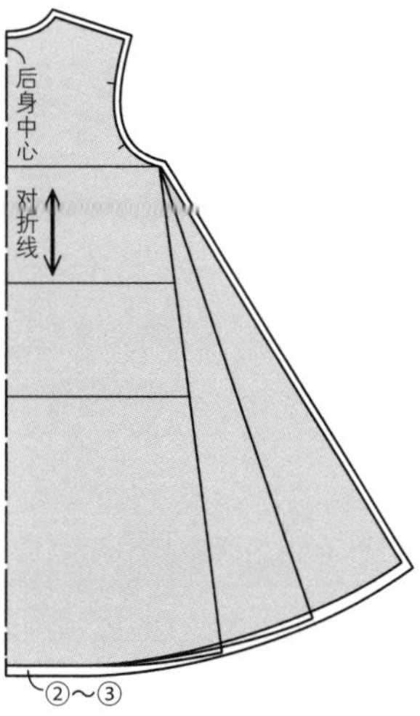

[A]A 字型 前身片
（大喇叭型）

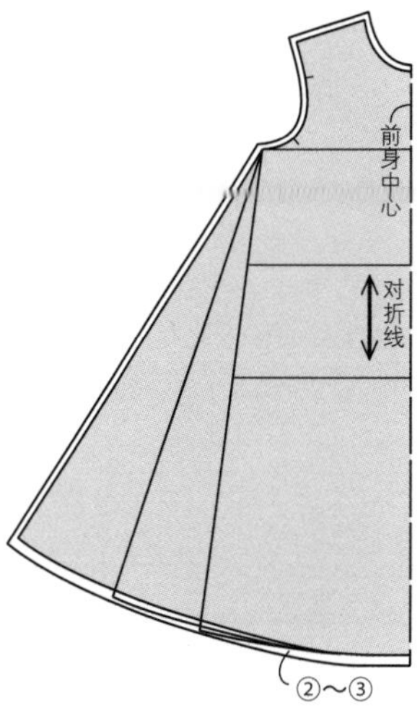

身片的变化

腰省型

这是一款通过在前后腰部打省道来塑型的设计。
虽然具有瘦身的效果，但也要有适当的宽松度。

前身　　侧身　　后身

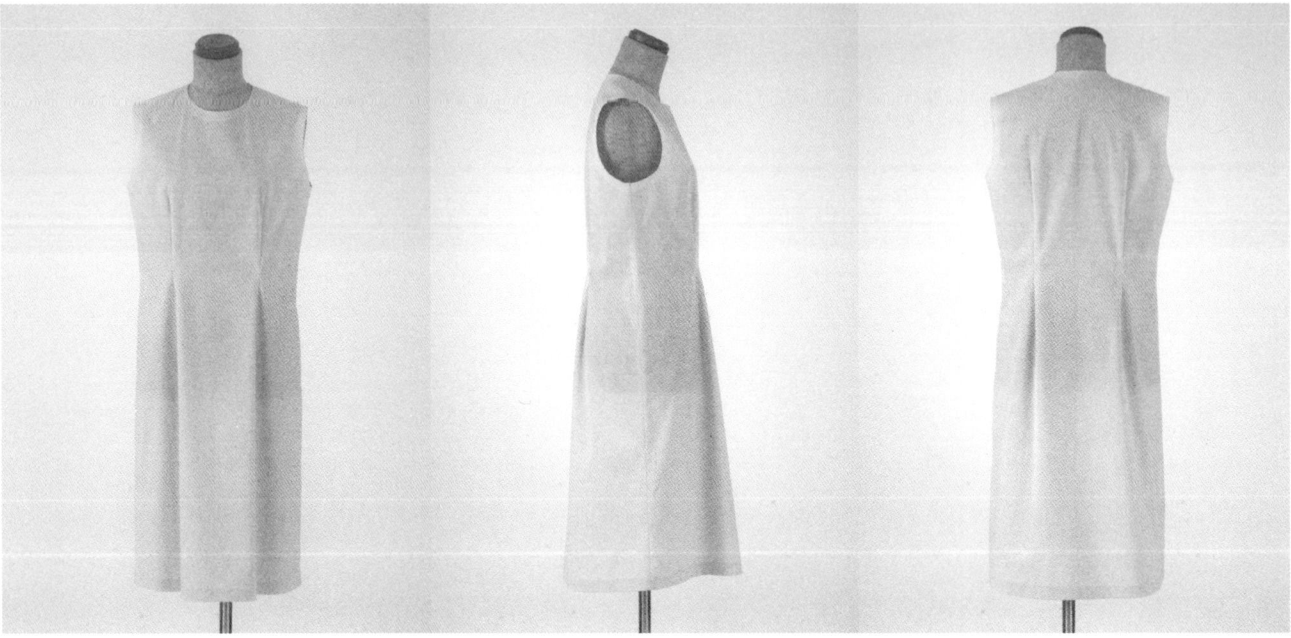

纸样

※○内数字为缝份，指定以外的缝份均为1cm

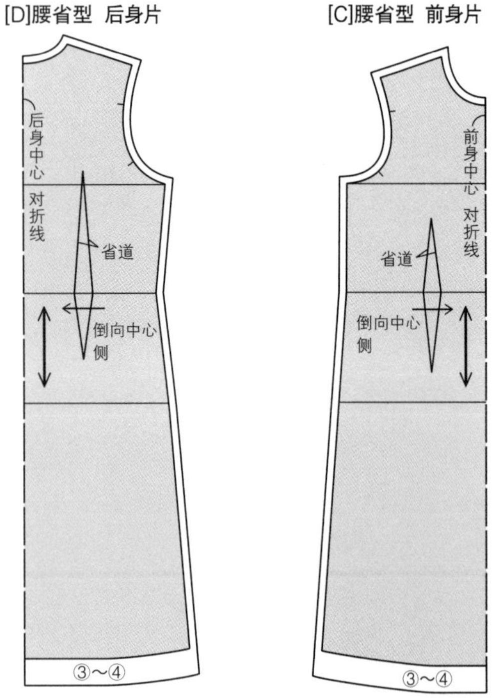

要点　省道的缝法

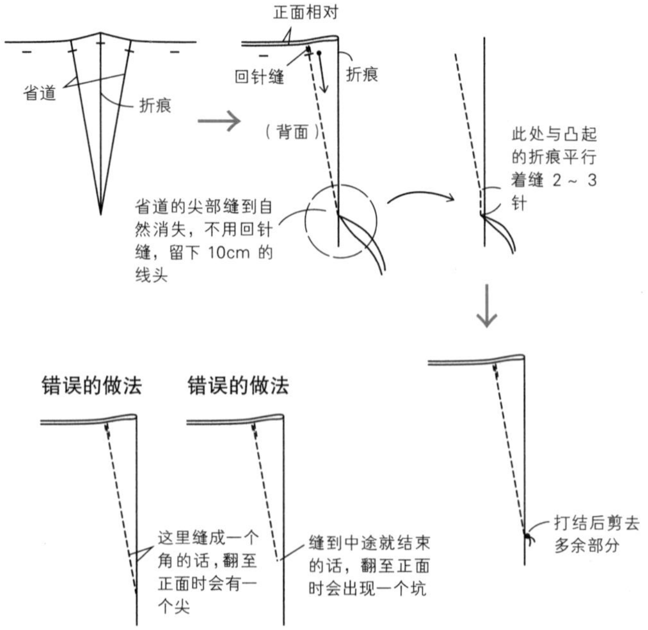

身片的变化

公主线型（基本款）

这是一款从肩膀到下摆纵向加入了拼接线的设计。
其特征是腰部收缩使上半身合体，从腰部到下摆逐渐变宽。

前身　　侧身　　后身

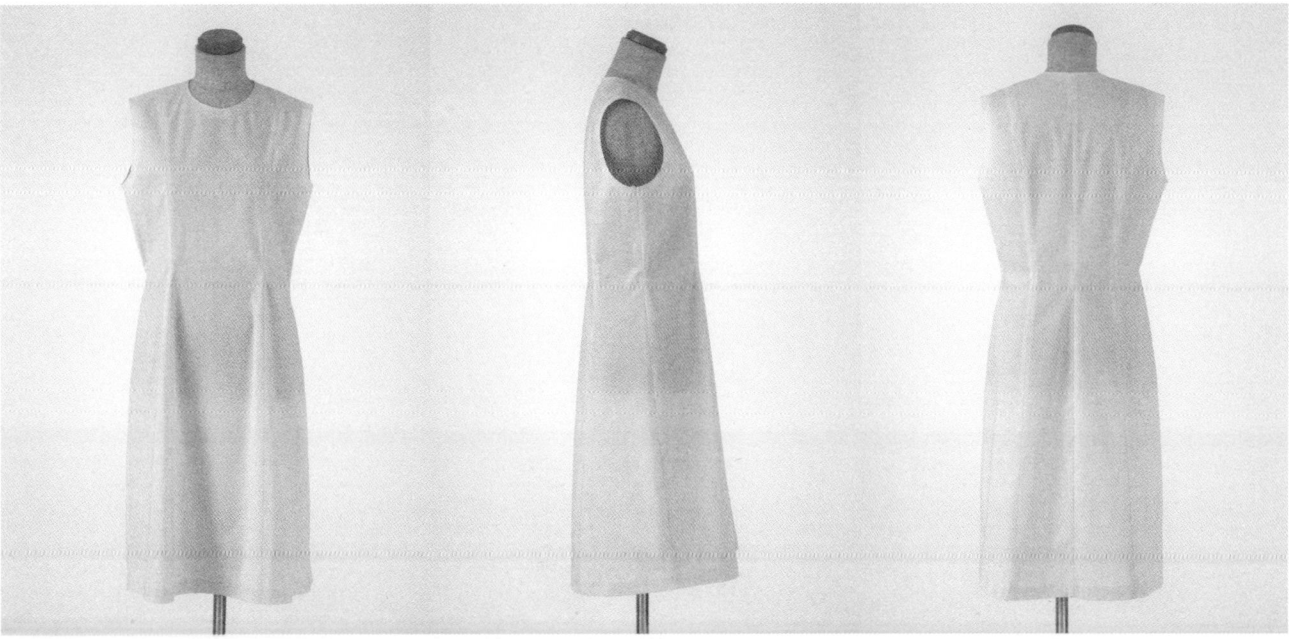

纸样

※○内数字为缝份，指定以外的缝份均为1cm

[D]公主线型　后身片（基本款）

[C]公主线型　前身片（基本款）

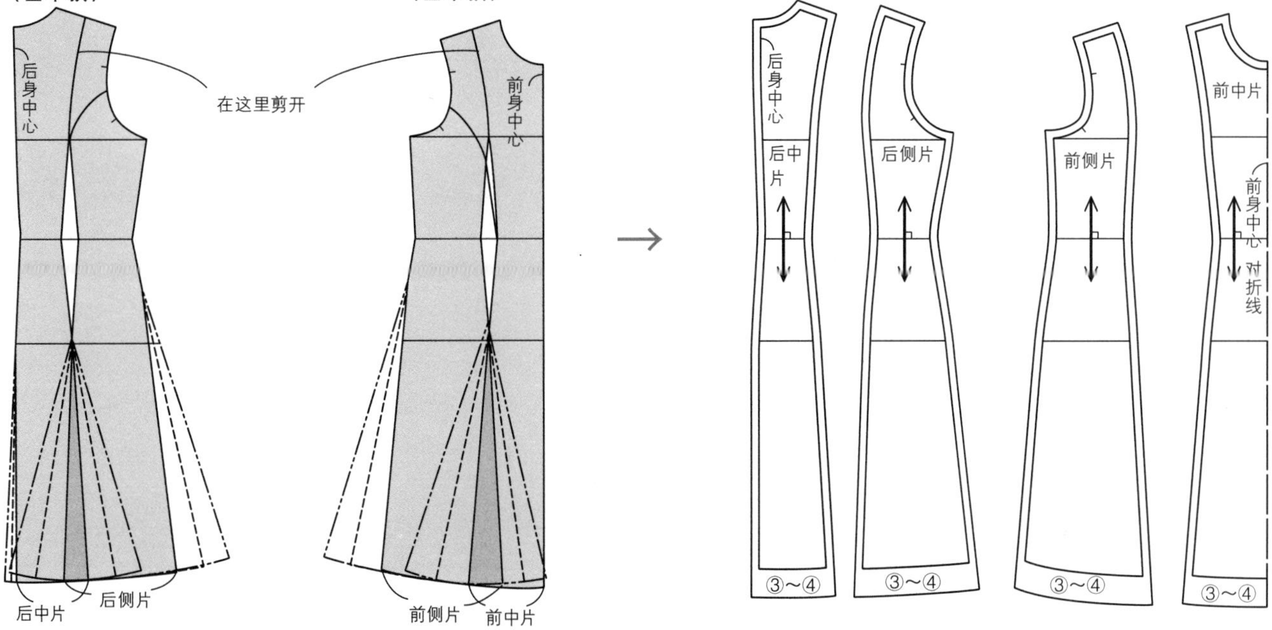

身片的变化

公主线型（喇叭型）

这一款跟29页作品的上半身完全一样，就是裙片用布多了一些，形成喇叭形状。
裙摆围很宽，形成了有动感的轮廓。

前身　　侧身　　后身

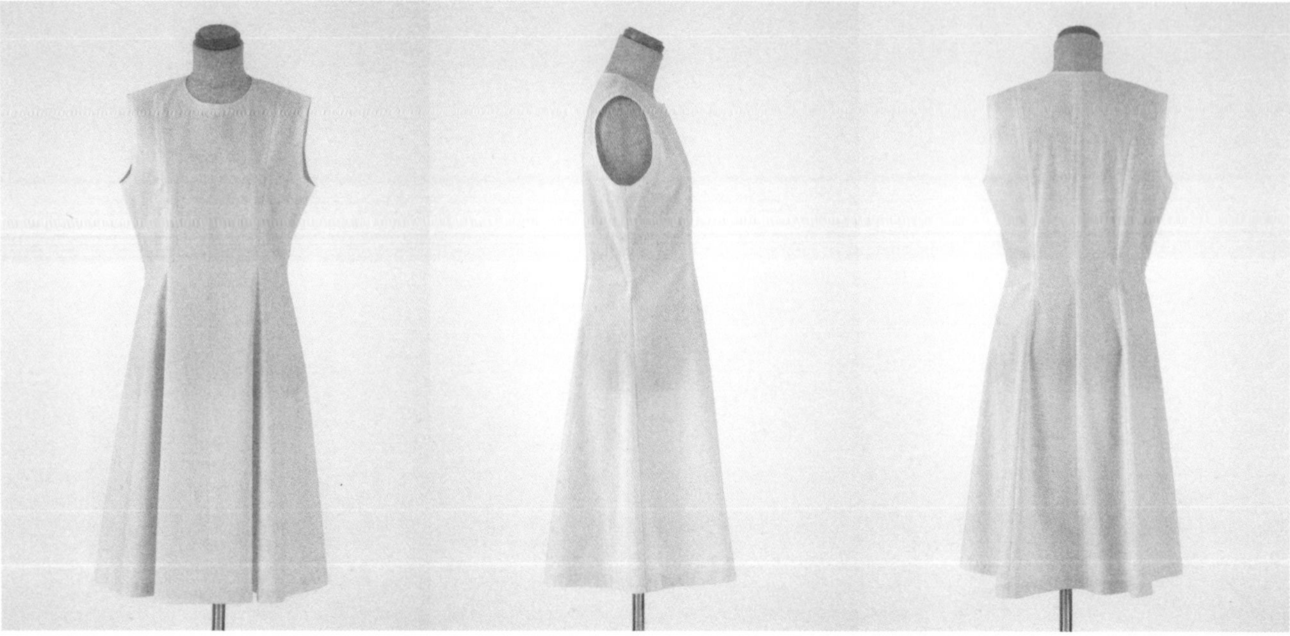

纸样

※○内数字为缝份，指定以外的缝份均为1cm

[D]公主线型　后身片（喇叭型）

[C]公主线型　前身片（喇叭型）

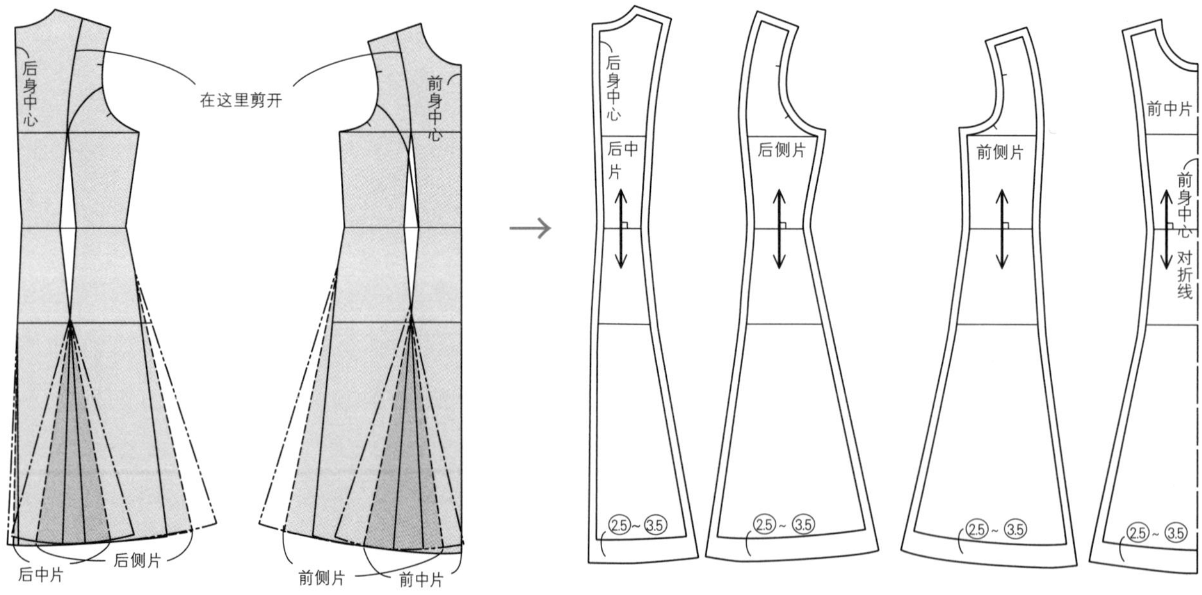

身片的变化

公主线型（大喇叭型）

这款设计进一步增加了29页作品裙片的用布，使裙子的下摆更加宽大了。
增加的裙摆分量可根据个人的喜好来设计。

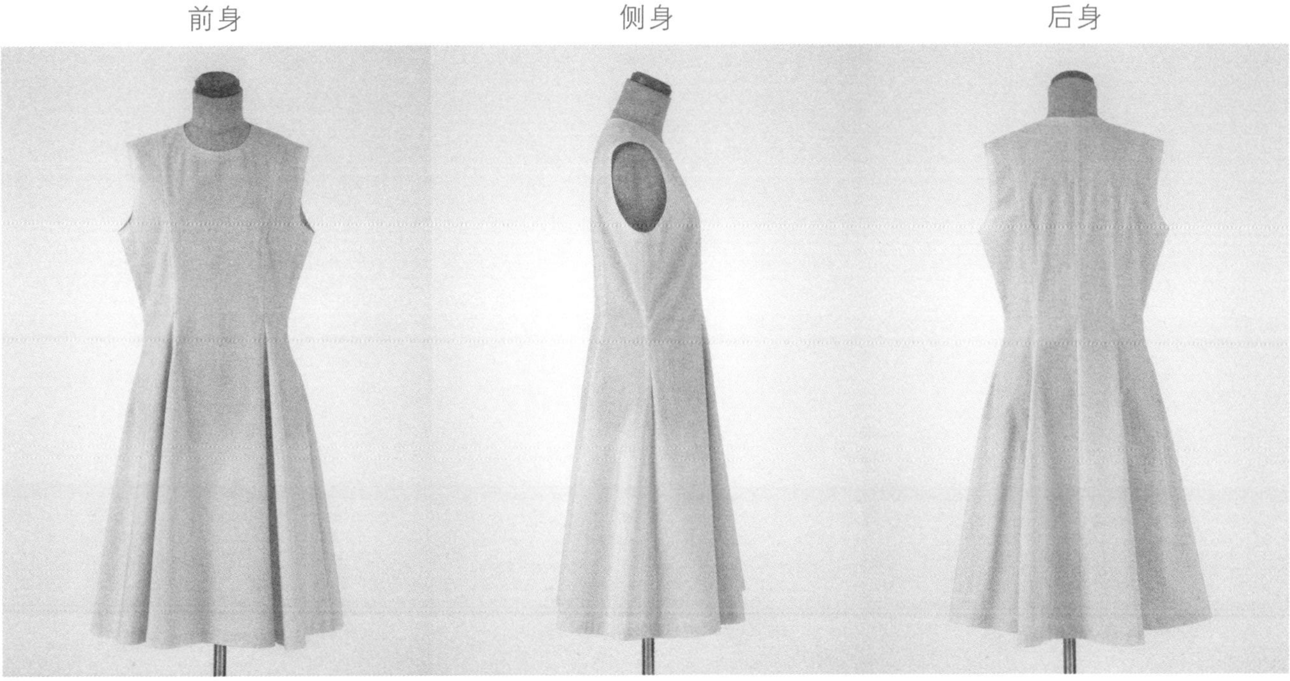

纸样

※○内数字为缝份，指定以外的缝份均为1cm

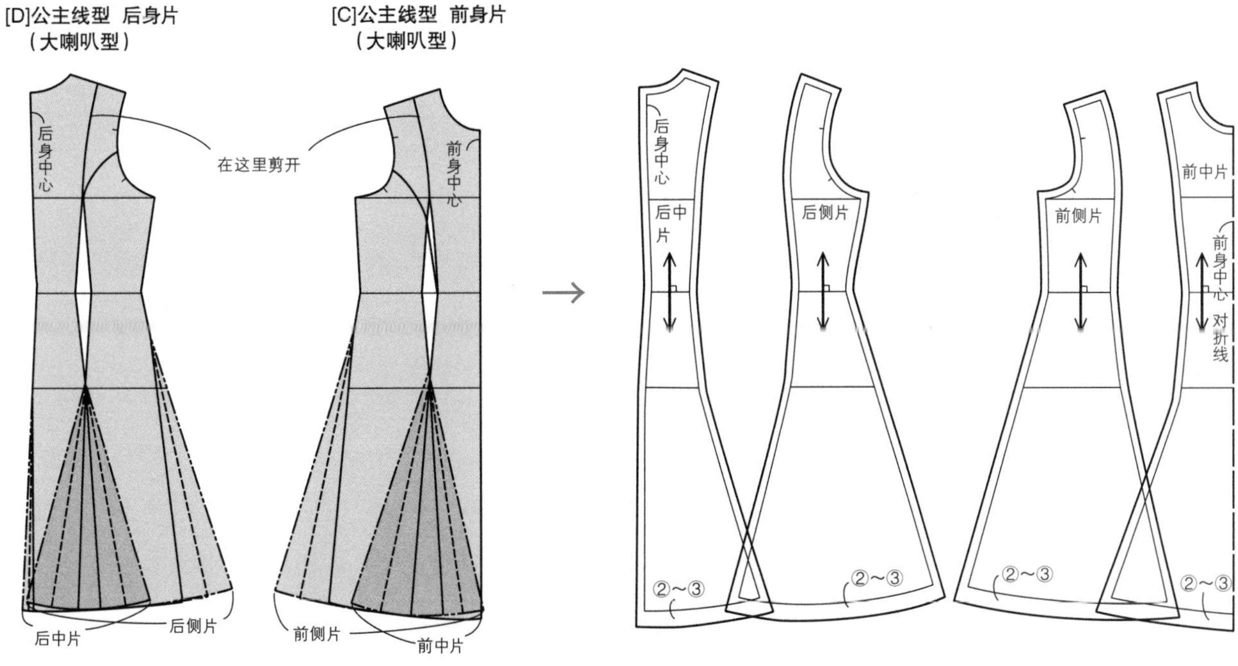

身片的变化

刀背线型（基本款）

这是一款从袖窿穿过胸部纵向加入拼接线的设计。
和29～31页的公主线型一样，是上面塑身、下面宽松的代表性设计。

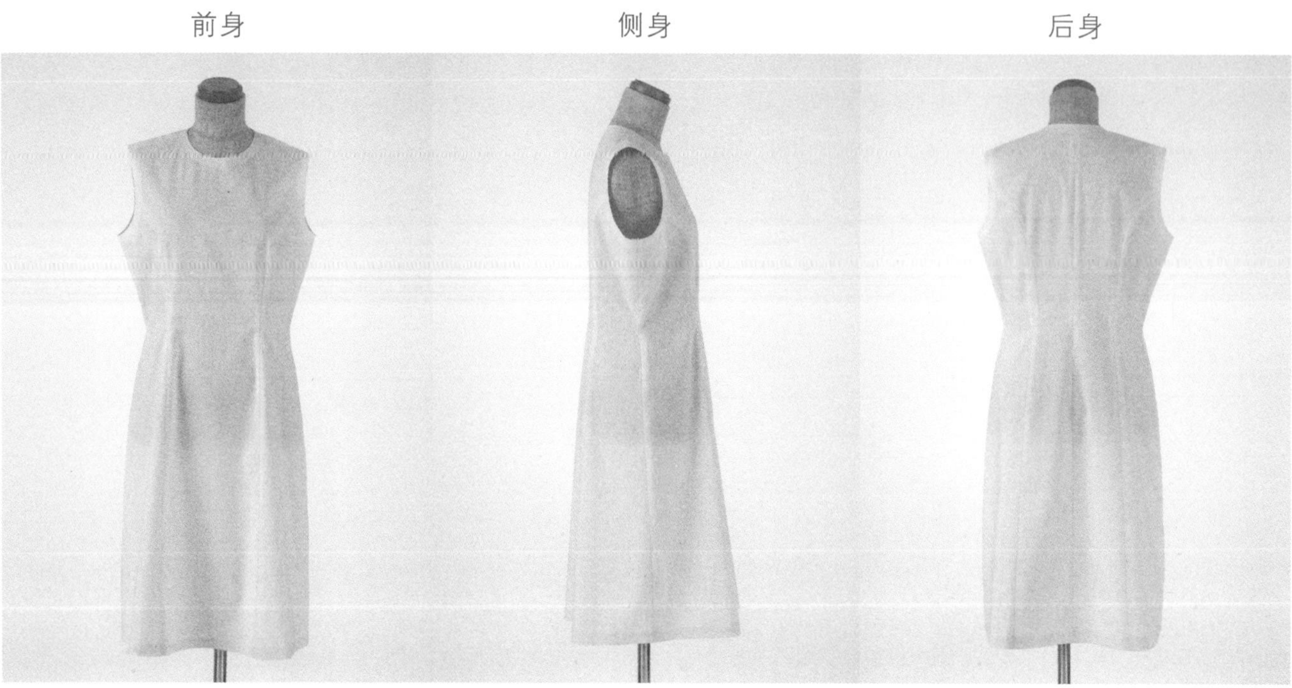

纸样

※○内数字为缝份，指定以外的缝份均为1cm

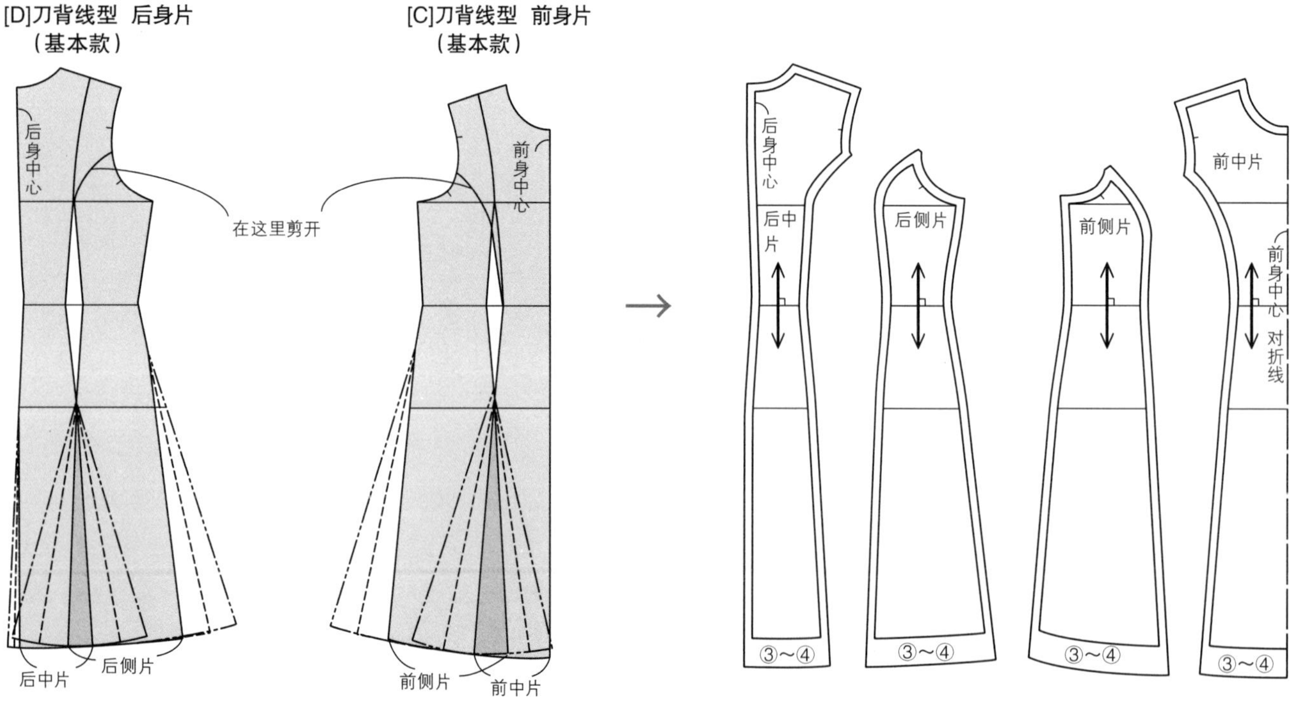

身片的变化

刀背线型（喇叭型）

这一款与32页作品的上半身完全一样，只是增加了裙片的用布量。
裙摆围很宽，给人蓬松柔美的印象。

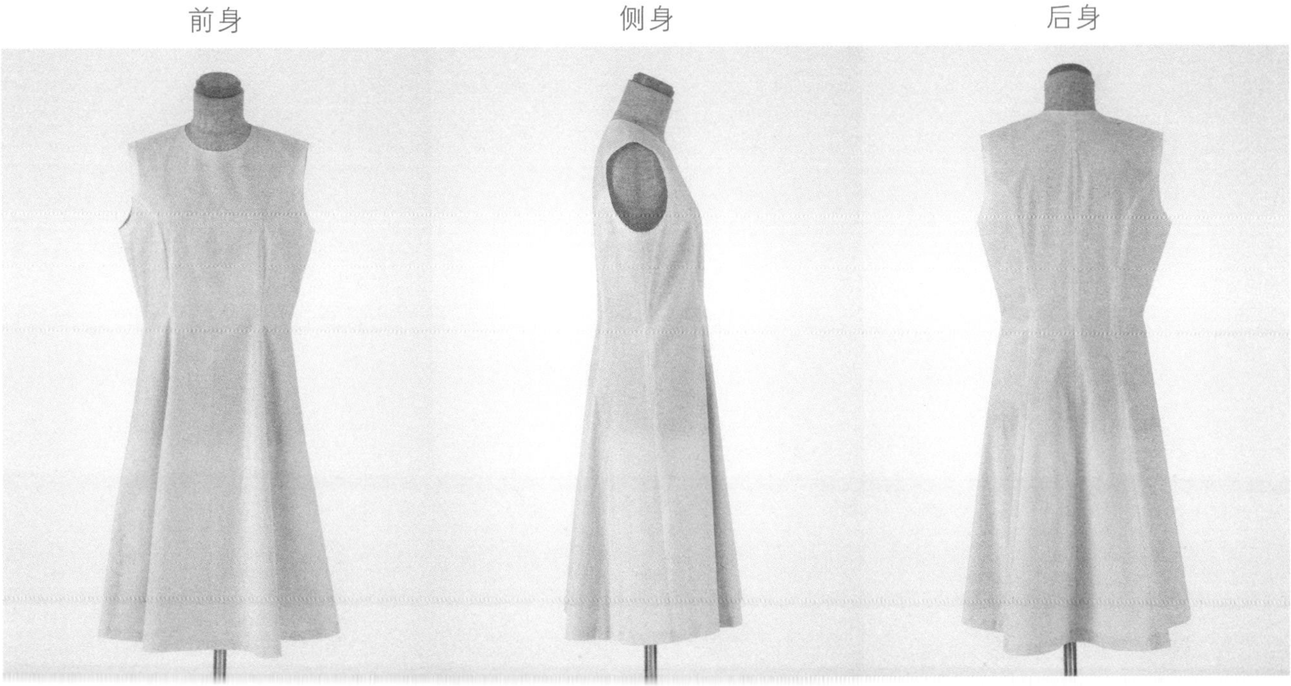

纸样

※○内数字为缝份，指定以外的缝份均为1cm

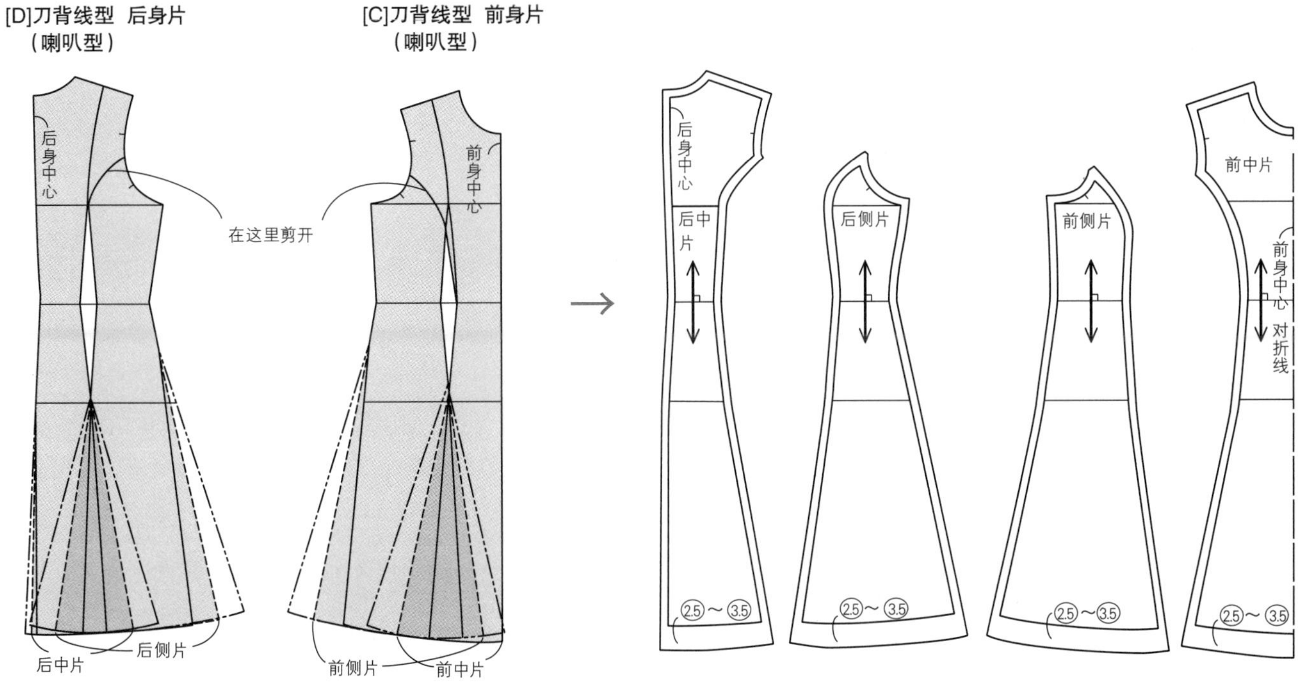

身片的变化

刀背线型（大喇叭型）

这款设计进一步增加了33页作品裙片的用布量，使下摆更加宽大了。
增加的裙摆分量可根据个人的喜好来设计。

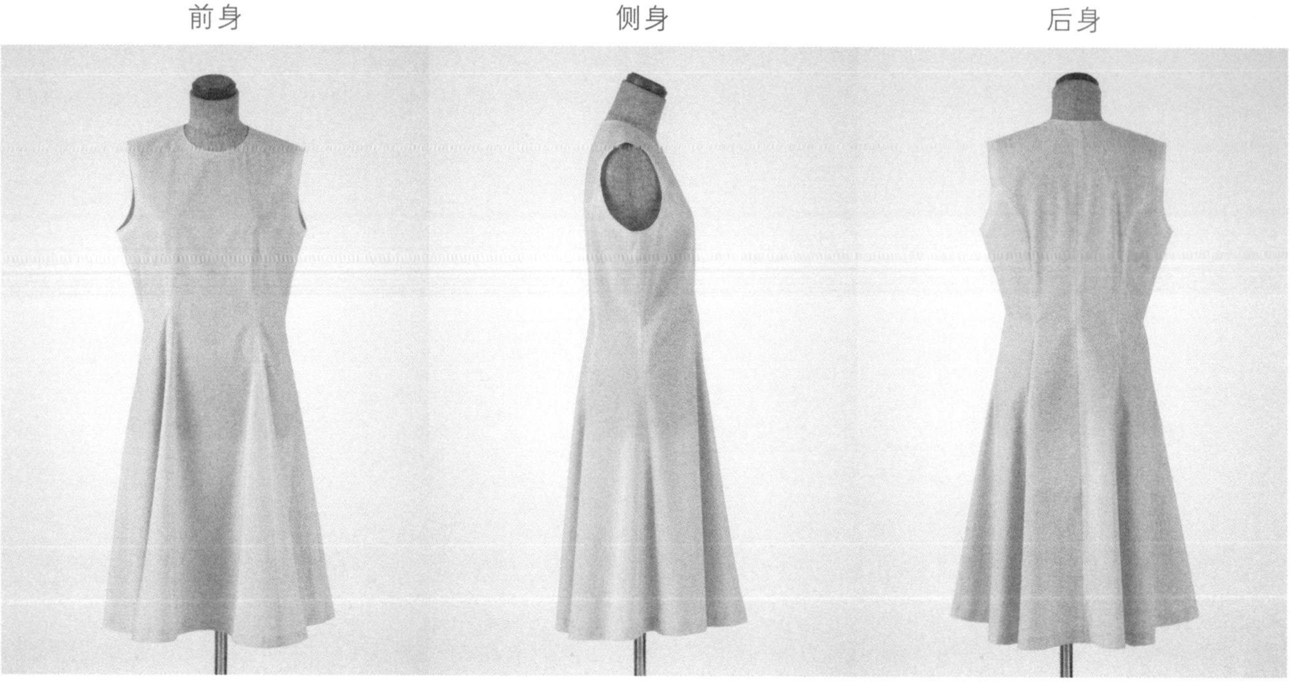

纸样

※○内数字为缝份，指定以外的缝份均为1cm

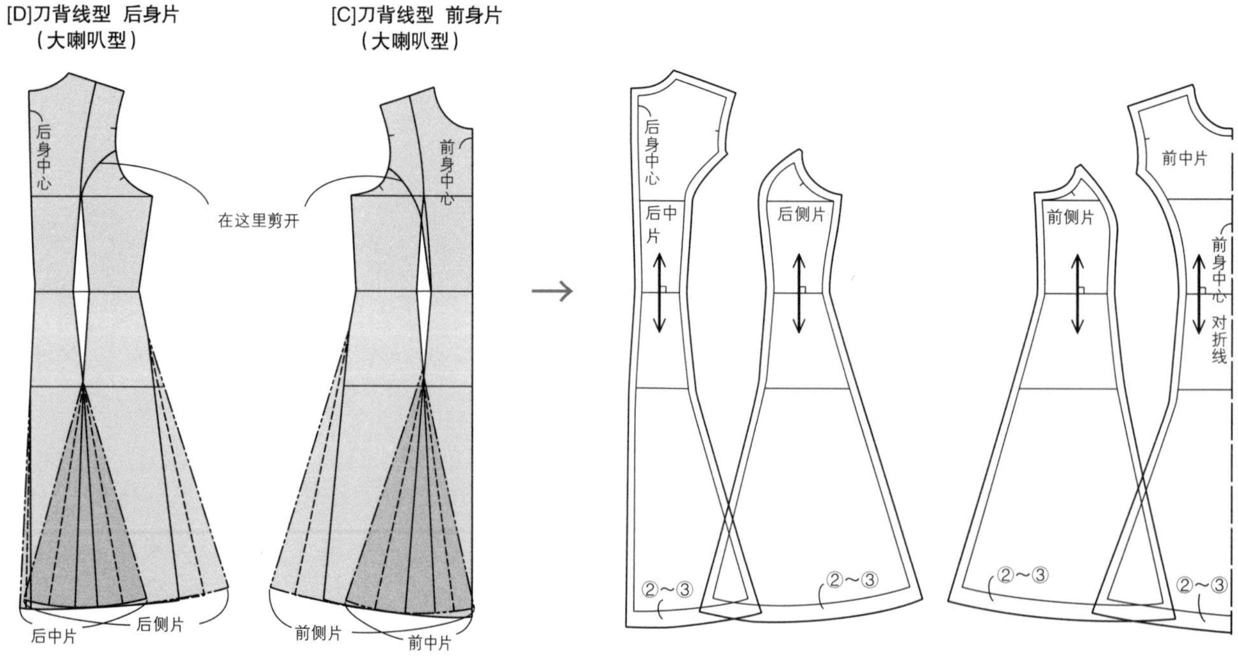

身片的变化

高腰型（基本款）

这一款是在胸部和腰部之间加入拼接线的设计，会有显腿长的效果。
加入省道的上衣搭配上喇叭裙。腰身通过裙摆来呈现。

前身　　侧身　　后身

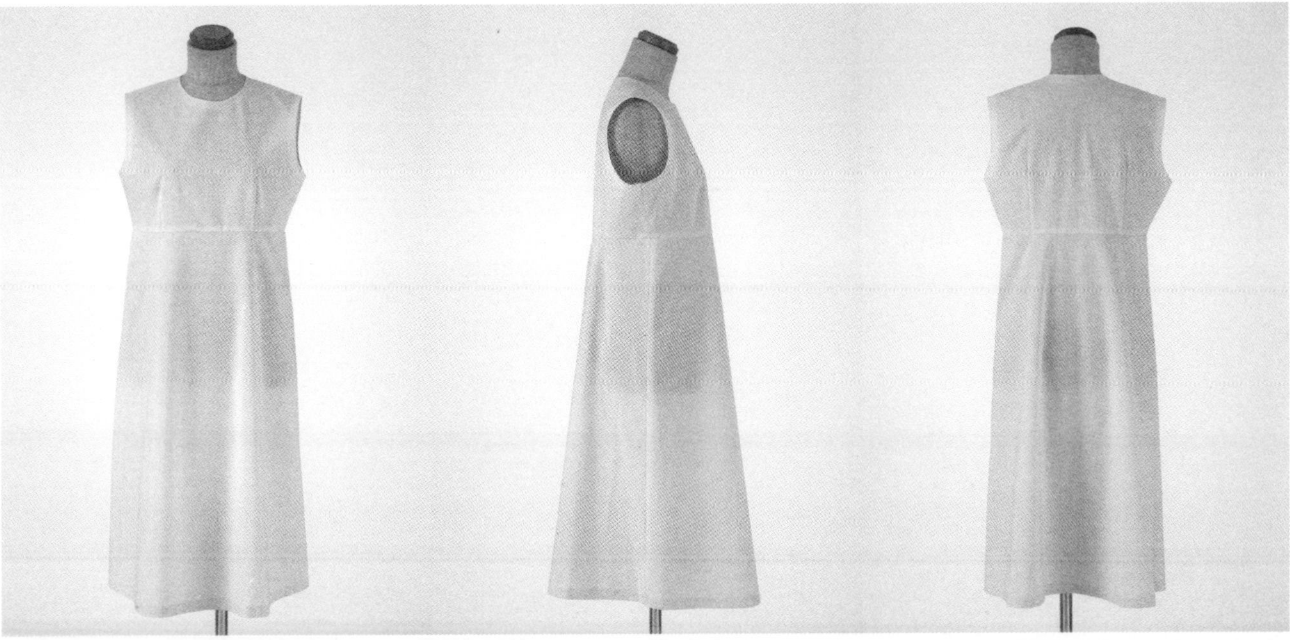

纸样

※○内数字为缝份，指定以外的缝份均为1cm

[B]高腰型 后身片

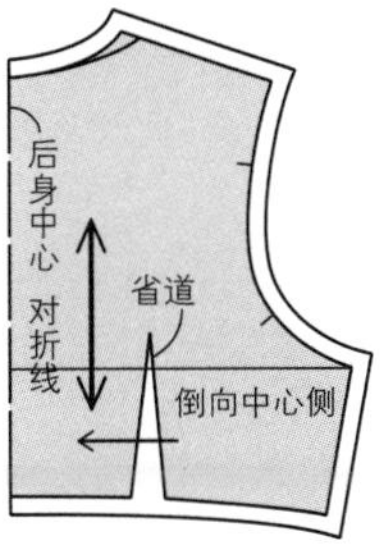

[B]高腰型 前身片

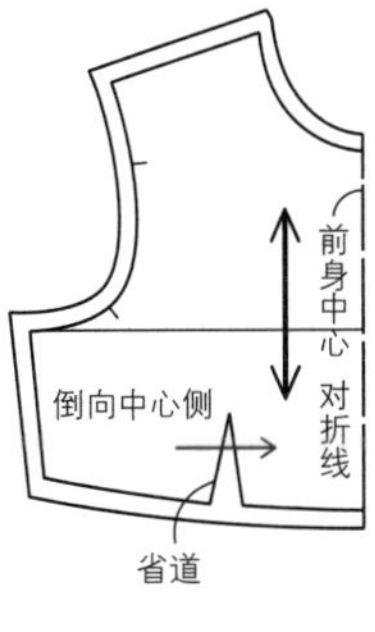

[F]后裙片
（高腰型）

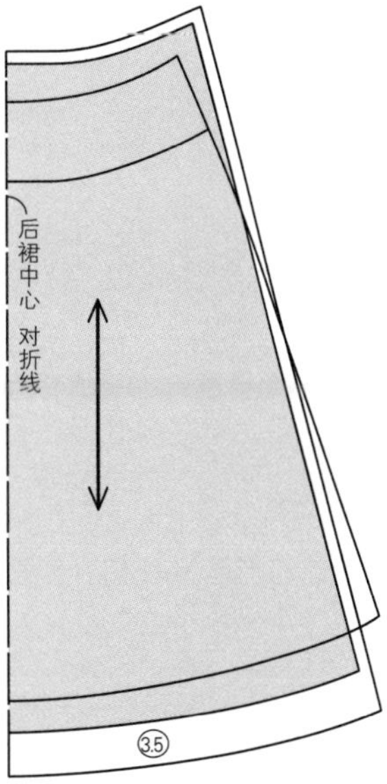

[F]前裙片
（高腰型）

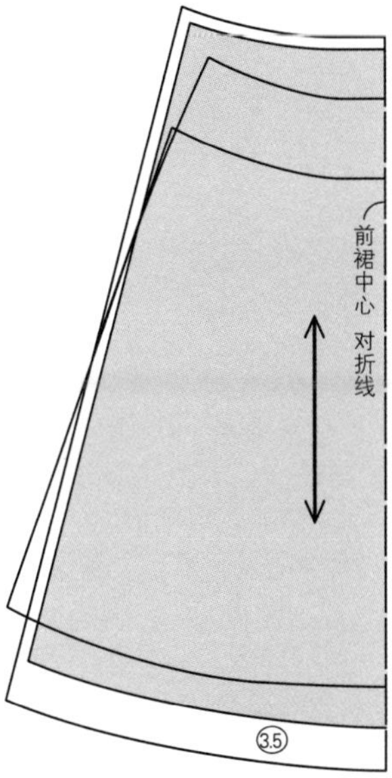

身片的变化

高腰型（抽褶款）

这是一款在35页作品的上衣上搭配了抽褶裙子的设计。
裙子是由两块长方形布缝合的，为了使下摆的线条平直，要剪掉前裙片的侧上部。

前身　　　　侧身　　　　后身

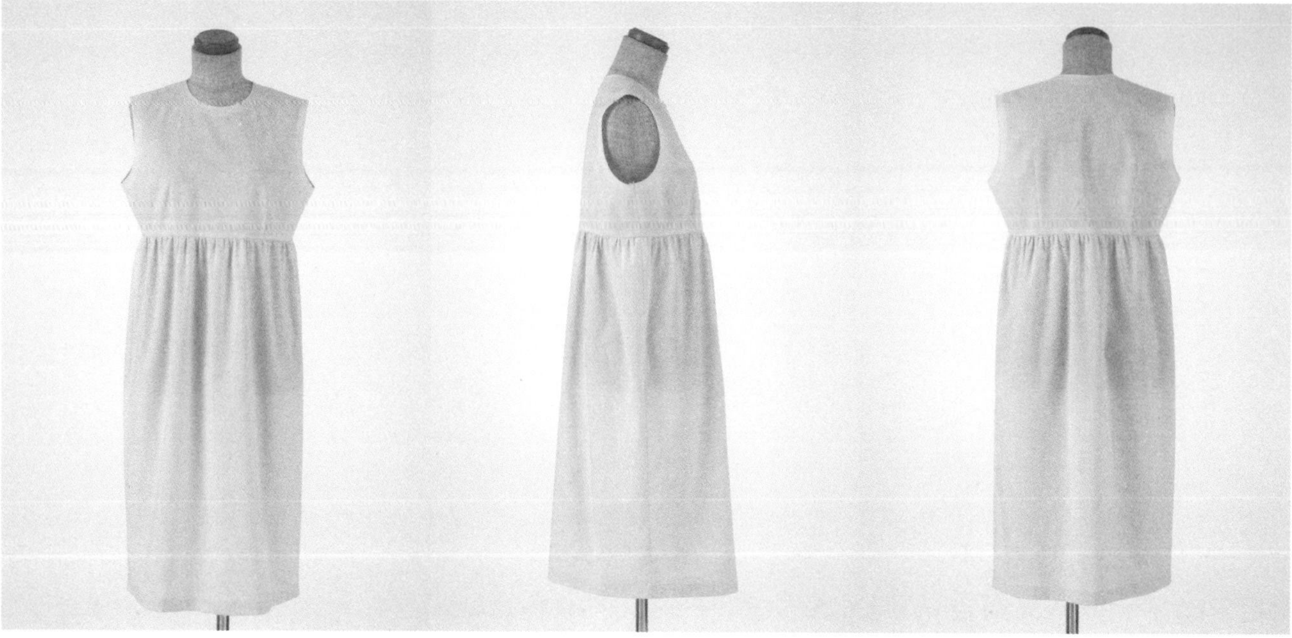

纸样

※○内数字为缝份，指定以外的缝份均为1cm
※从左边或上边开始分别为7/9/11/13/15码的尺寸

[B]高腰型 后身片

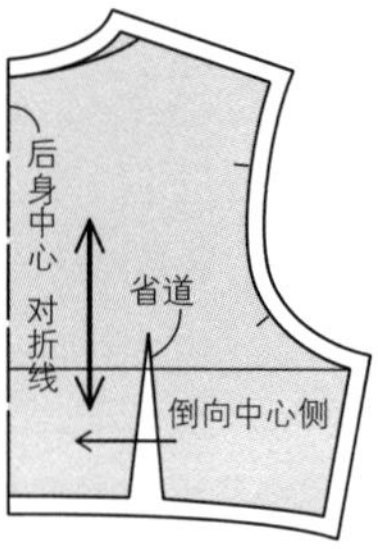

[B]高腰型 前身片

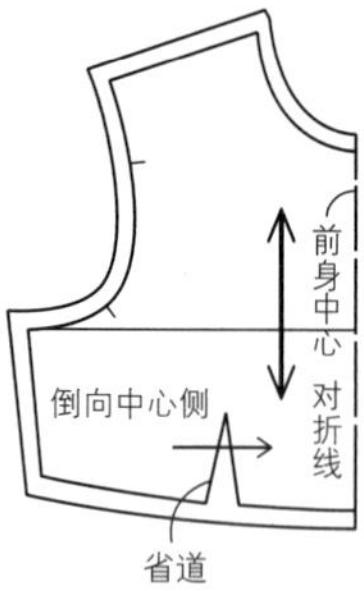

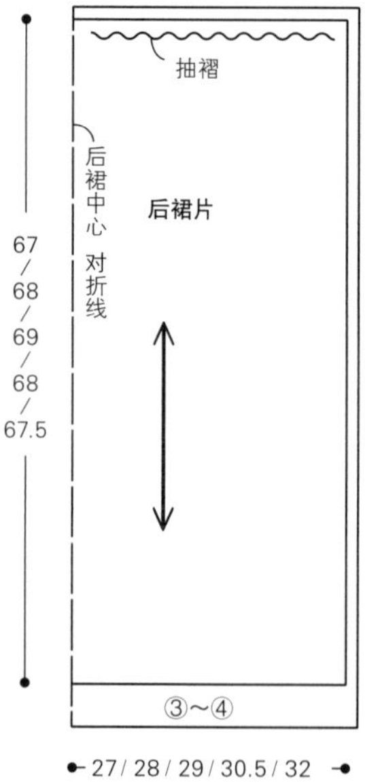

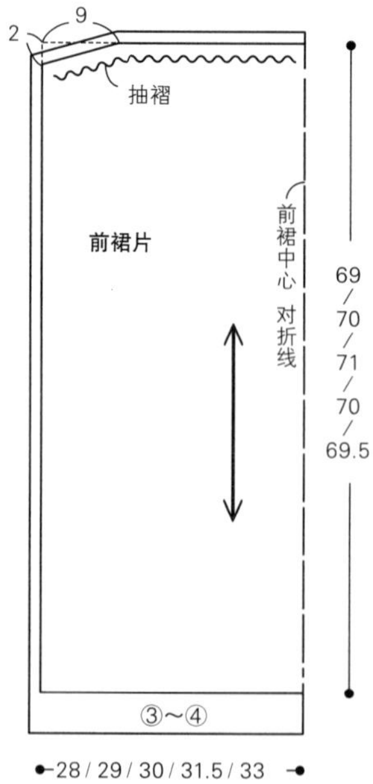

身片的变化

高腰型（碎褶款）

这款设计增加了36页作品的抽褶量，使裙子更加宽大了。
抽褶用布的分量大约是裙腰尺寸的2倍。

前身　　侧身　　后身

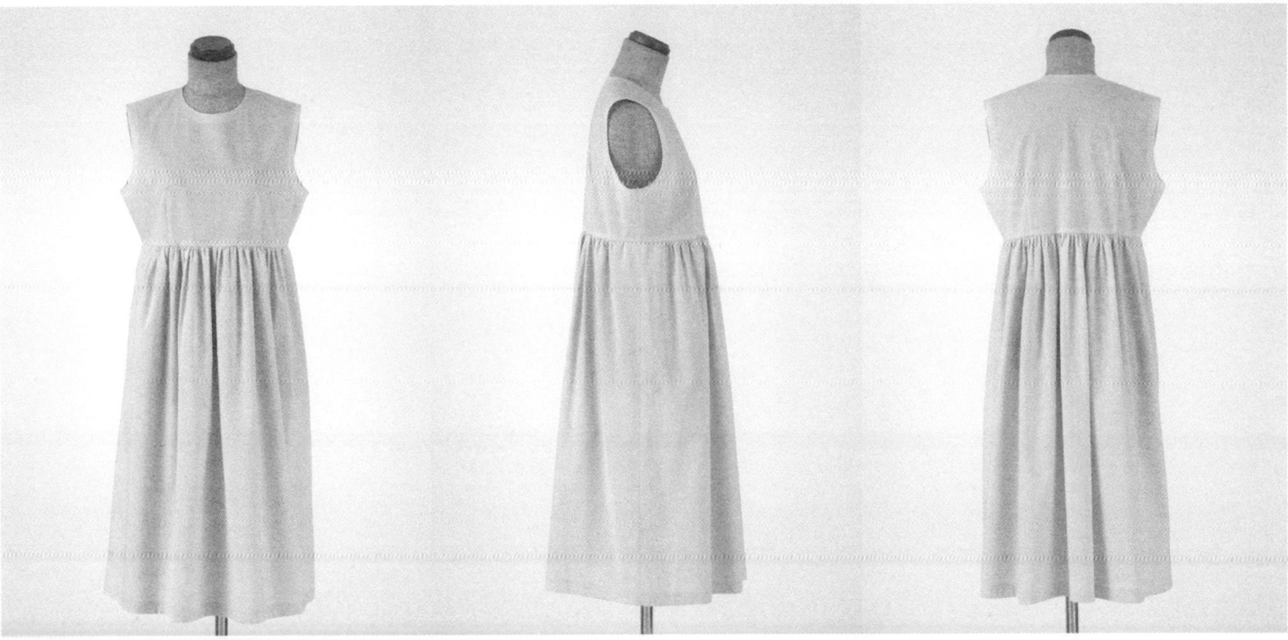

纸样

※○内数字为缝份，指定以外的缝份均为1cm
※从左边或上边开始分别为7/9/11/13/15码的尺寸
※前、后身片与36页作品通用

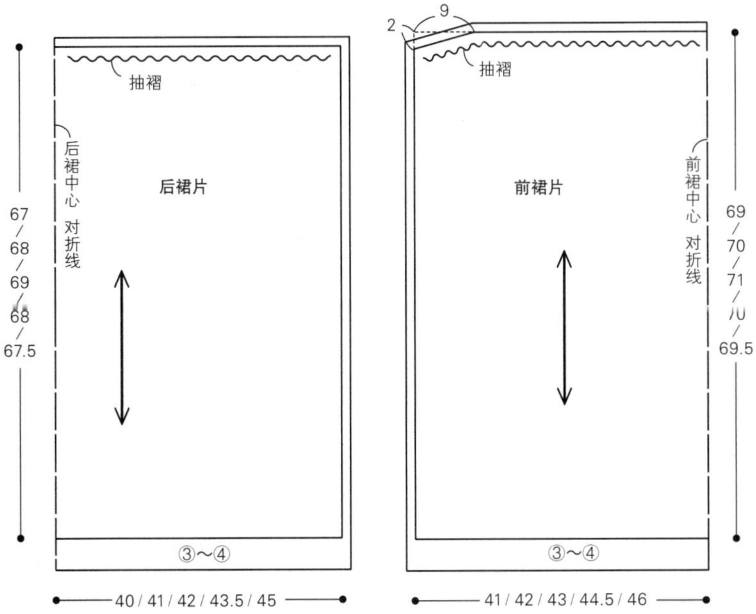

要点

下摆的处理方法

折一折

因为从表面看不到针脚，所以推荐用于雅致的设计。

压缝明线的话，给人休闲的感觉。

折两折

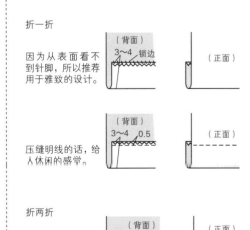

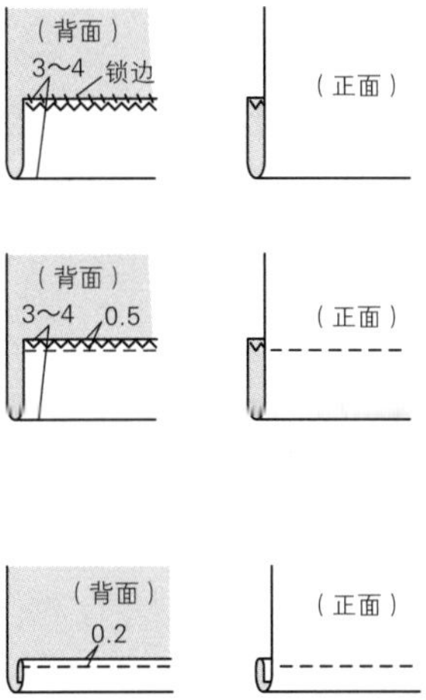

※缝份的宽度根据缝纫方法进行调整

身片的变化

高腰型（活褶款❶）

前、后裙片各插入两个大大的活褶，下摆呈现出稍宽一点的A字形。
裙子的活褶倒向中心侧，要和上衣的省道对齐。

前身　　　　侧身　　　　后身

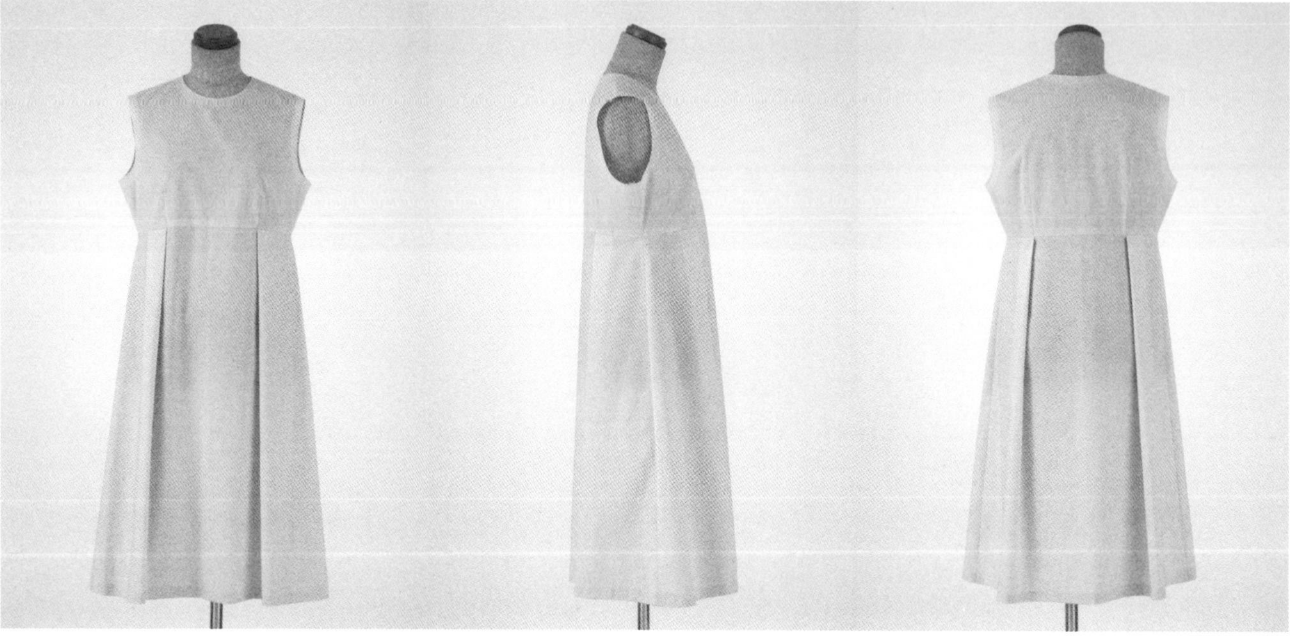

纸样

※○内数字为缝份，指定以外的缝份均为1cm
※从左边或上边开始分别为7/9/11/13/15码的尺寸

[B]高腰型 后身片

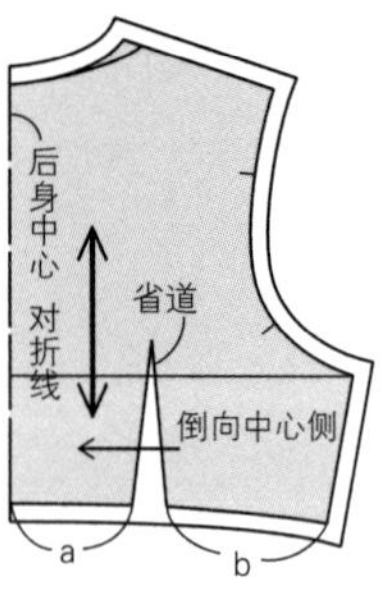

[B]高腰型 前身片

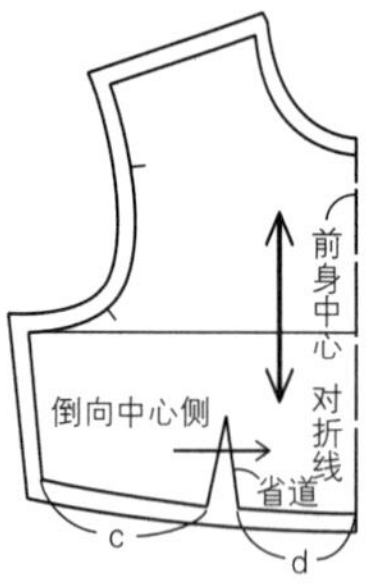

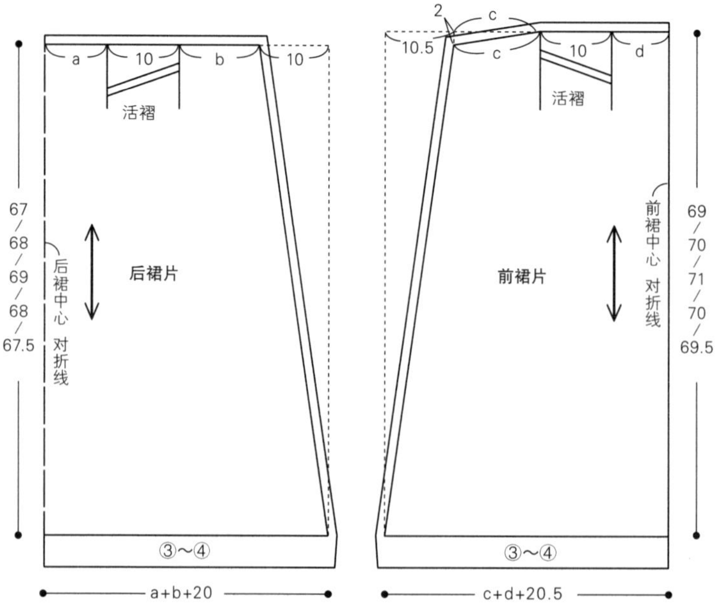

身片的变化

高腰型（活褶款❷）

这是一款前、后裙片各打6个褶子的设计。裙子的褶子要倒向中心侧。
裙片的尺寸，要根据做好的上衣的尺寸进行计算。

前身　　侧身　　后身

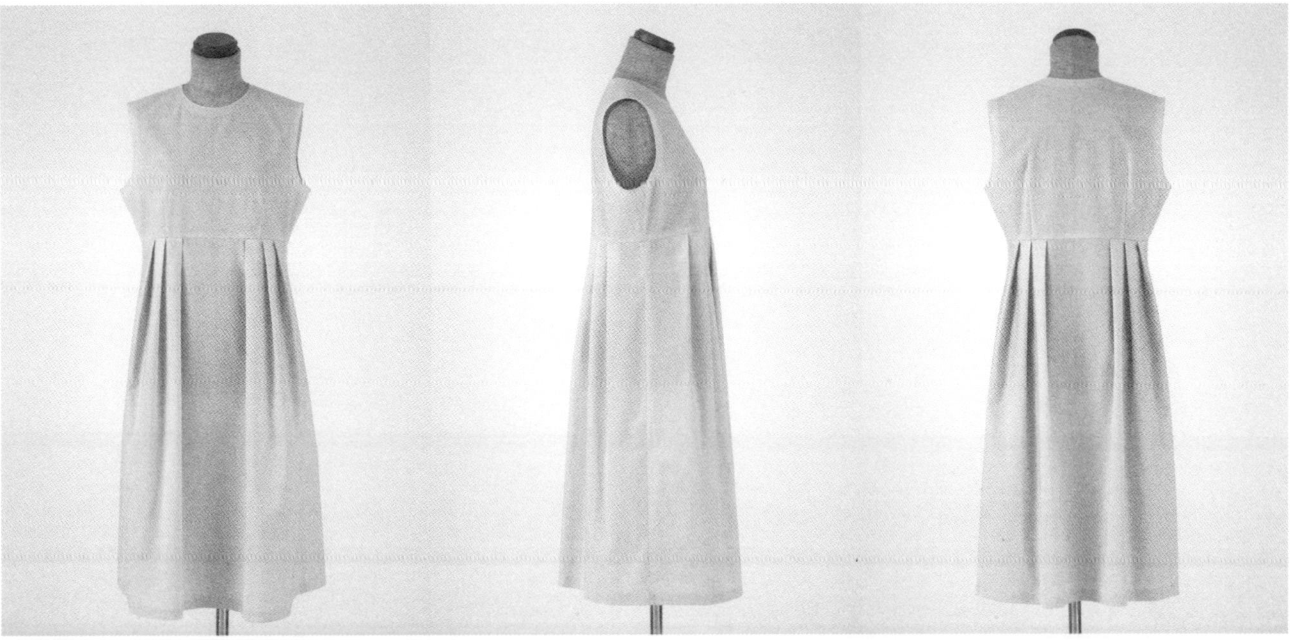

纸样

※○内数字为缝份，指定以外的缝份均为1cm
※从左边或上边开始分别为7/9/11/13/15码的尺寸
※前、后身片与38页作品通用

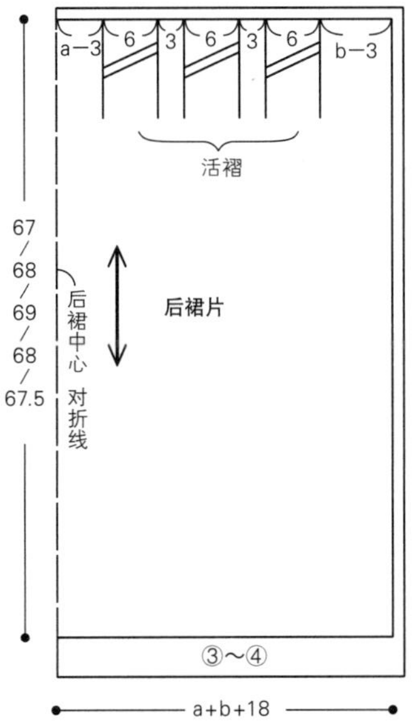

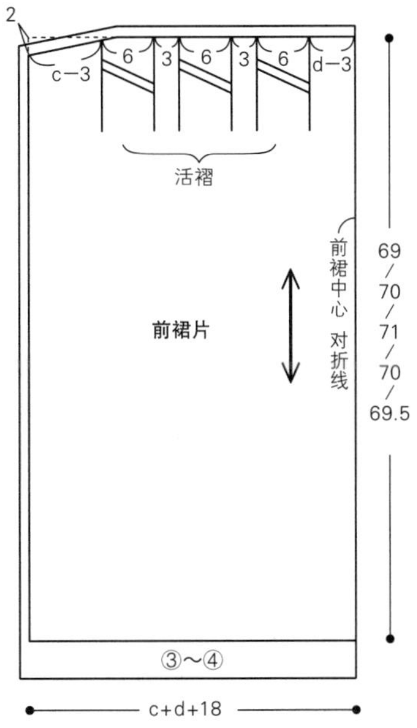

要点　前裙片的腰围侧缝

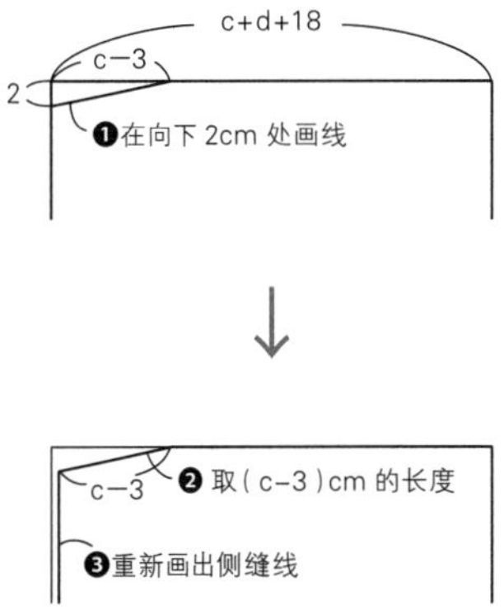

身片的变化

中腰型（基本款）

这是一款添加腰围线的设计。打胸省的上衣搭配了喇叭形裙子。
腰身通过裙摆来呈现。

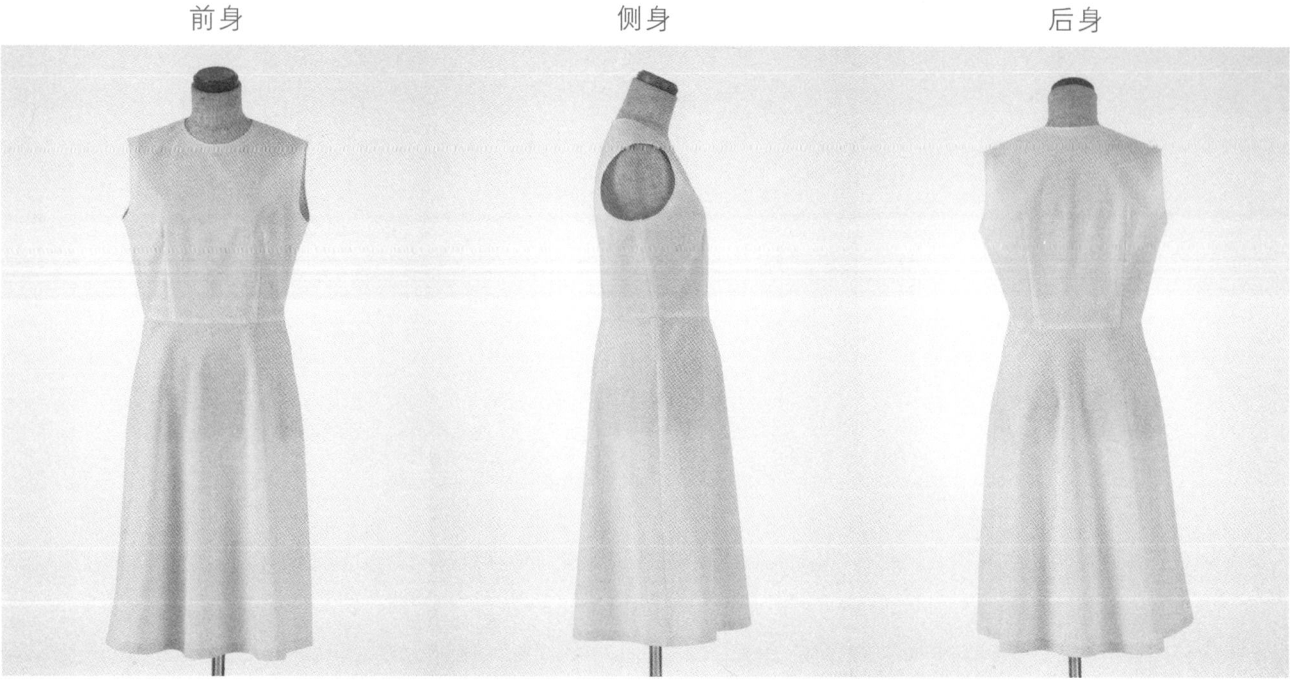

纸样

※○内数字为缝份，指定以外的缝份均为1cm

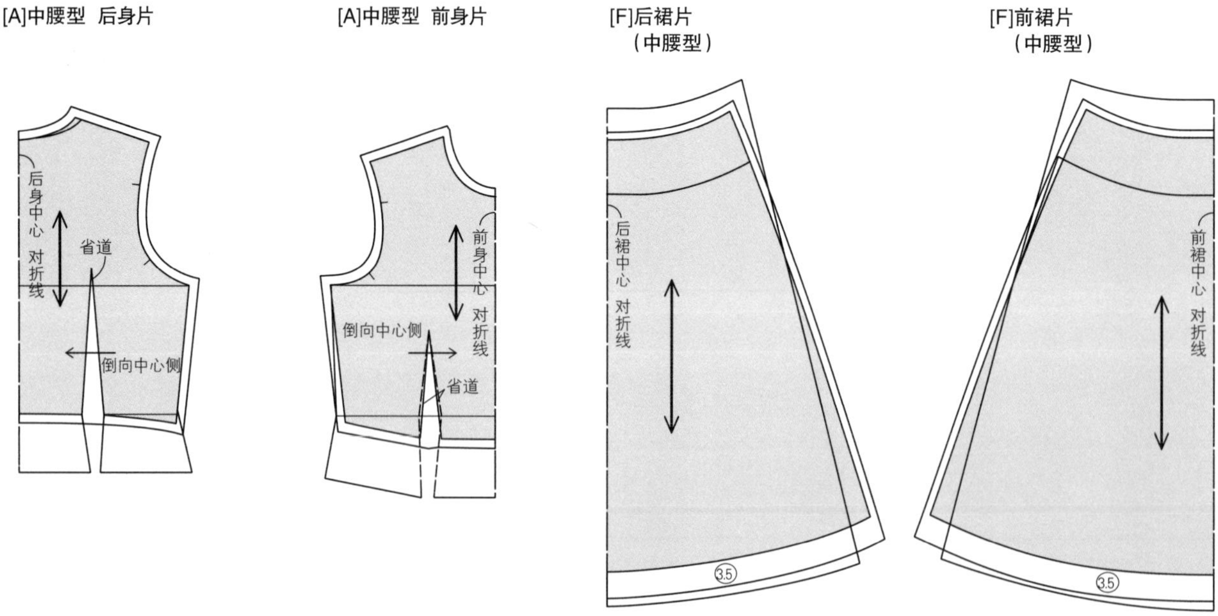

身片的变化

中腰型（8片拼接款）

裙子上大量的褶子,使下摆宽大飘逸。
把裙子分成8片，可以形成一定的纹理，垂褶也会变得很均匀。

前身　　侧身　　后身

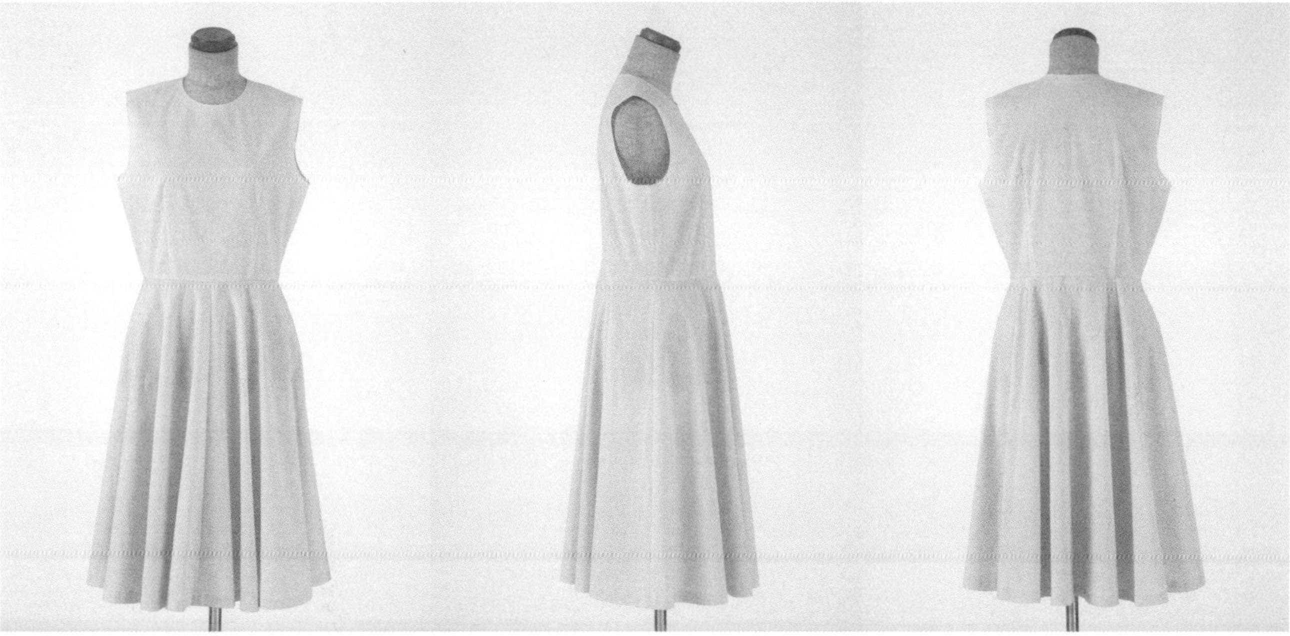

纸样

※○内数字为缝份，指定以外的缝份均为1cm
※前、后身片与40页作品通用

[B]8片拼接款　后中裙片
[B]8片拼接款　后侧裙片

[B]8片拼接款　前中裙片
[B]8片拼接款　前侧裙片

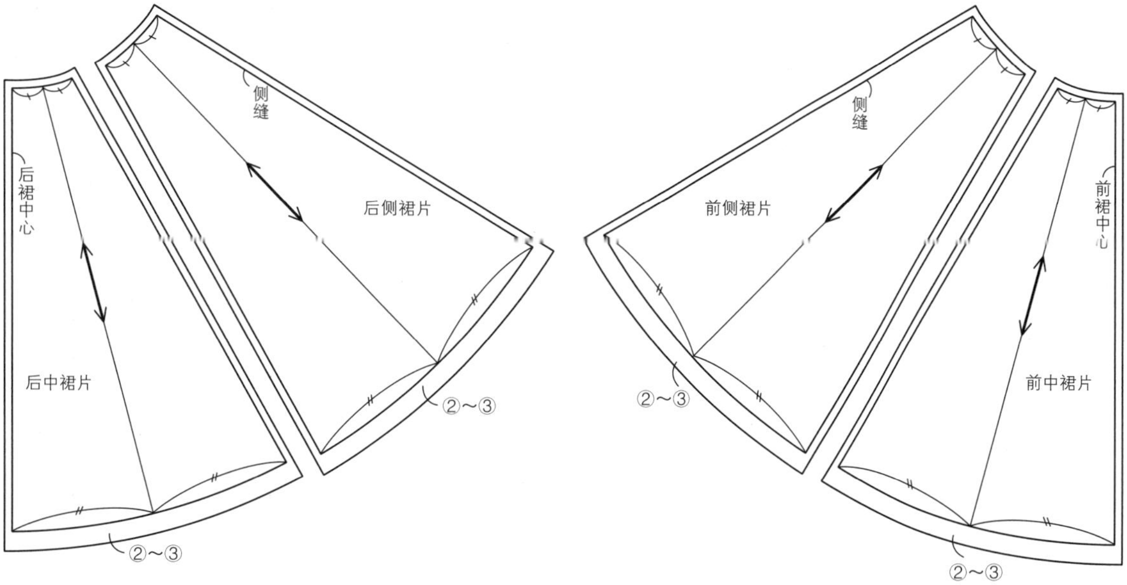

身片的变化

中腰型（碎褶款❶）

这是一款在40页作品的上衣上搭配了抽褶裙子的设计。裙子是由两块长方形的布缝合的。抽褶用布的分量大约是裙腰尺寸的1.5倍。

前身　　侧身　　后身

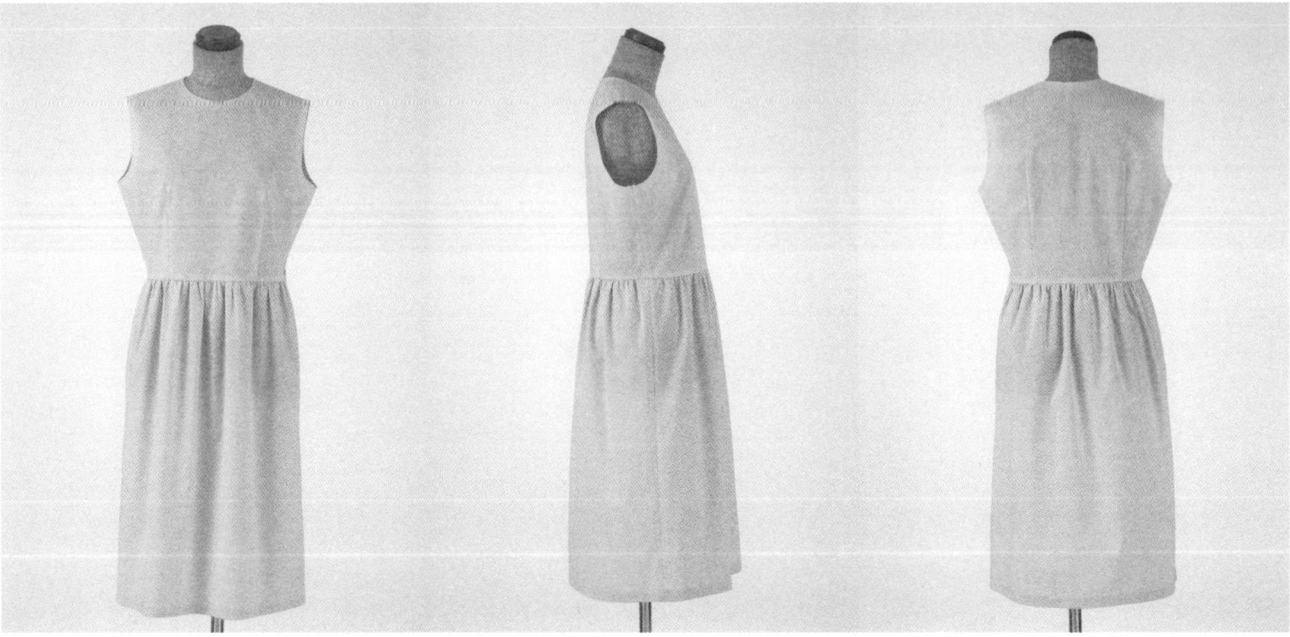

纸样

※○内数字为缝份，指定以外的缝份均为 1cm
※从左边或上边开始分别为 7/9/11/13/15 码的尺寸

[A]中腰型 后身片　　[A]中腰型 前身片

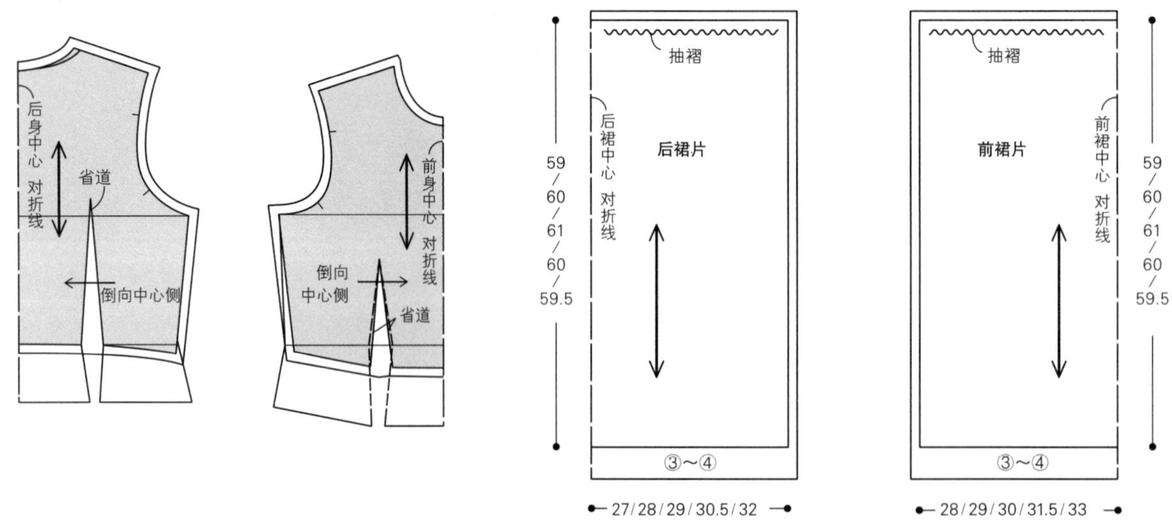

身片的变化

中腰型（碎褶款❷）

这款设计增加了42页作品抽褶的分量，使裙子更加宽大了。
褶子分量增加了大约2.5倍，比37页作品的褶子更多。

前身　　侧身　　后身

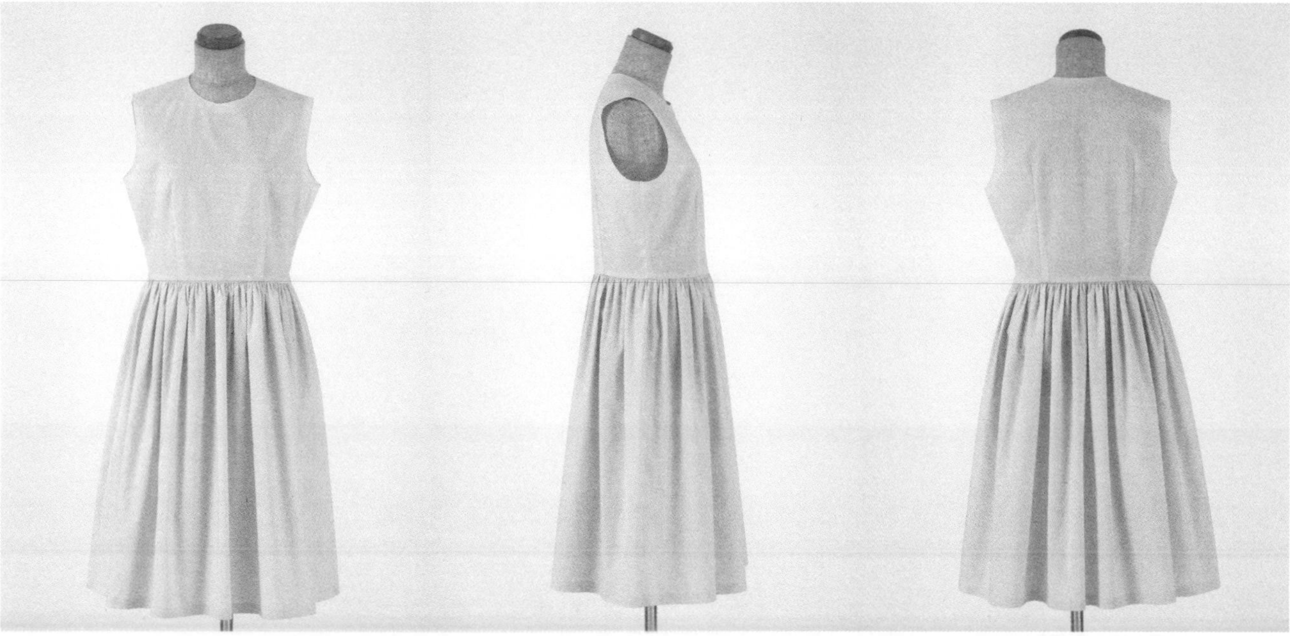

纸样

※○内数字为缝份，指定以外的缝份均为1cm
※从左边或上边开始分别为7/9/11/13/15码的尺寸
※前、后身片与42页作品通用

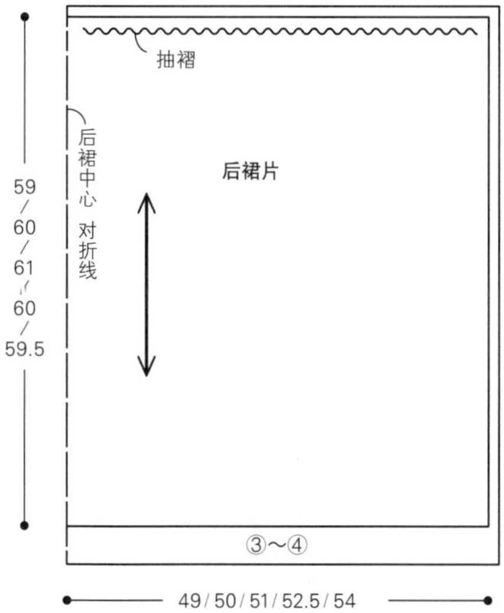

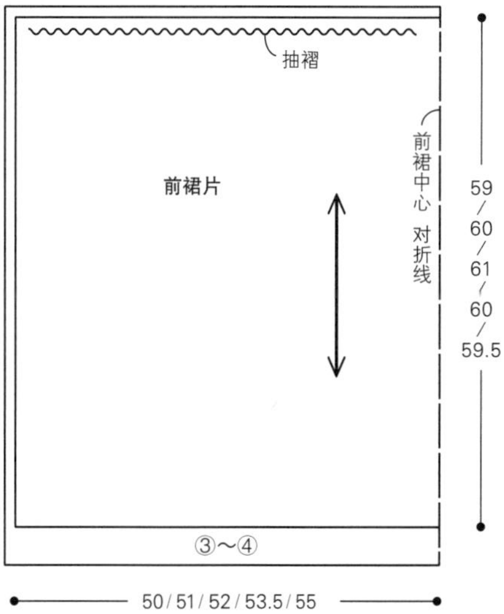

身片的变化

中腰型（活褶款❶）

这是一款前、后裙片各插入两个大大的活褶的设计。
裙子的褶子要倒向侧缝侧，要和上衣上的省道对齐。

前身　　侧身　　后身

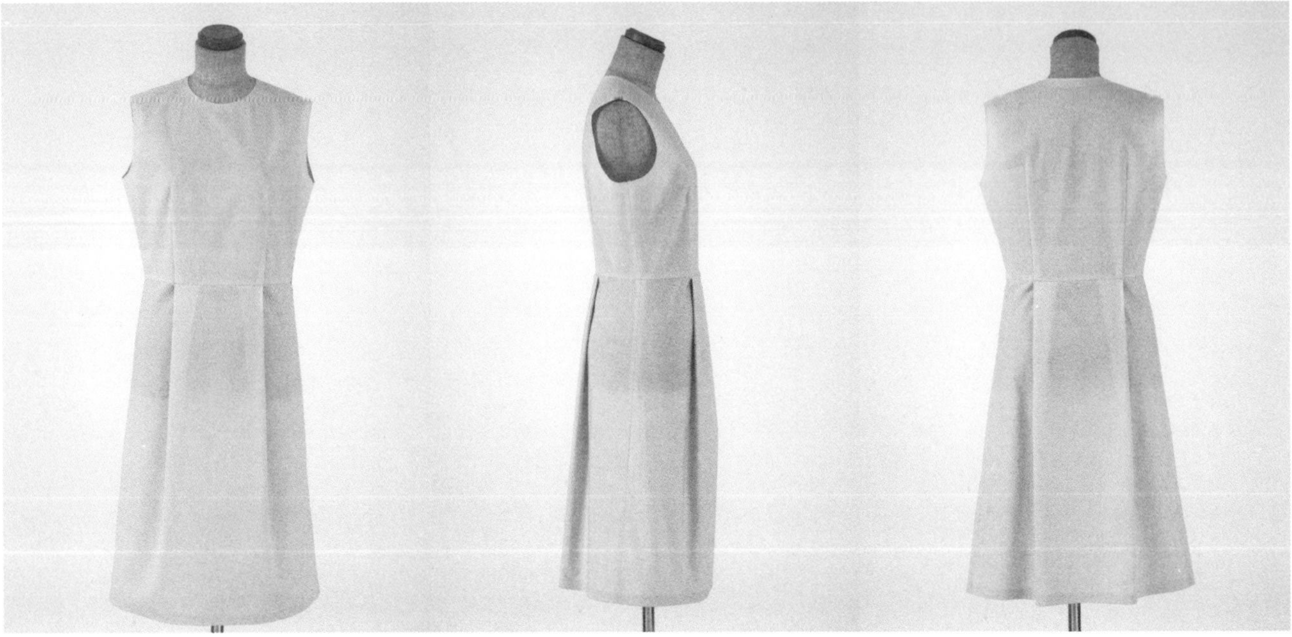

纸样

※○内数字为缝份，指定以外的缝份均为1cm
※从左边或上边开始分别为7/9/11/13/15码的尺寸

[A]中腰型　后身片

[A]中腰型　前身片

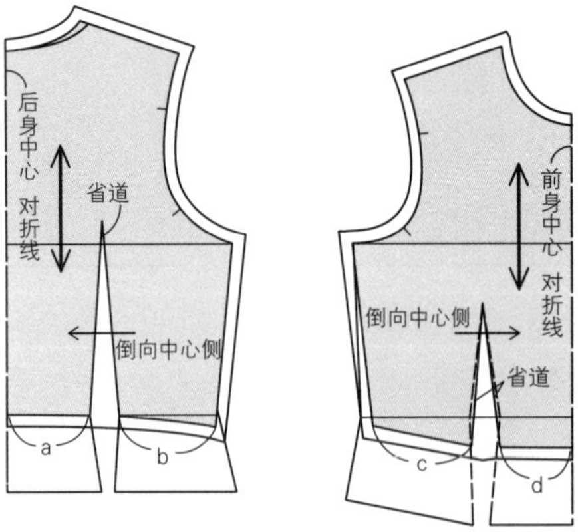

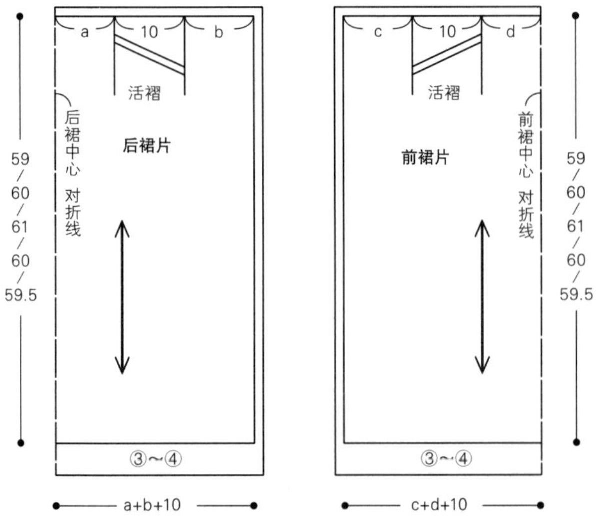

身片的变化

中腰型（活褶款❷）

这是一款前、后裙片各打6个褶子的设计。
裙子的褶子要倒向侧缝侧。把裙腰处的后身中心剪短一点的话更具有立体感。

前身　　侧身　　后身

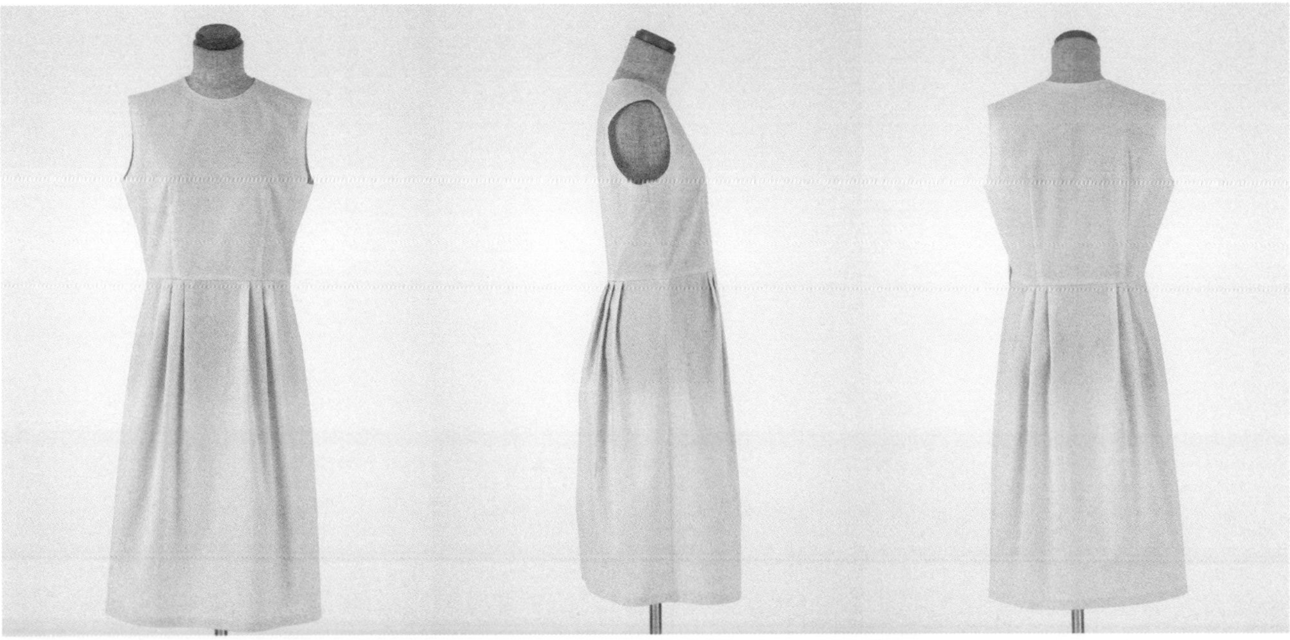

纸样

※○内数字为缝份，指定以外的缝份均为1cm
※从左边或上边开始分别为7/9/11/13/15码的尺寸
※前、后身片与44页作品通用

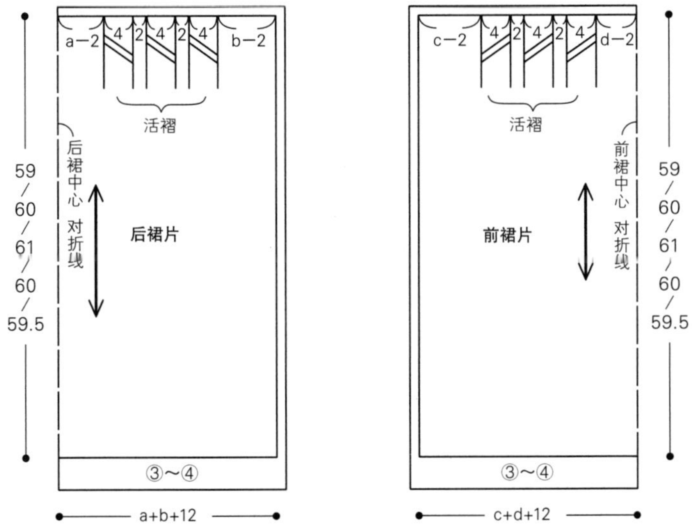

要点　看起来更加立体的方法

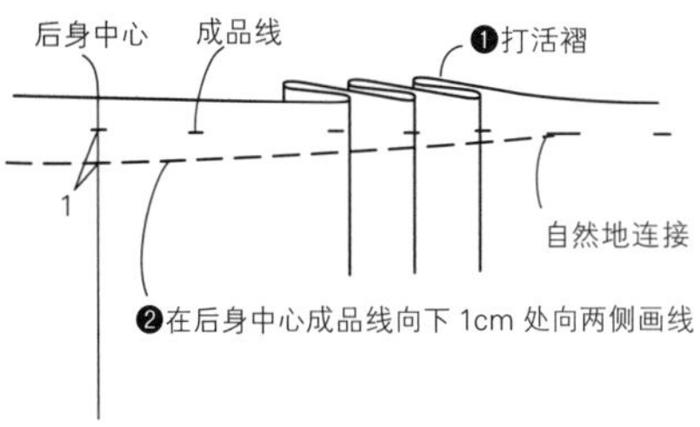

低腰型（基本款）

这是一款在比裙腰低8cm的位置添加拼接线的设计。
要将裙子上的褶子和上衣上的省道对齐。腰身通过裙摆呈现。

前身　　侧身　　后身

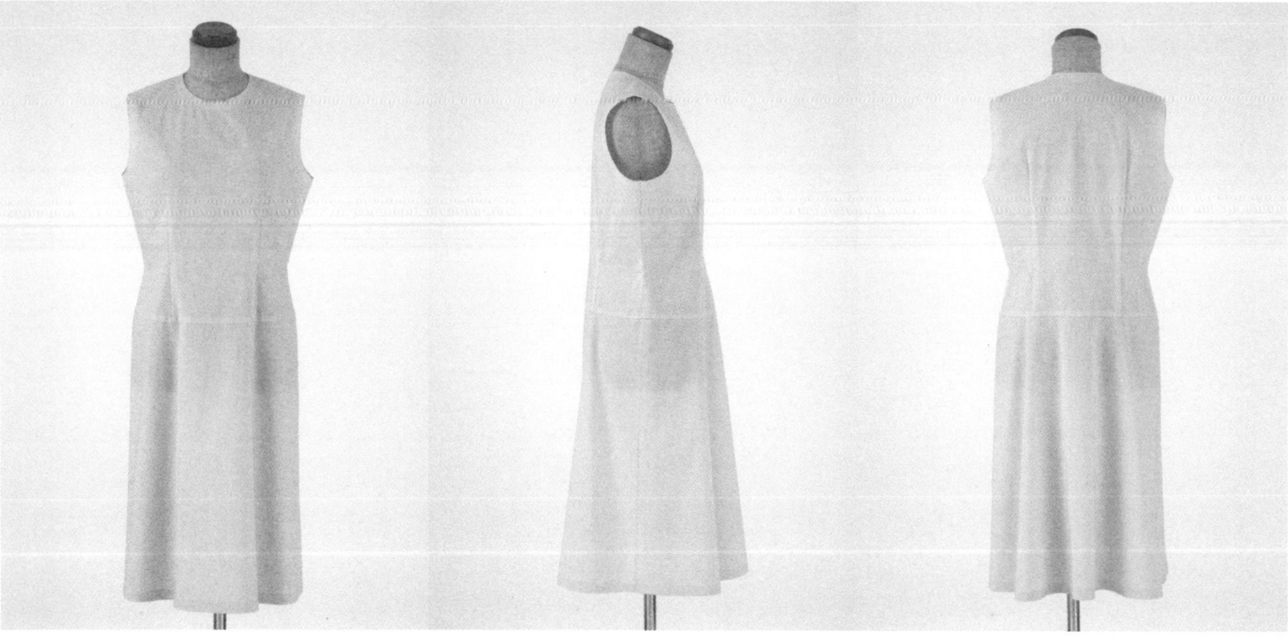

纸样

※○内数字为缝份，指定以外的缝份均为1cm

[A]低腰型 后身片

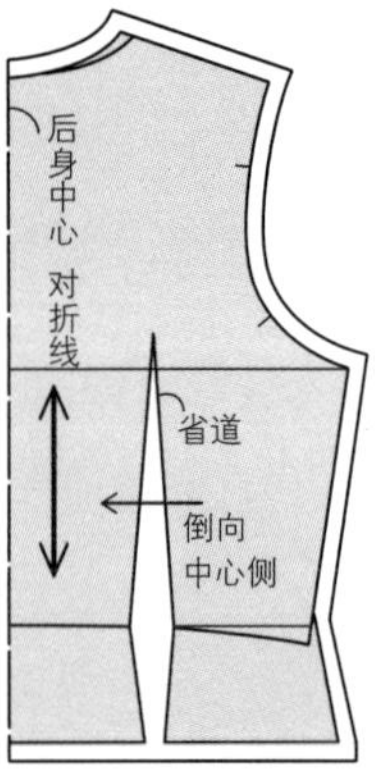

[A]低腰型 前身片

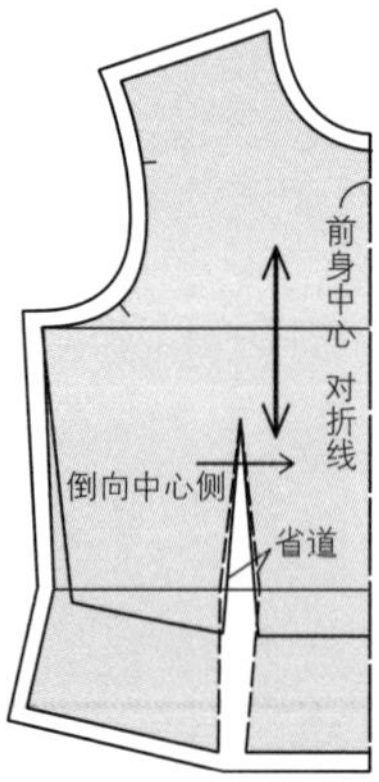

[F]后裙片
（低腰型）

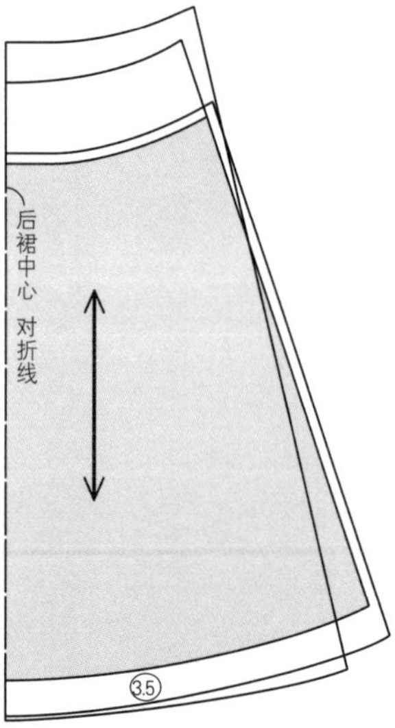

[F]前裙片
（低腰型）

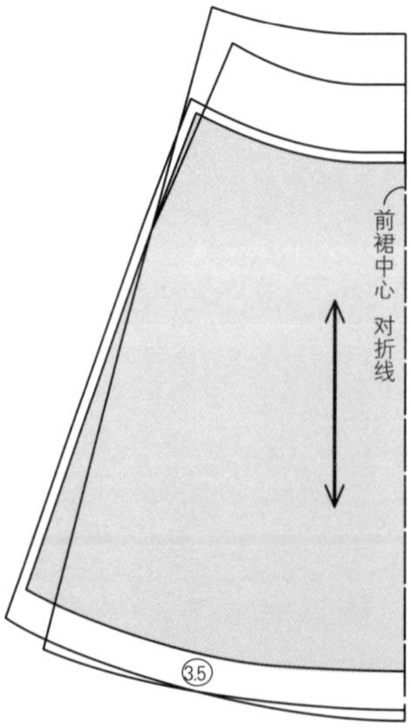

身片的变化

低腰型（碎褶款）

这款碎褶裙用的布料长度大约是上衣下边长的2倍。
为了使下摆线看起来在一条直线上，侧缝要稍微向上提一点，
但是如果选用了格子或条纹等面料的话，以花纹优先，也可以平行。

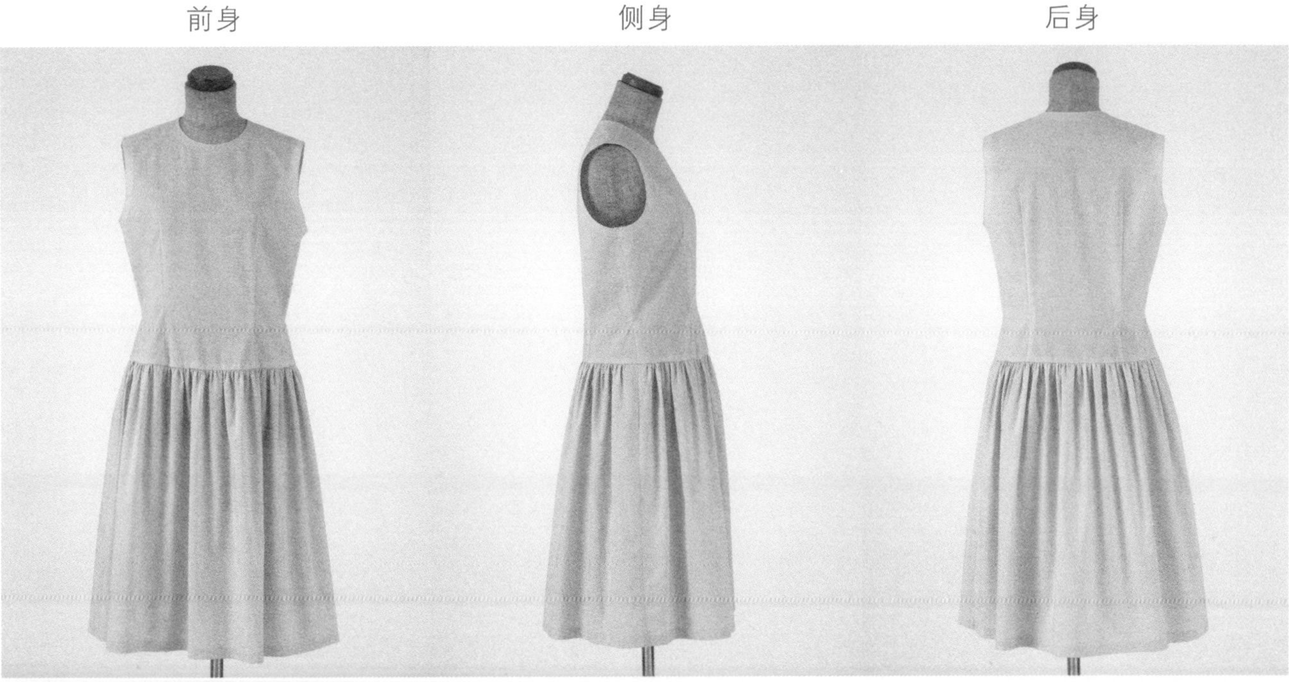

纸样

※○内数字为缝份，指定以外的缝份均为1cm
※从左边或上边开始分别为7/9/11/13/15码的尺寸
※前、后身片与46页作品通用

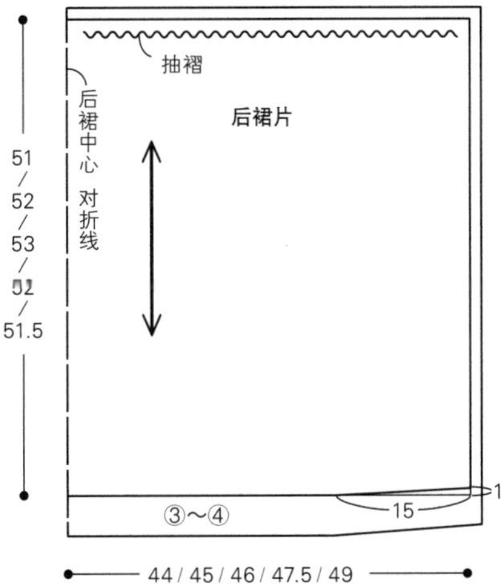

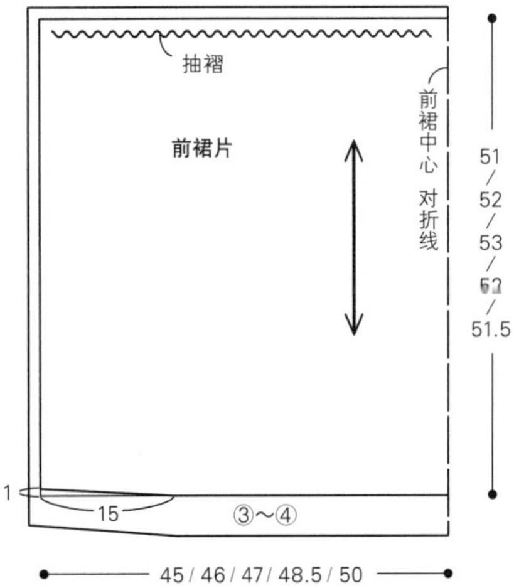

身片的变化

低腰型（活褶款❶）

分别在前、后裙片的中间两侧相对打褶，同样宽度的褶子再各打2个。
要使褶子倒向中心侧。

前身　　侧身　　后身

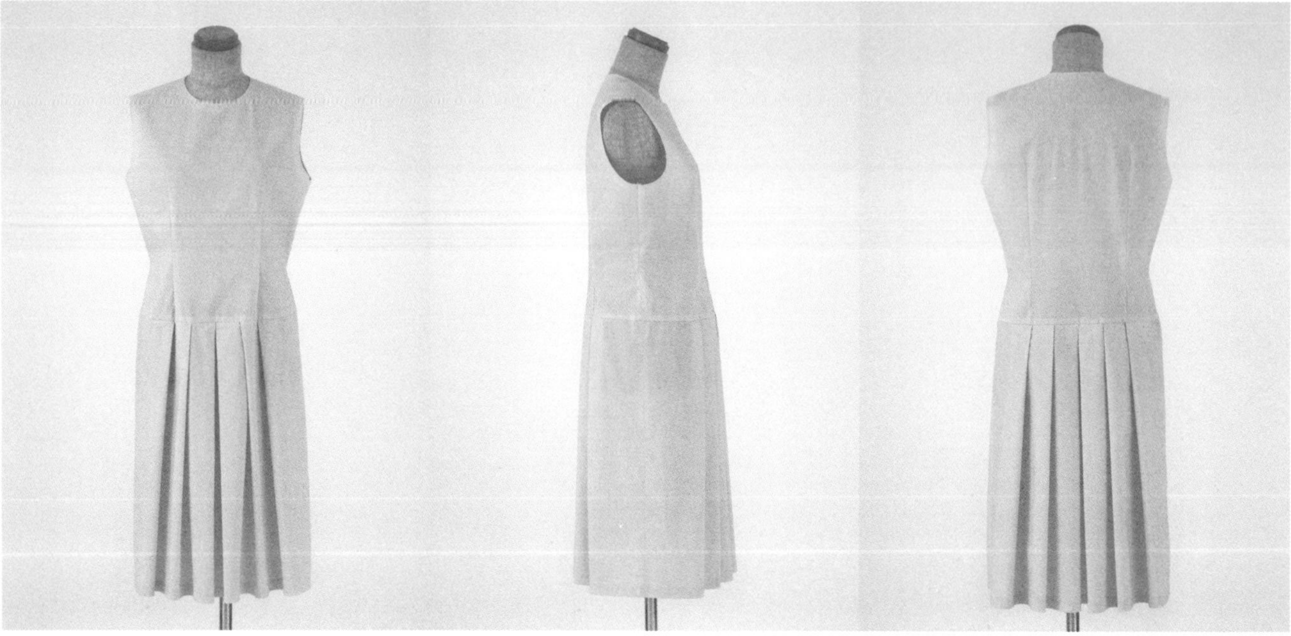

纸样

※○内数字为缝份，指定以外的缝份均为1cm
※从左边或上边开始分别为7/9/11/13/15码的尺寸

[A]低腰型 后身片　　[A]低腰型 前身片

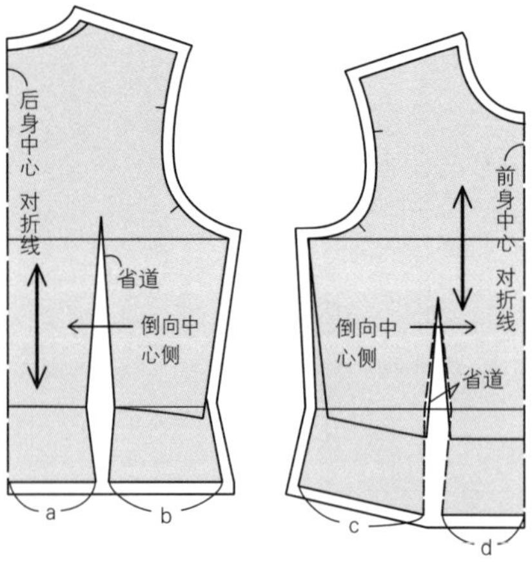

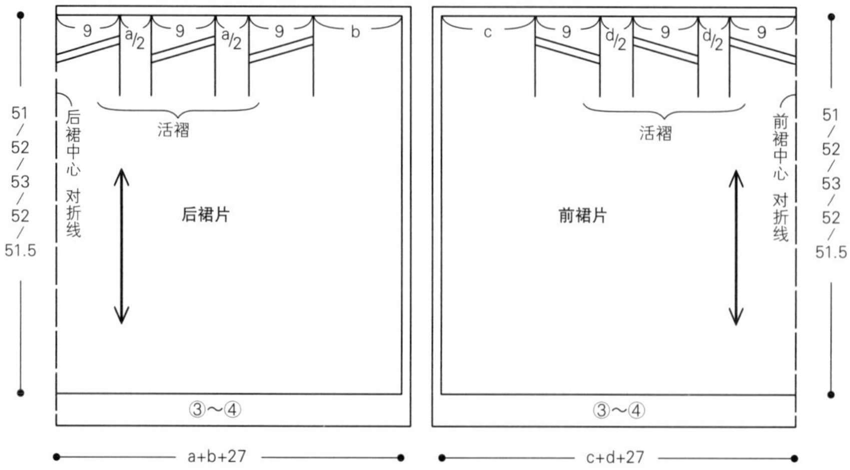

身片的变化

低腰型（活褶款❷）

围绕裙腰向同一方向打具有一定宽度的活褶。
因为褶子数量很多，所以中间的接缝要放在不显眼的褶缝里面。

前身　　侧身　　后身

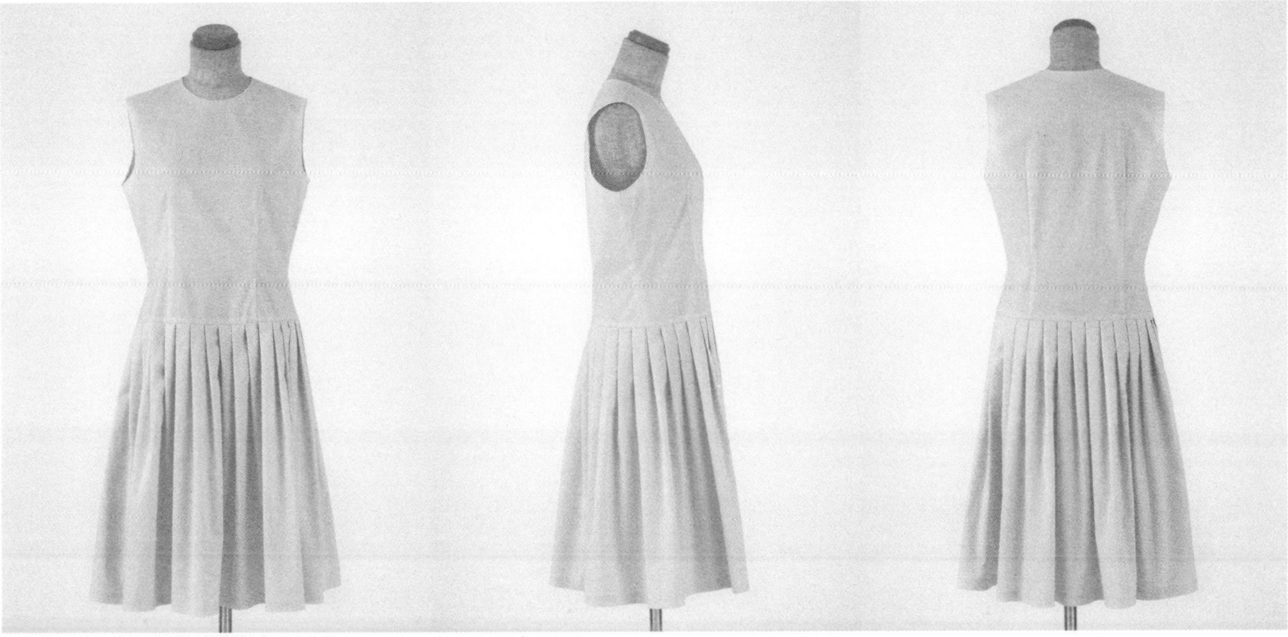

纸样

※○内数字为缝份，指定以外的缝份均为1cm
※从左边或上边开始分别为7/9/11/13/15码的尺寸
※前、后身片与48页作品通用

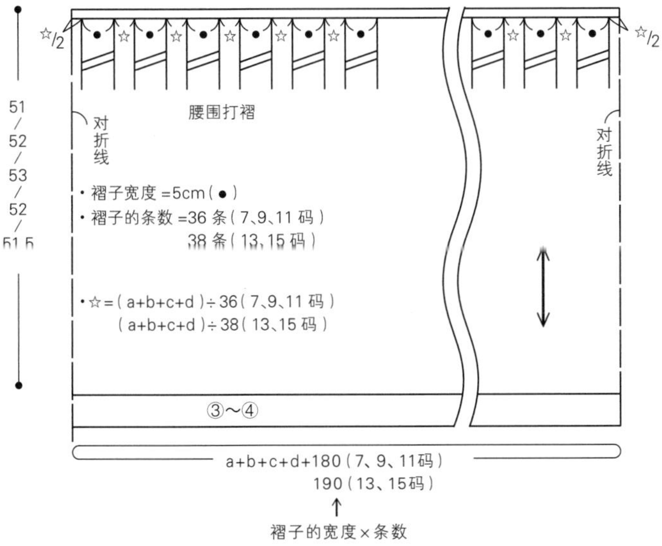

要点　连接方法

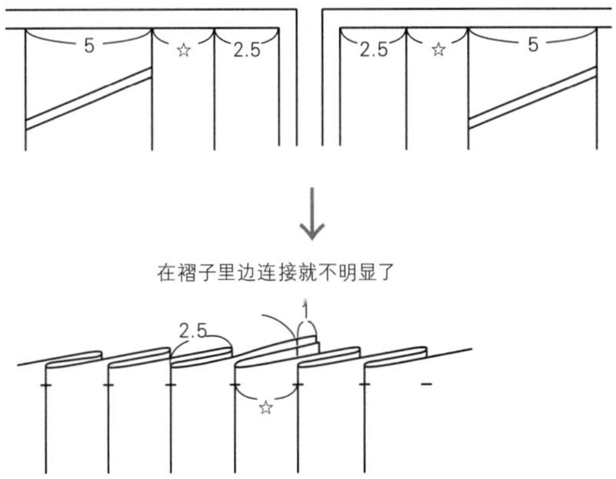

身片的变化

过肩型（碎褶款）

这是一款加入过肩的设计，并对前、后身片进行抽褶。
通过缩减侧缝处的腰围部分，可以展现出漂亮的纵向线条。

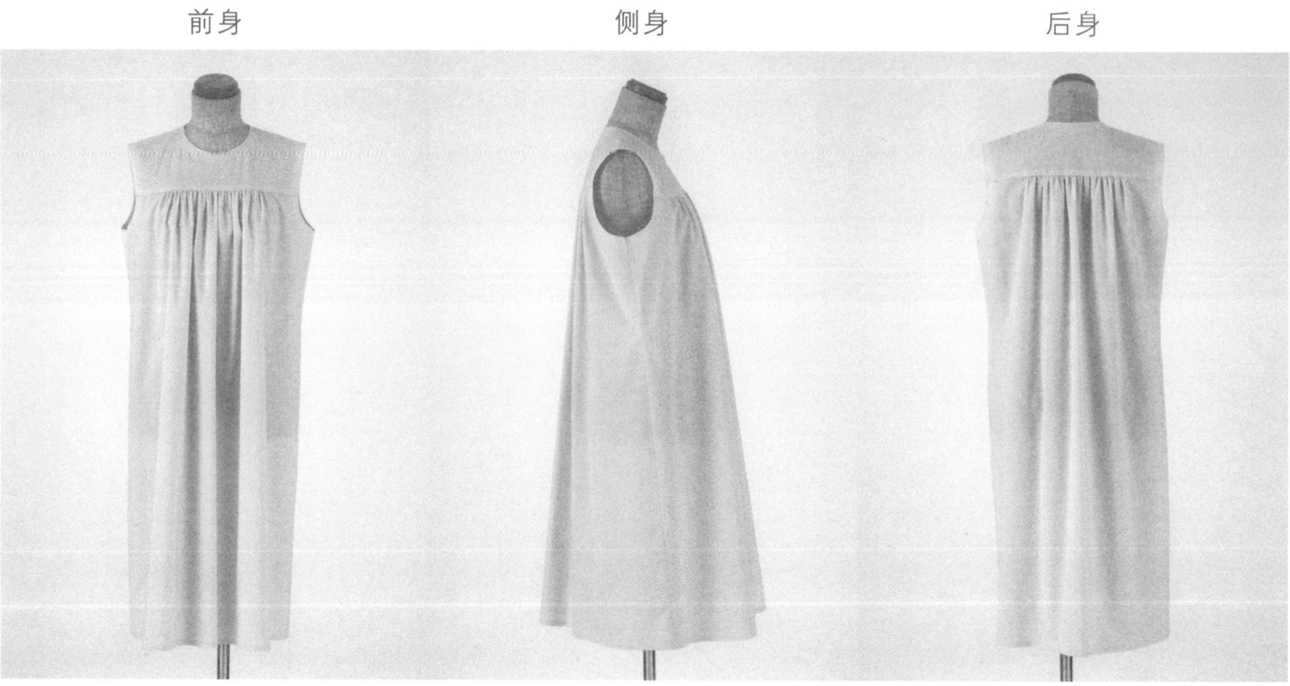

纸样

※○内数字为缝份，指定以外的缝份均为1cm

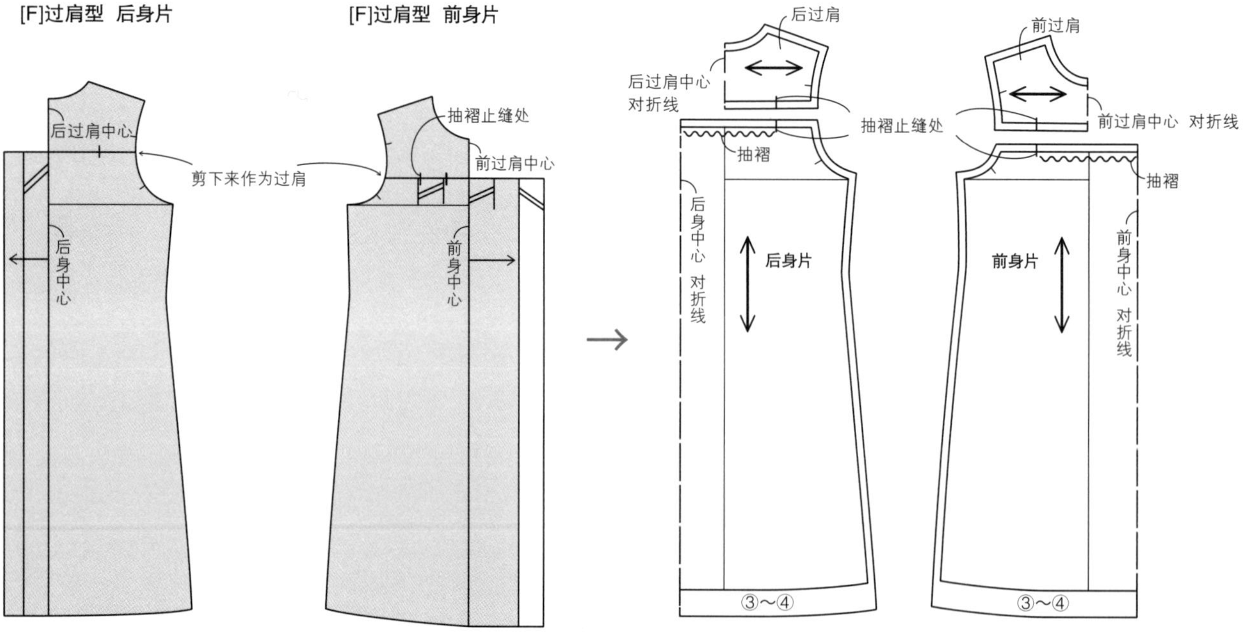

身片的变化

过肩型（细褶款）

过肩平展，在前身片的中间部分打细褶。
使前身中间的活褶部分平行呈现并凸显出来。后身是平坦的设计。

前身　　侧身　　后身

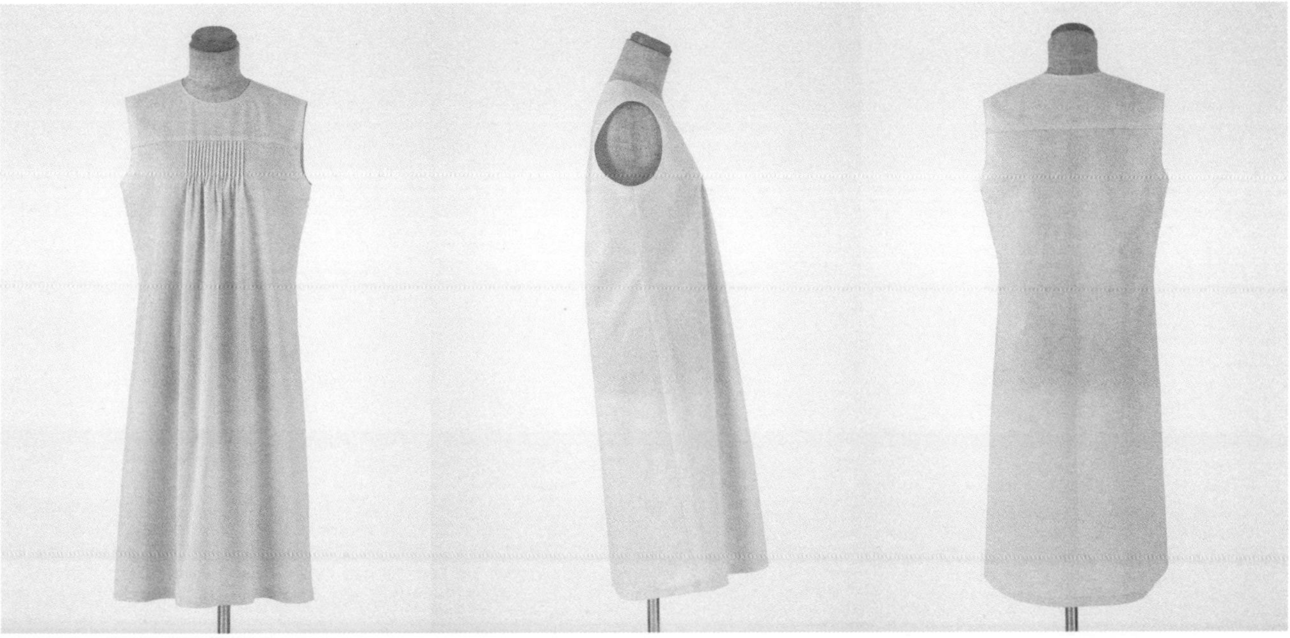

纸样

※○内数字为缝份，指定以外的缝份均为1cm

[F]过肩型　后身片　　**[F]过肩型　前身片**

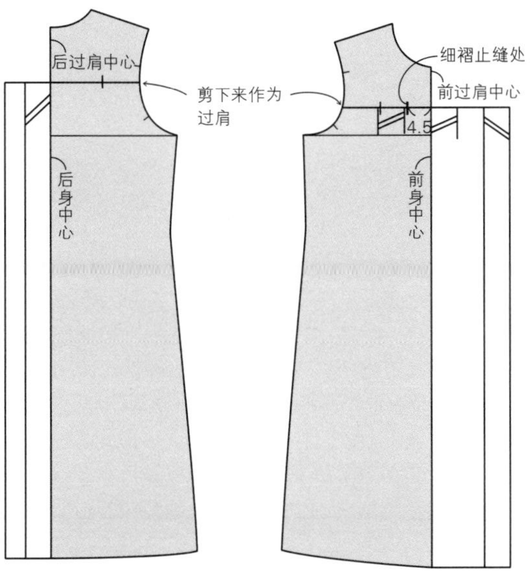

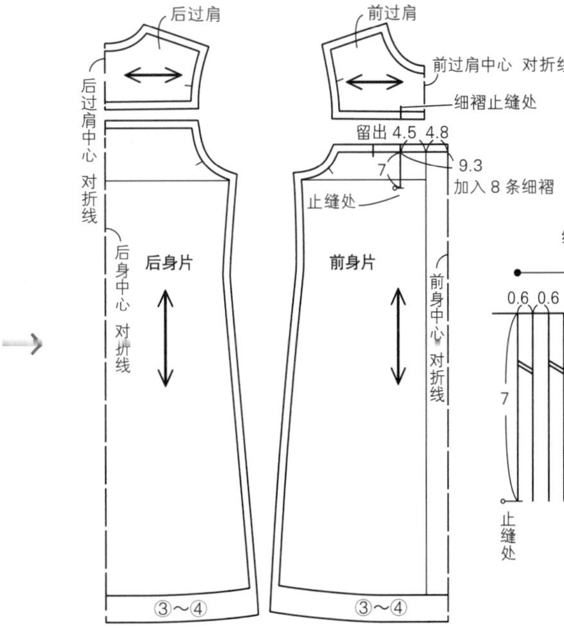

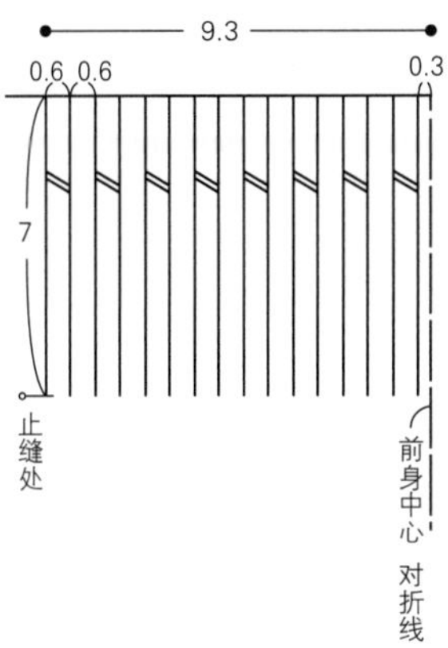

身片的变化

过肩型（活褶款）

这是一款过肩平展、在前后身片打活褶的设计。
请根据自己的喜好，设计活褶的方向、宽度以及条数。

前身　　侧身　　后身

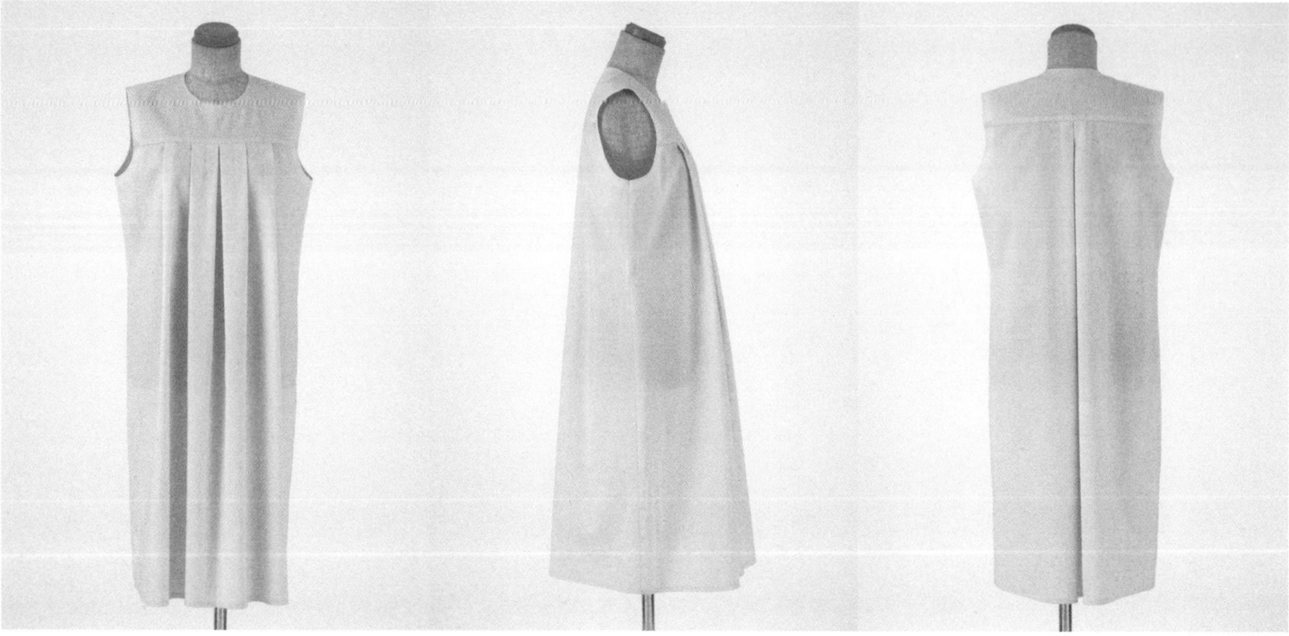

纸样

※○内数字为缝份，指定以外的缝份均为1cm

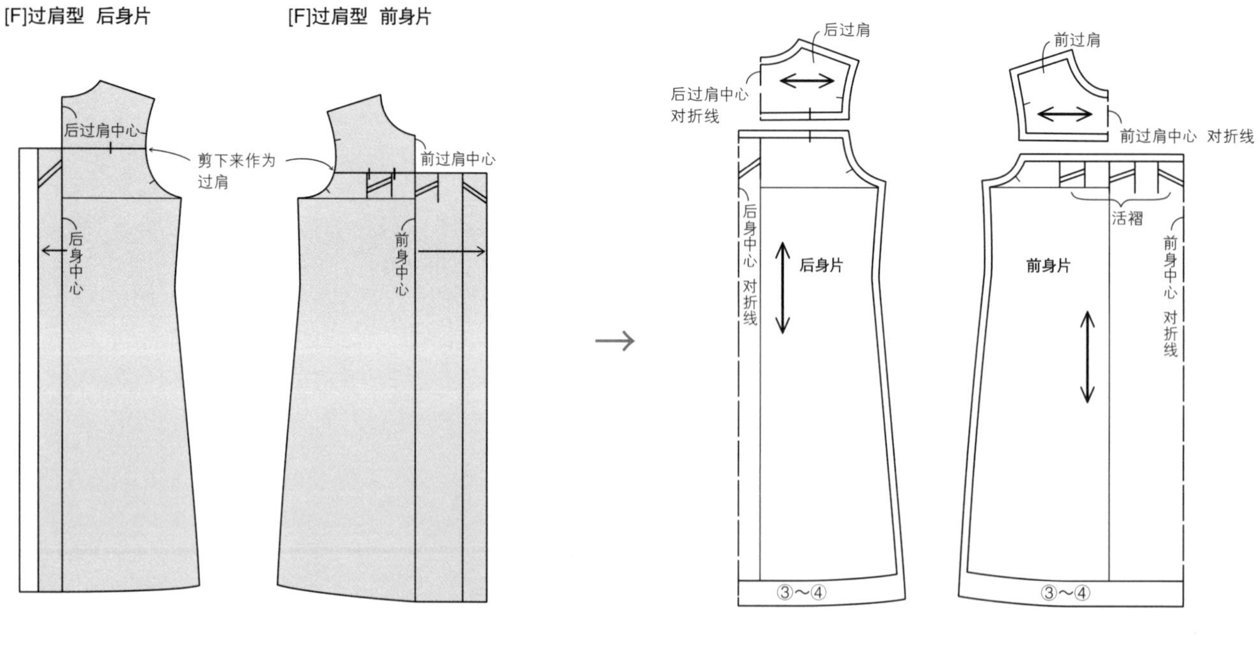

抽褶

抽褶是将布料缩缝形成小碎褶，是立体设计的技法之一。

抽褶的方法

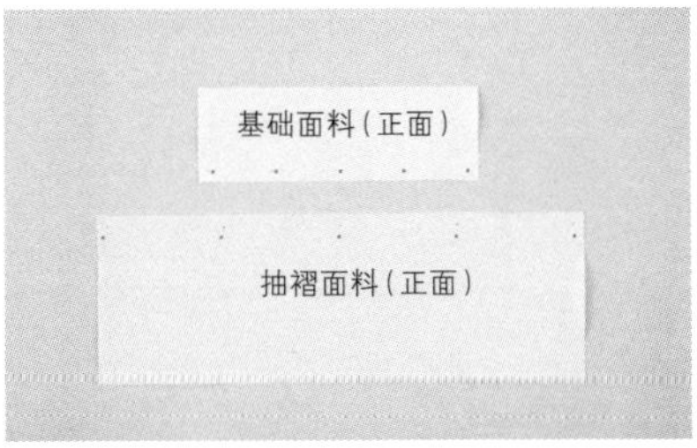

1.在基础面料和抽褶面料上分别画上对接符号。对接符号是为了能够均匀抽褶而必需的符号。

2.用大针脚（针脚的长度4mm左右）机缝2行。在起针和收针处不用回针缝，而是留下10cm长的线头。

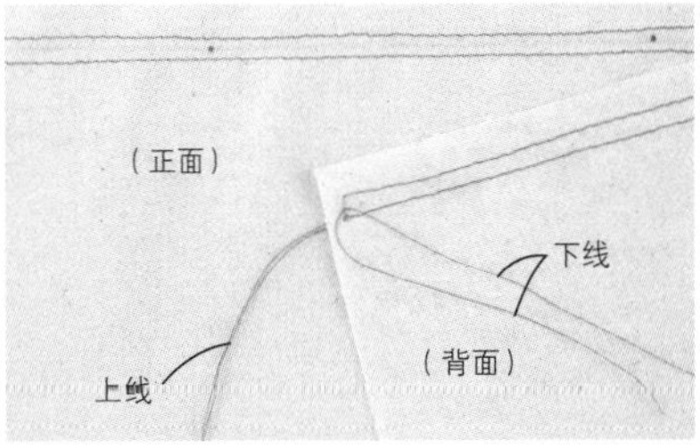

3.为了两端的下线不松开，两根线要系到一起。

要点　大针脚机缝的方法·2种　※缝份为1cm的情况下

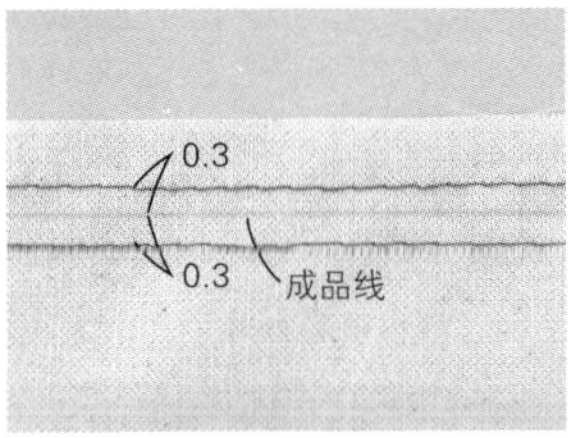

在成品线的上下侧缝纫

因为在成品线的上下侧缝纫，所以可以在抽褶稳定的状态下与基础面料缝合到一起。因为从正面可以看到下侧的线，所以必须从后面抽出下侧的缝纫线。

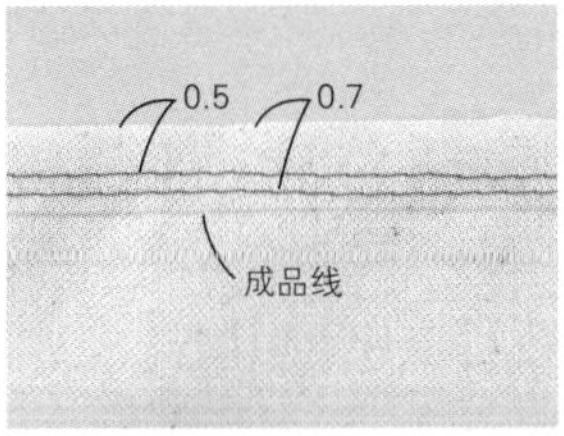

在缝份内缝纫

因为在缝份内缝纫，所以没必要抽出缝纫线。这种方法适合针眼明显的面料和较薄的面料。缝合时要小心，因为抽褶容易做成打褶的效果。

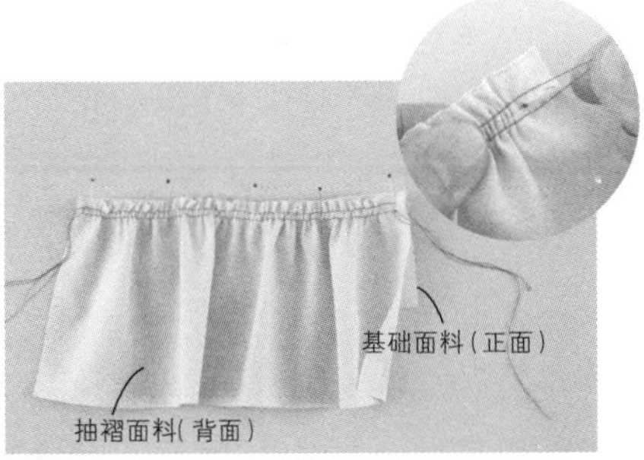

4.一起拉2根上线，将抽褶面料拉至指定尺寸。抽褶面料和基础面料正面相对合到一起对齐后，在对接符号处用大头针固定。

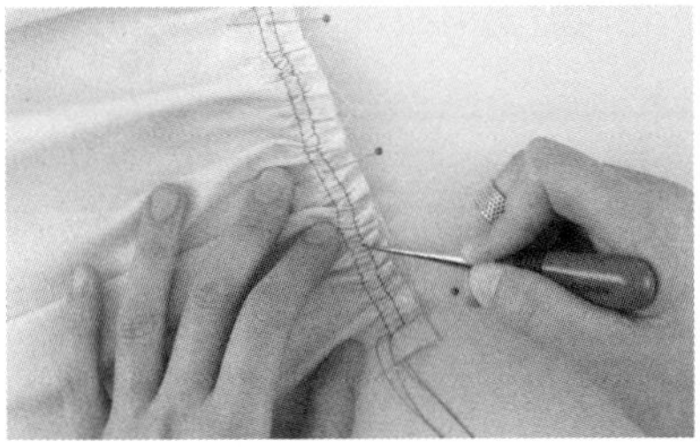

5.为了抽褶均匀，需要用锥子在符号和符号之间进行调整。根据需要中间可用大头针固定。

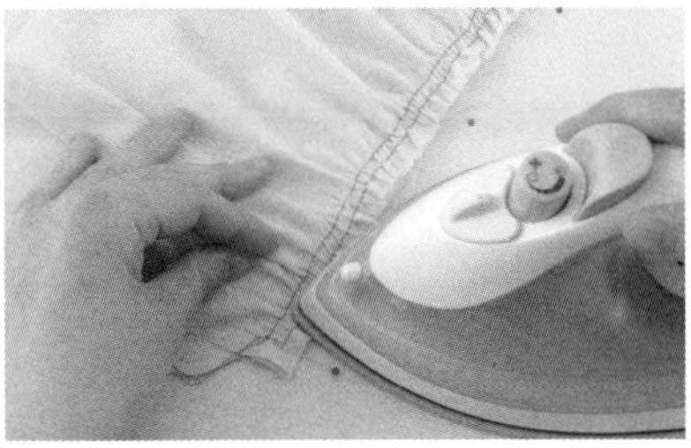

6.只熨烫缝份处使褶子定型。

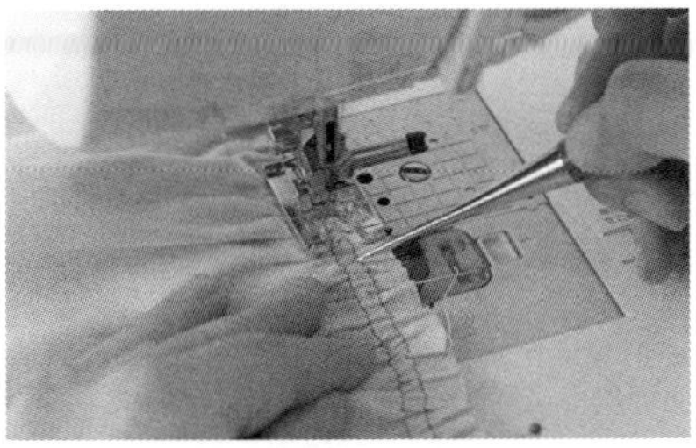

7.为了不使褶子错开，要用锥子摁着缝纫成品线处。

8.抽褶调整均匀后将其缝合的效果。

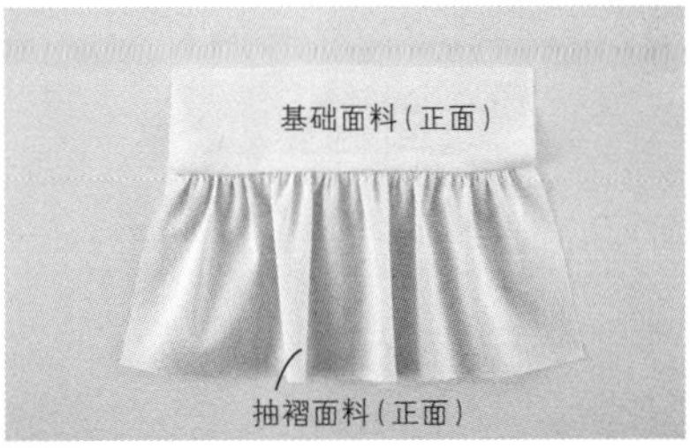

9.缝份倒向基础面料侧，这是刚翻至正面后的样子。抽掉从正面可以看到的大针脚缝纫线。

身片的变化

交叉式V领 高腰型(基本款)

领口是像和服一样呈交叉重叠的形状。
做成高腰型，上衣打三角褶收紧，搭配喇叭裙。

前身　　　　侧身　　　　后身

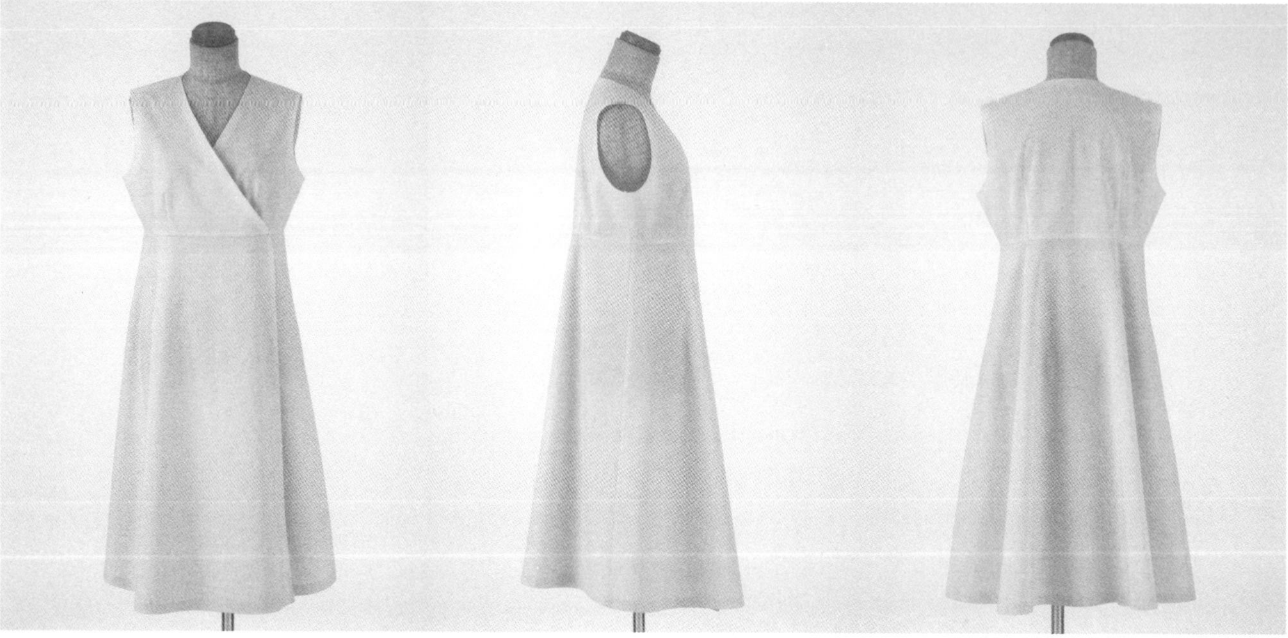

纸样

※○内数字为缝份，指定以外的缝份均为1cm

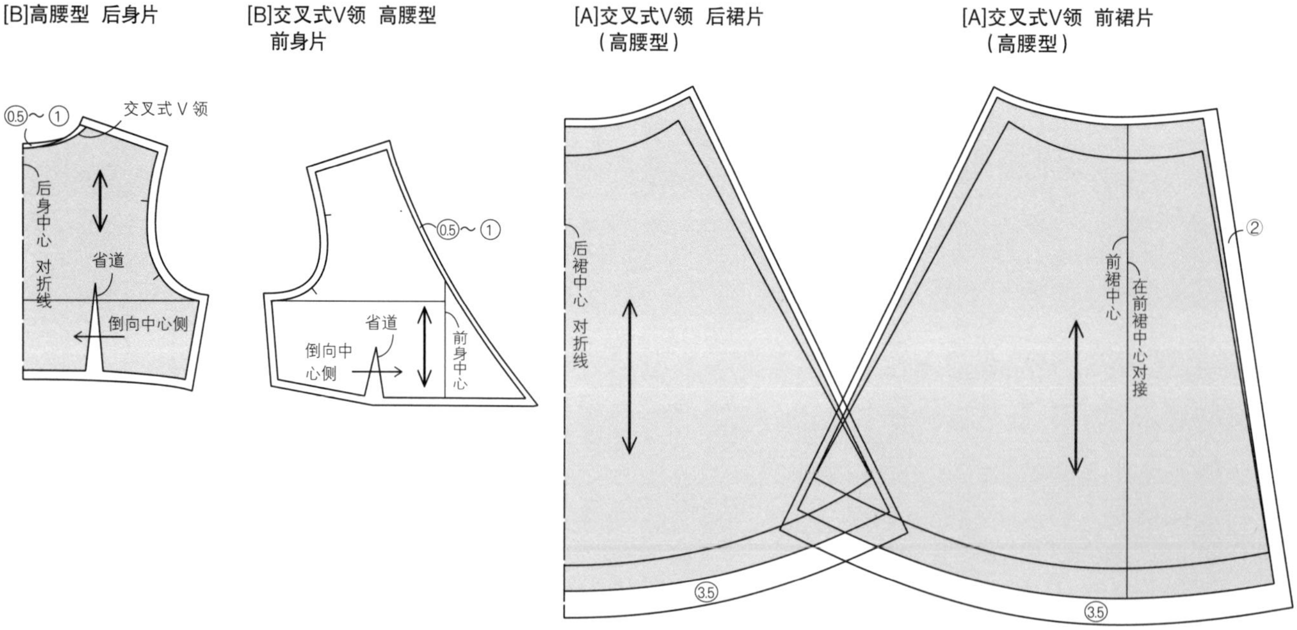

[B]高腰型 后身片
0.5～1
交叉式V领
后身中心 对折线
省道
倒向中心侧
[B]交叉式V领 高腰型 前身片
0.5～1
省道
倒向中心侧
前身中心
[A]交叉式V领 后裙片（高腰型）
后裙中心 对折线
3.5
[A]交叉式V领 前裙片（高腰型）
2
前裙中心
在前裙中心对接
3.5

身片的变化

交叉式V领 高腰型(碎褶款)

这一款是在与54页作品通用的上衣上搭配抽褶丰富的裙子。
抽褶的量与裙长可根据自己的喜好酌情增减。

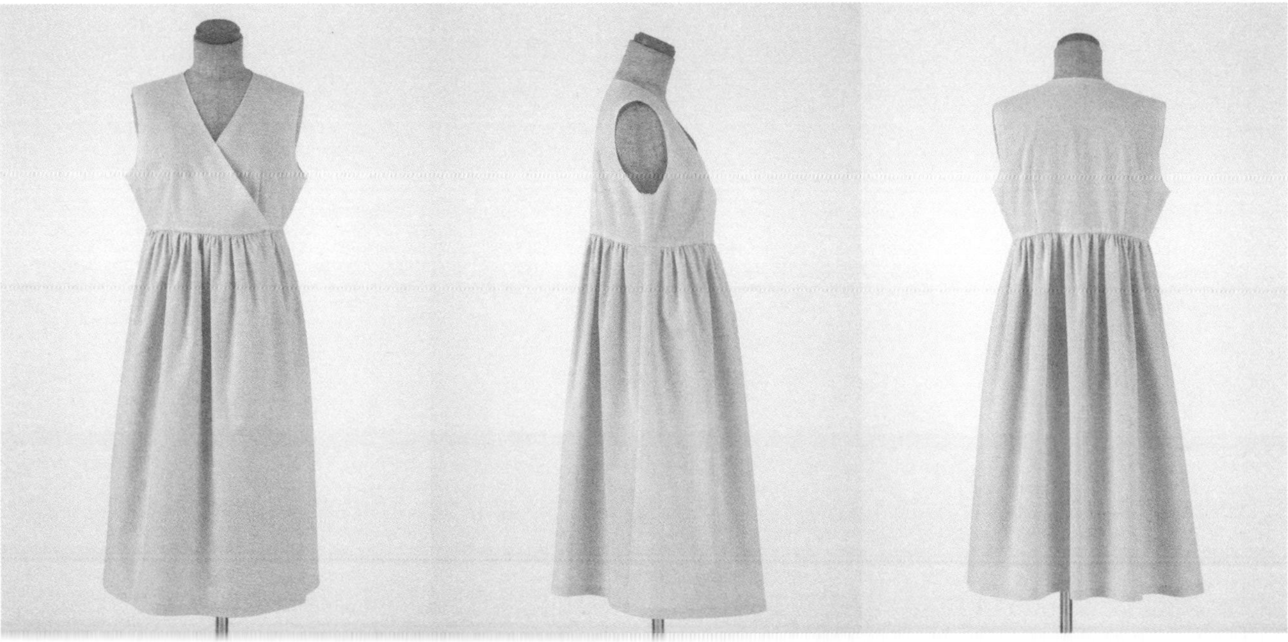

纸样

※○内数字为缝份，指定以外的缝份均为1cm
※从左边或上边开始分别为7/9/11/13/15码的尺寸
※前、后身片与54页作品通用

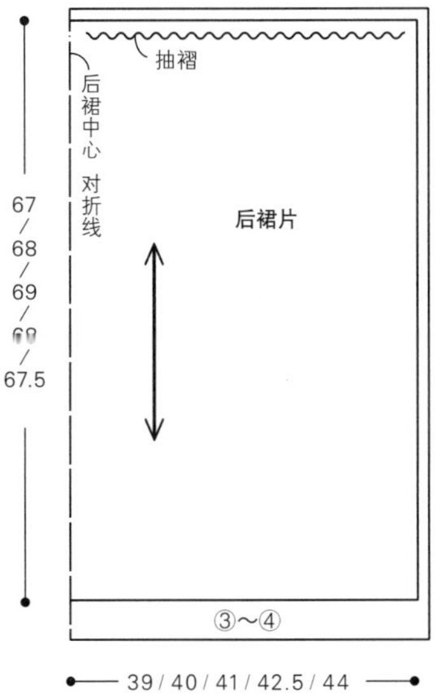

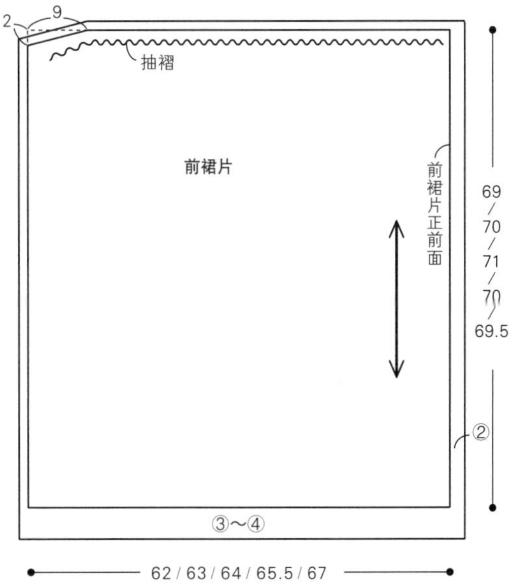

身片的变化

交叉式V领 中腰型(基本款)

领口是像和服一样呈交叉重叠的形状。
做成中腰型，上衣打省道收紧，搭配喇叭裙。

前身　　侧身　　后身

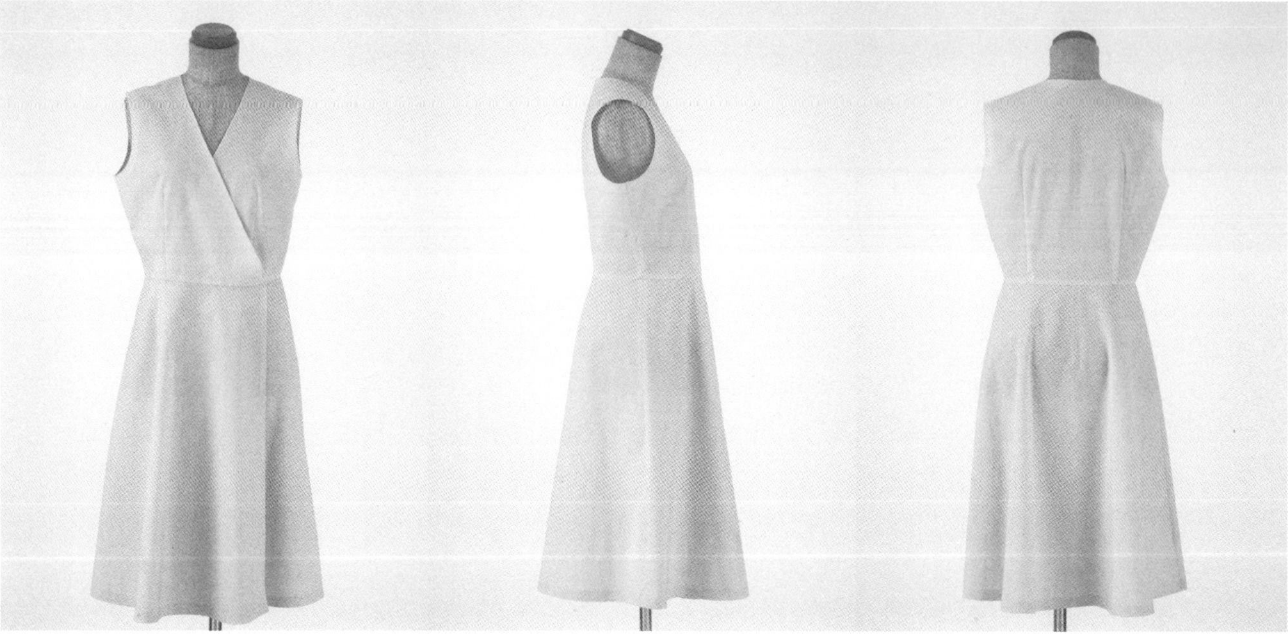

纸样

※○内数字为缝份，指定以外的缝份均为1cm

[A]中腰型 后身片

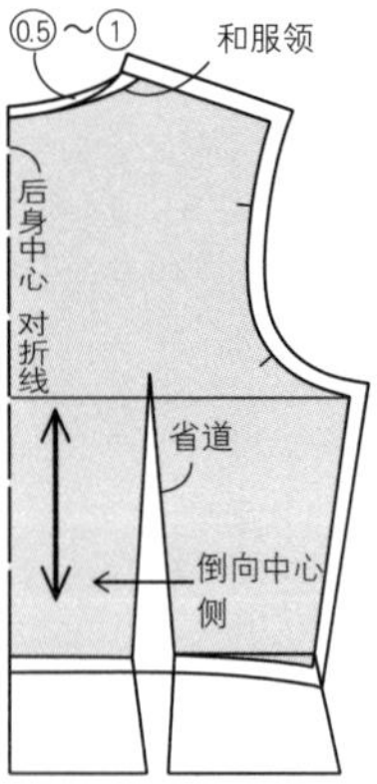

[A]交叉式V领连衣裙 前身片

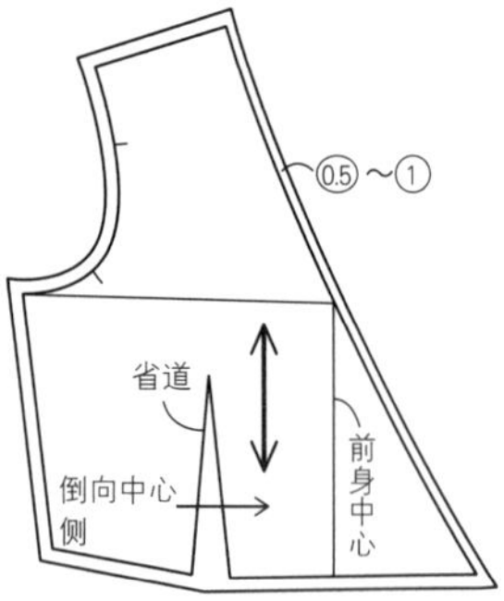

[A]交叉式V领 后裙片（中腰型）

[A]交叉式V领 前裙片（中腰型）

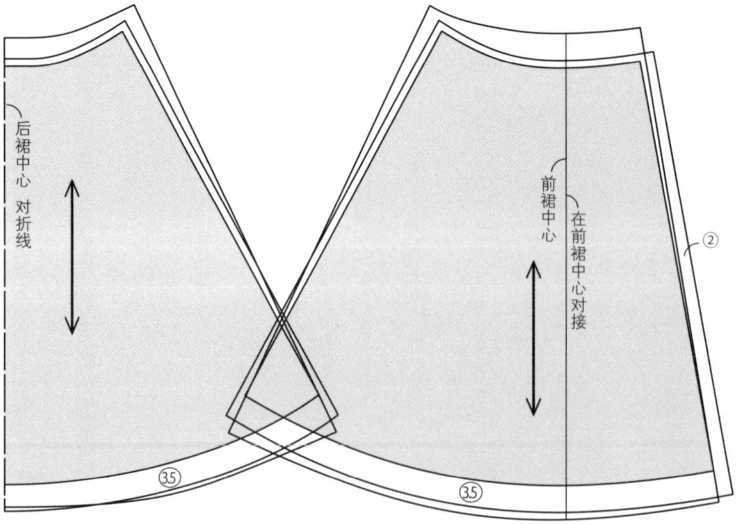

身片的变化

交叉式V领 中腰型（碎褶款）

这一款是在与56页作品通用的上衣上搭配大量碎褶的裙子。
抽褶的量与裙长可根据自己的喜好酌情增减。

前身　　侧身　　后身

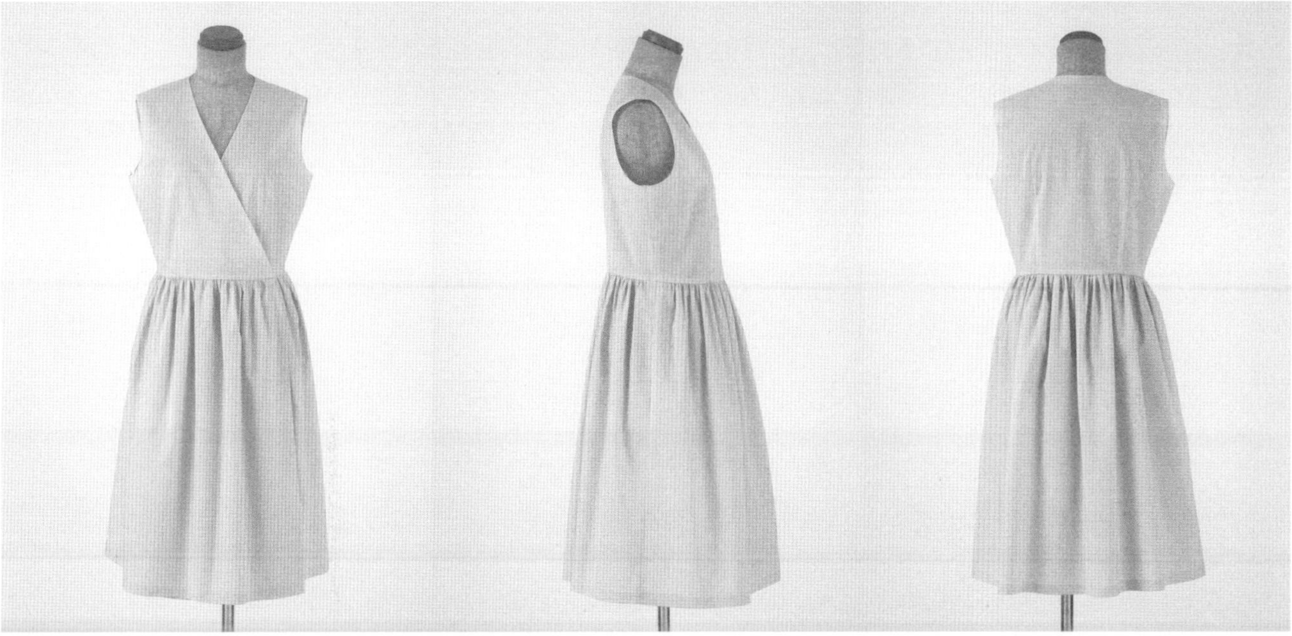

纸样

※○内数字为缝份，指定以外的缝份均为1cm
※从左边或上边开始分别为7/9/11/13/15码的尺寸
※前、后身片与56页作品通用

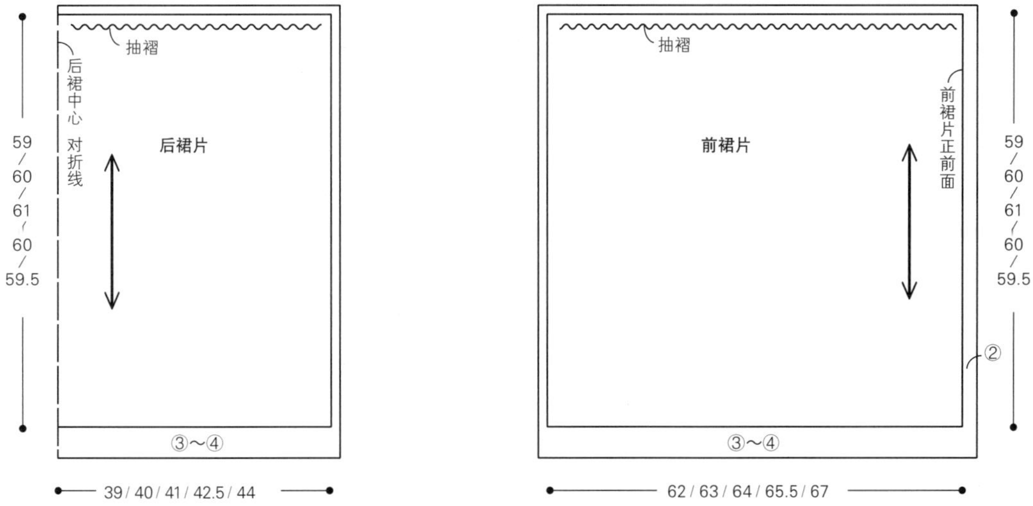

身片的变化

特大款（基本款）

这款适合喜欢休闲风格的各位，与前面的身片不同，是不用拼接、整块面料直接制作的。
这里只介绍身片。

前身　　侧身　　后身

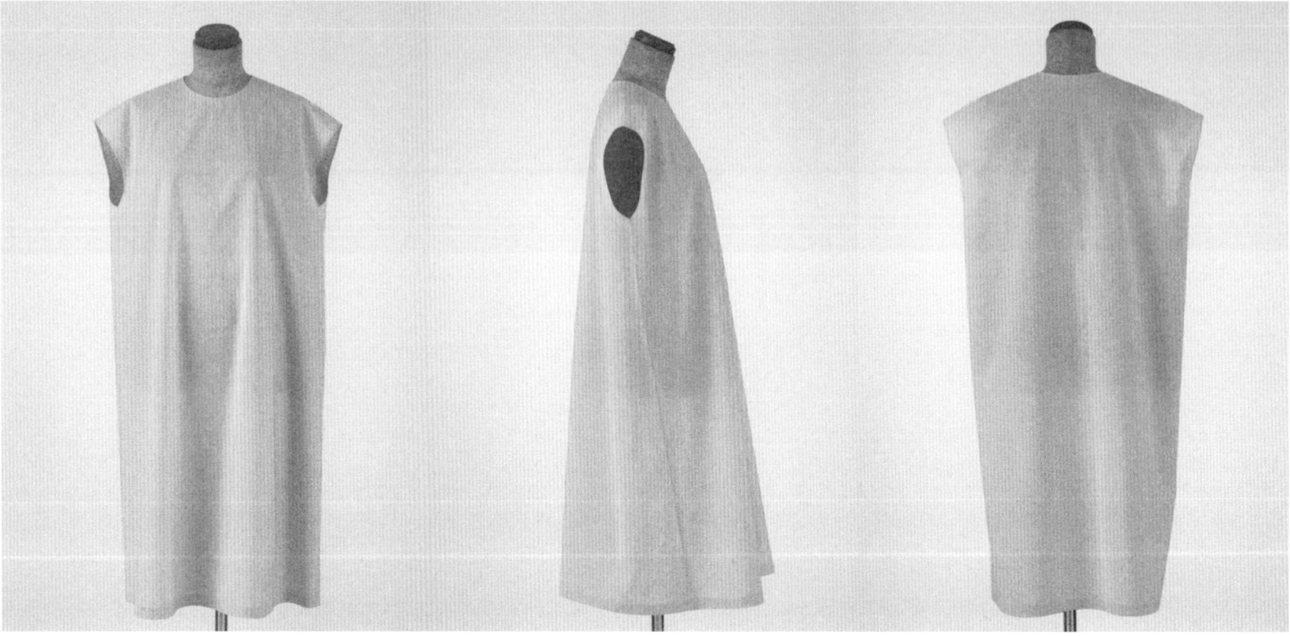

纸样

※○内数字为缝份，指定以外的缝份均为1cm

[E]特大款连衣裙 后身片（基本款）

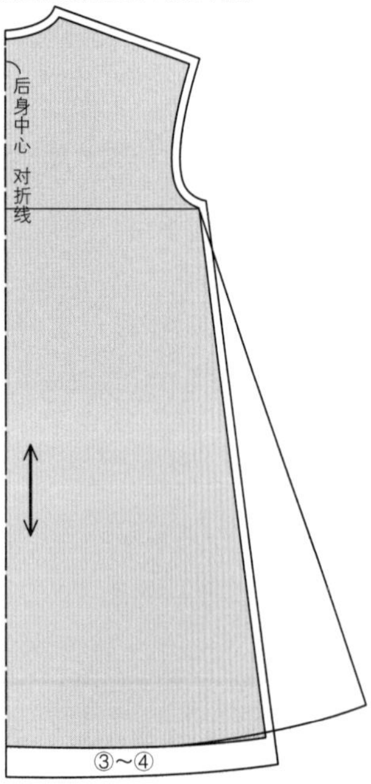

[E]特大款连衣裙 前身片（基本款）

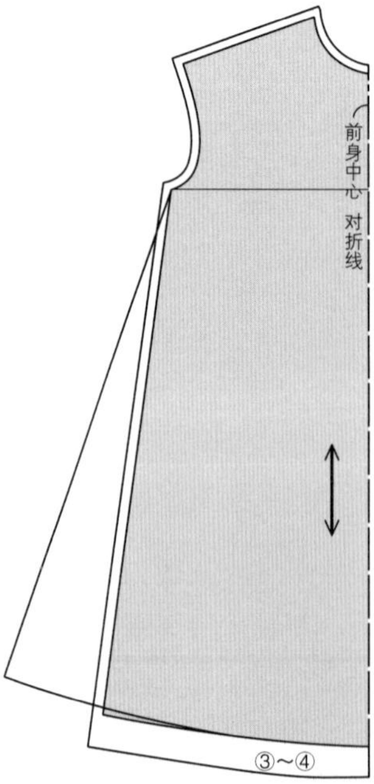

身片的变化

特大款（喇叭型）

这一款增加了58页作品裙摆的用布量，形成了喇叭形轮廓。
还可尽享增减衣长的不同设计。

前身　　侧身　　后身

纸样

※○内数字为缝份，指定以外的缝份均为1cm

[E]特大款连衣裙 后身片（喇叭型）

[E]特大款连衣裙 前身片（喇叭型）

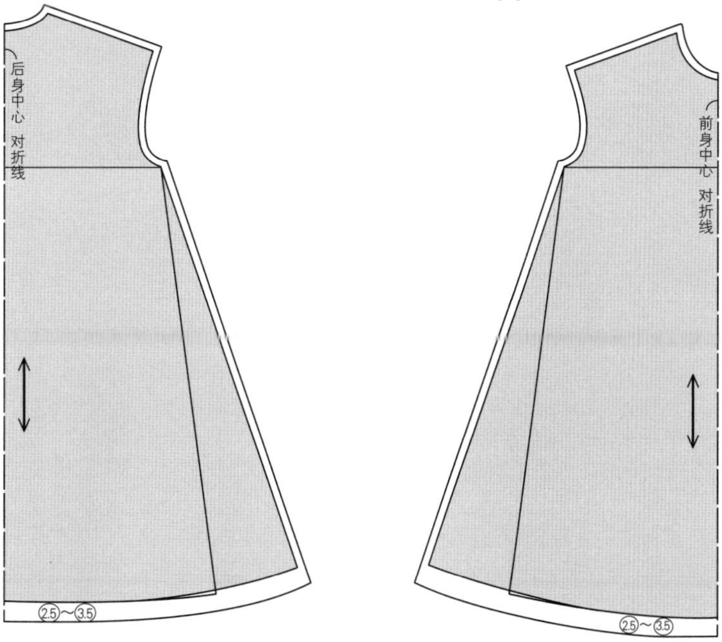

袖子的变化

基本款袖子

这里主要介绍基本款的筒状袖子，并将长袖、到肘部的五分袖、更短的半袖、无袖进行了比较。此后介绍的袖子，可对应58、59页特大款以外的所有身片的袖窿。

	长袖	五分袖	半袖	无袖
前身	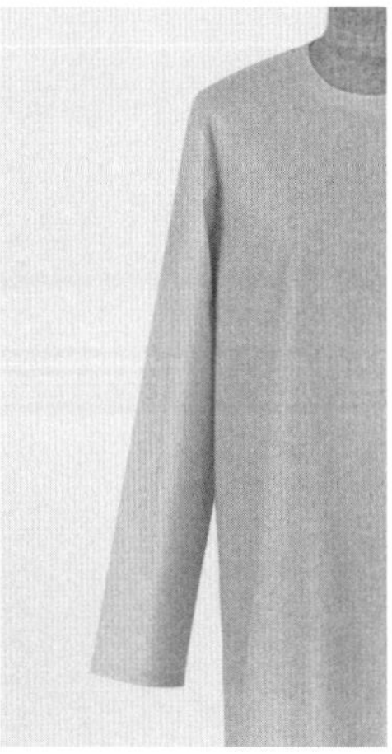	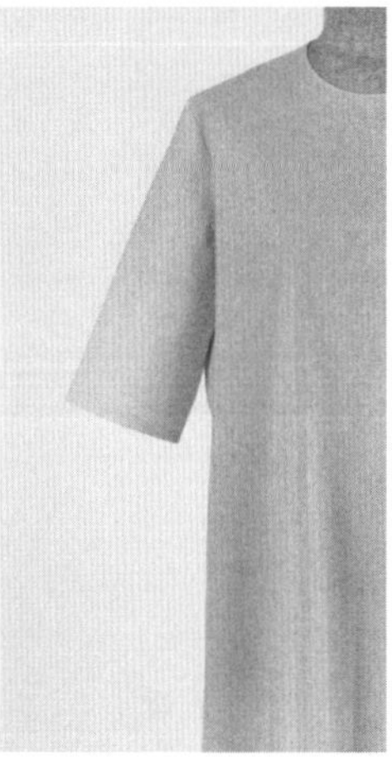	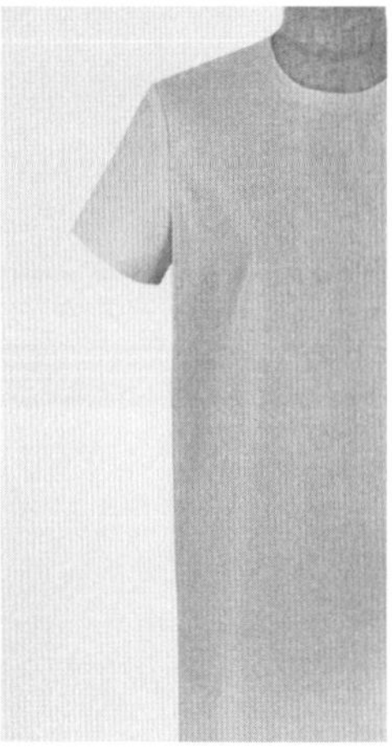	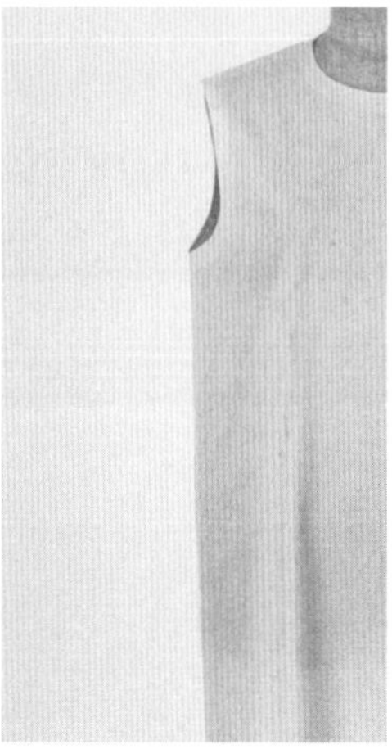
侧身	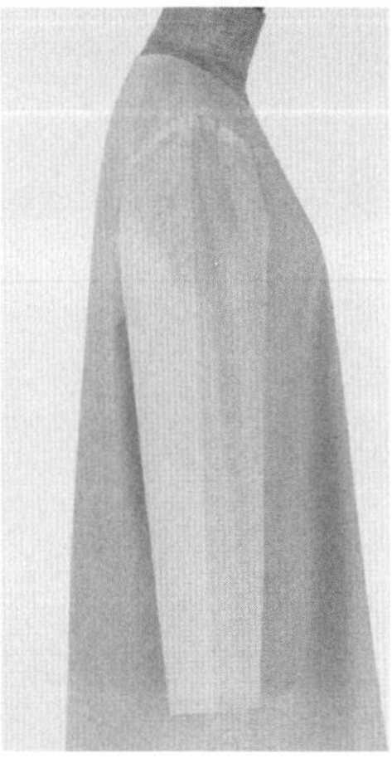	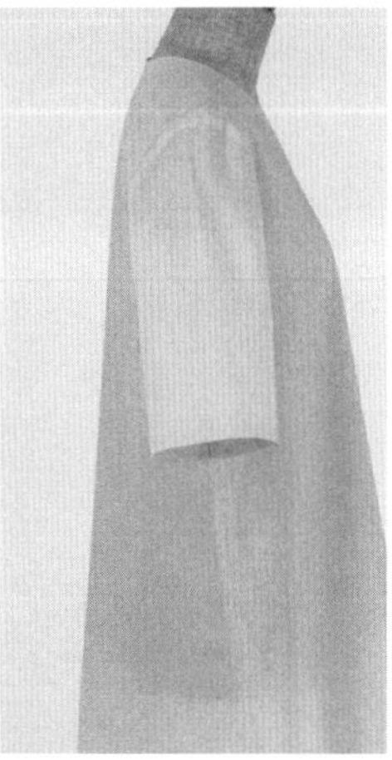	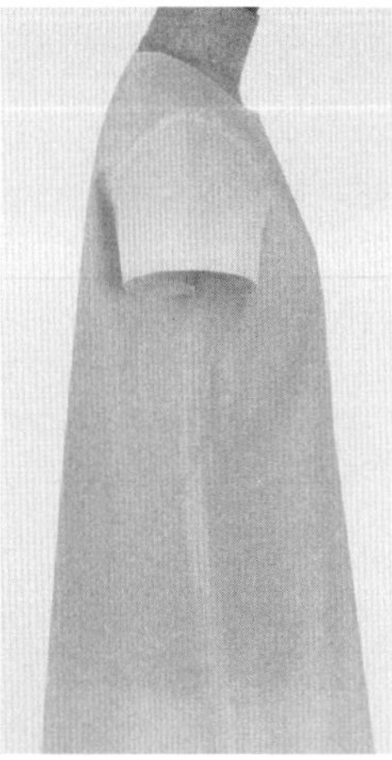	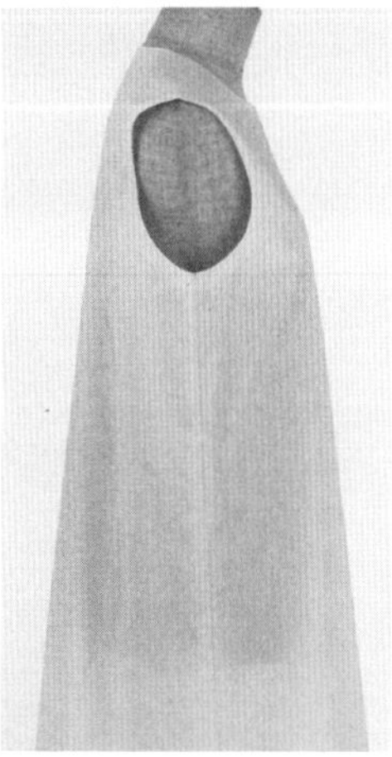
后身	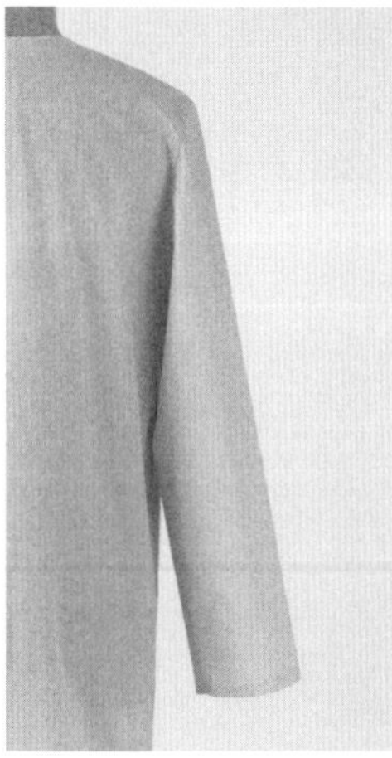	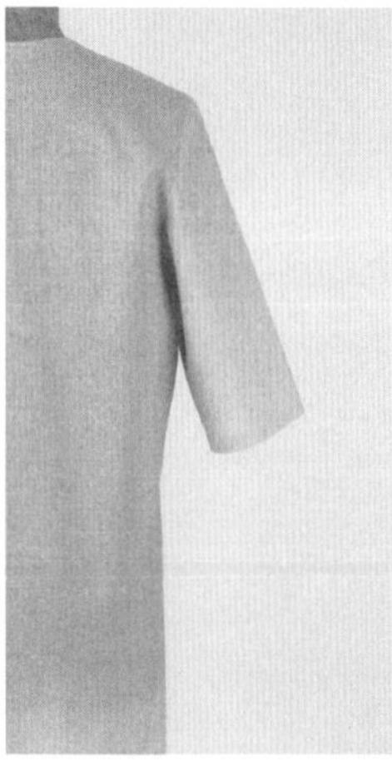	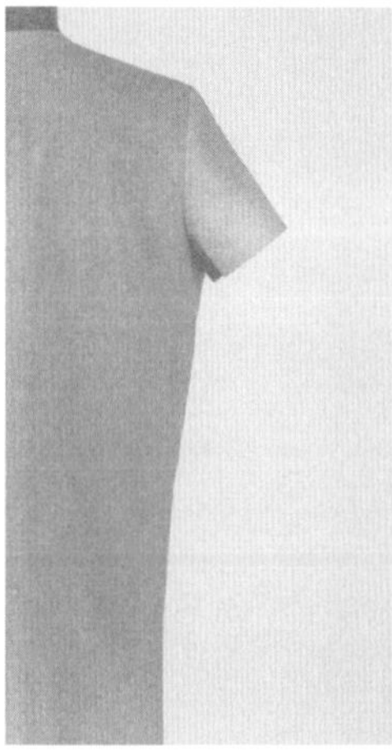	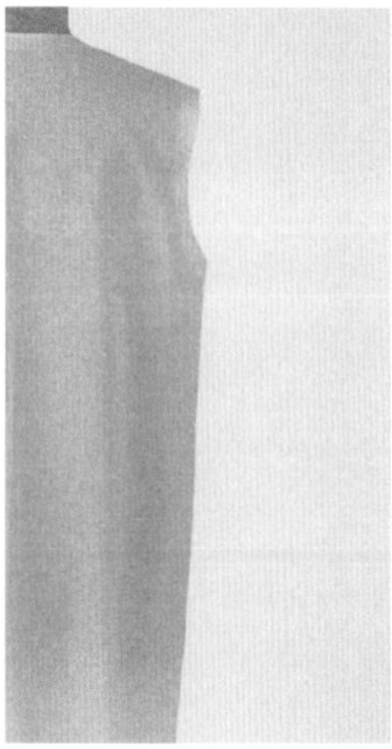

纸样

※○内数字为缝份，指定以外的缝份均为1cm
※ ▒ 表示背面粘贴黏合衬

〈无袖〉

[B]A 字型 后身片(基本款)

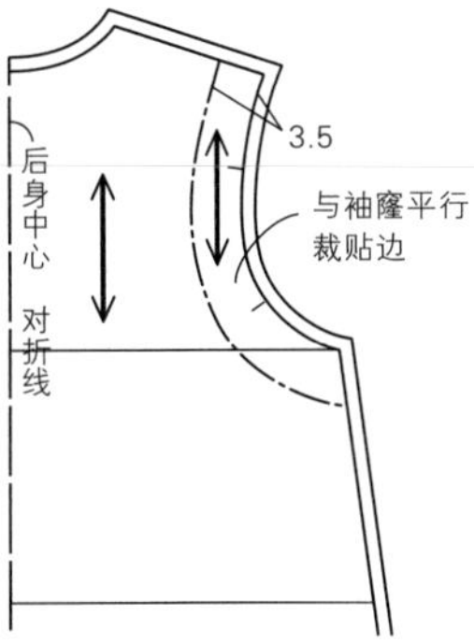

后袖口贴边

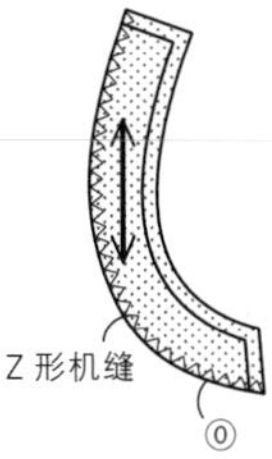

前袖口贴边

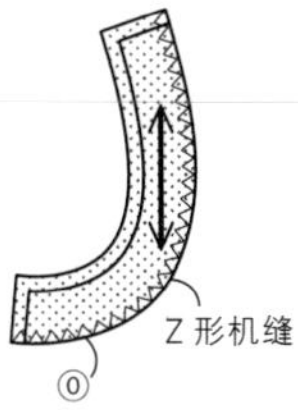

[A]A 字型 前身片(基本款)

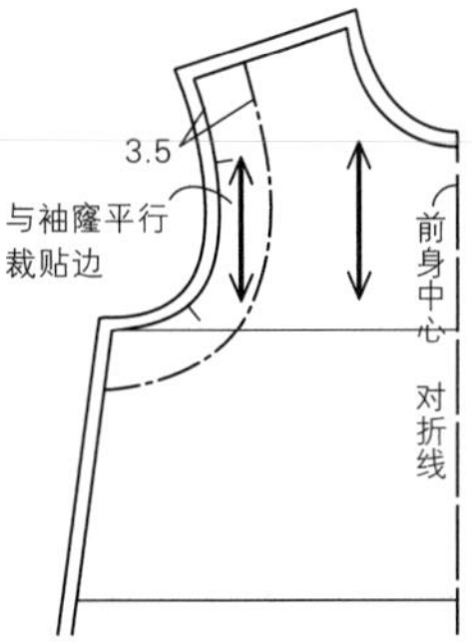

〈长袖、五分袖、半袖〉

[E] 基本款袖子(长袖)

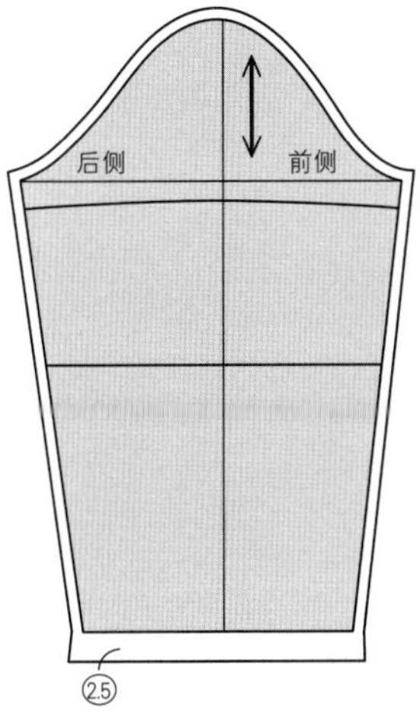

[E] 基本款袖子(五分袖)

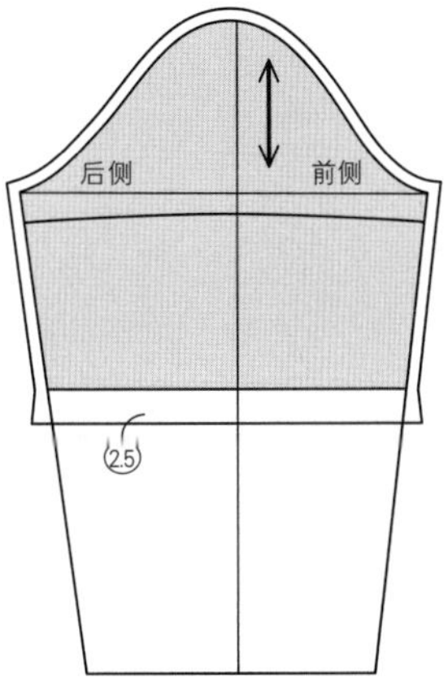

[E] 基本款袖子(半袖)

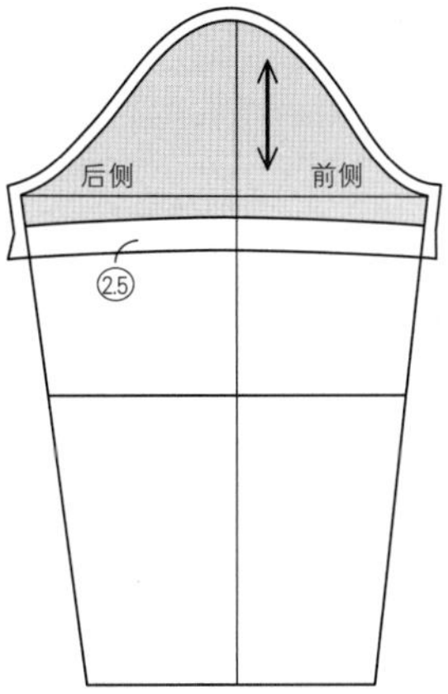

袖子的变化

长袖

左图中只在袖口进行了抽褶，右图中是在袖山和袖口都进行了抽褶。
袖口的褶子右图中较多一些，但袖口用布是一样的。

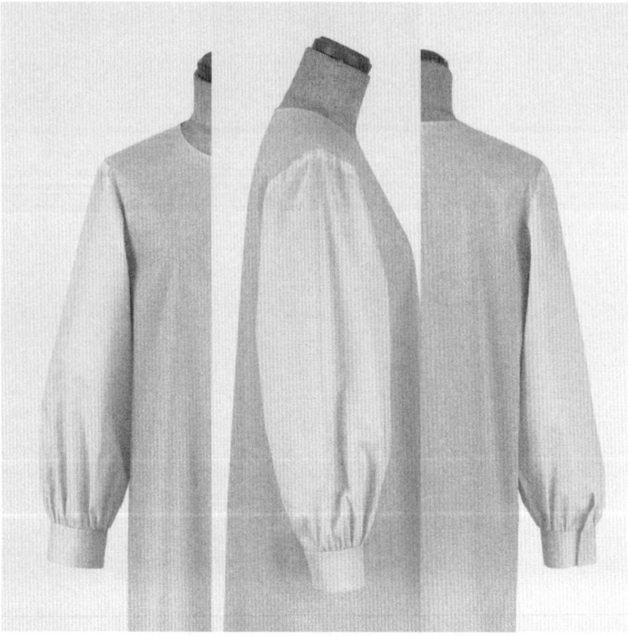

袖口抽褶

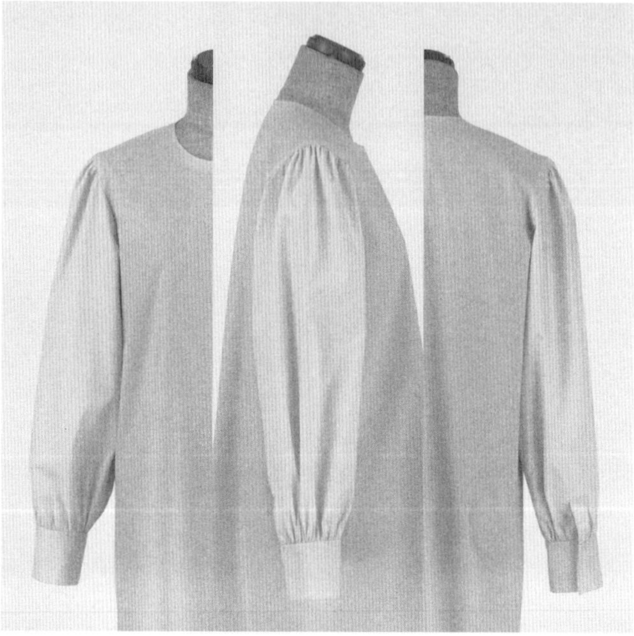

袖山、袖口抽褶

纸样

※○内数字为缝份，指定以外的缝份均为1cm
※ ░ 表示背面粘贴黏合衬
※袖口用布、袖口贴边通用

[D] 长袖 袖口抽褶

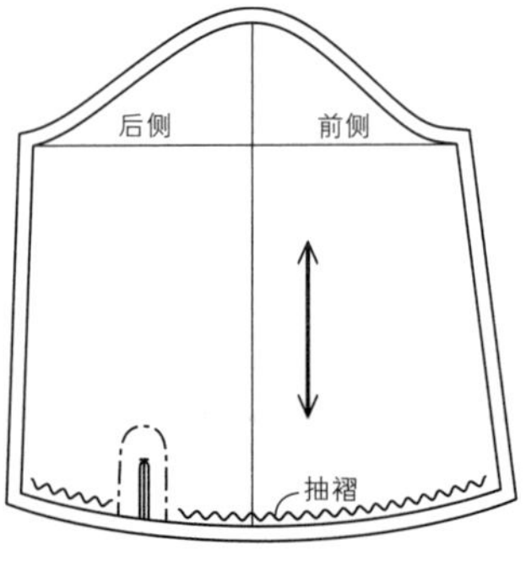

[D] 长袖 袖山、袖口抽褶

※身片上袖窿的肩部（上侧）的对接符号就是抽褶止缝的位置

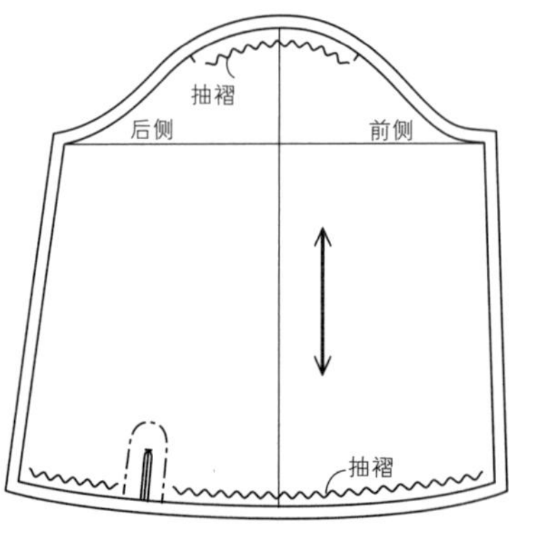

袖口贴边

※从袖子上裁下来

袖口用布 ※从左边开始为 7/9/11/13/15 码的尺寸

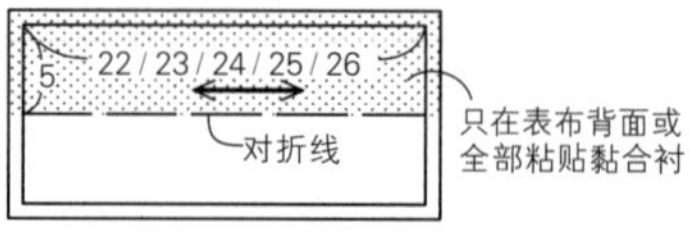

袖子的变化

长袖（灯笼袖）

这是一款像气球一样圆圆鼓起的灯笼袖。
袖山是平的，袖口抽了很多褶子使其鼓起来了。

前身　　侧身　　后身

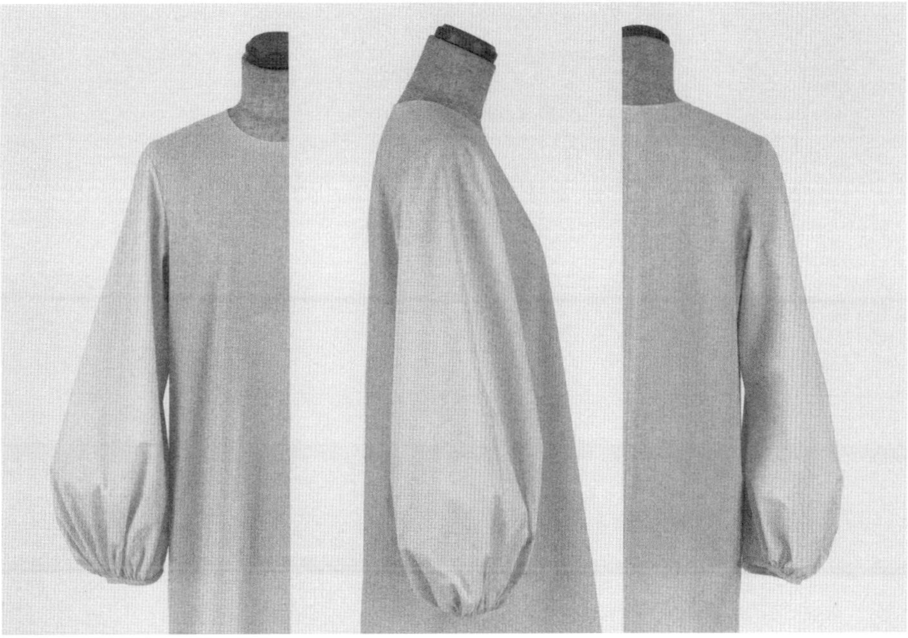

纸样

※缝份为1cm

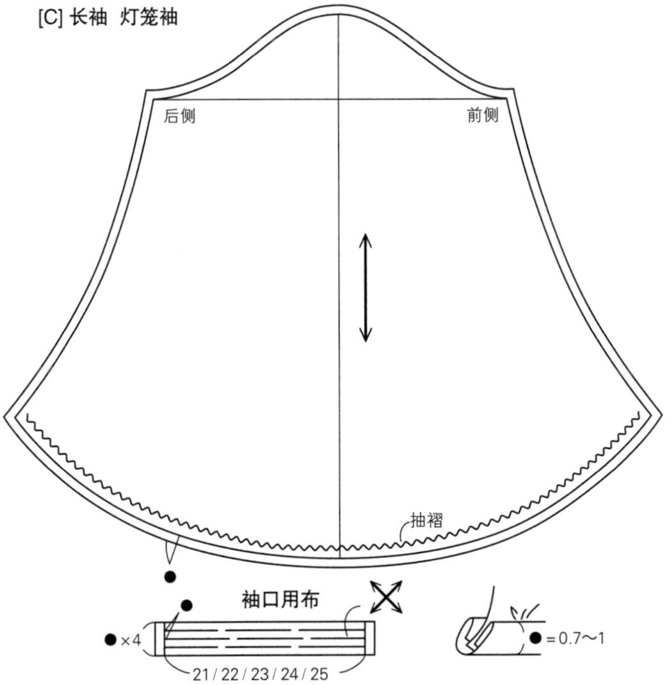

※从左边开始为 7/9/11/13/15 码的尺寸

要点 关于袖口

使灯笼袖看起来更加蓬起的窍门

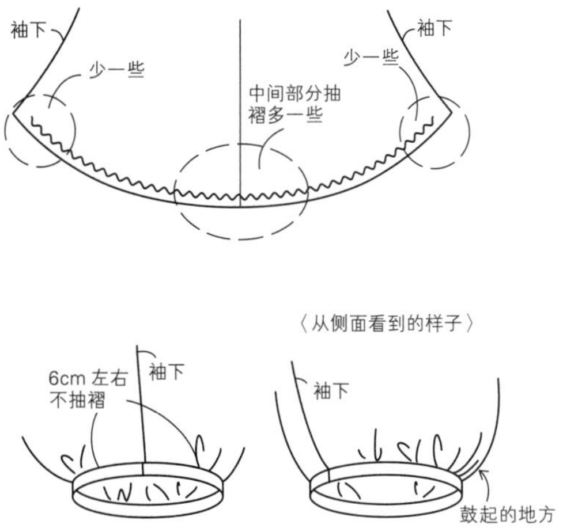

袖子的变化

七分袖（喇叭袖）

袖口很大，展开为喇叭形。
要想更好展现喇叭袖的特点的话，推荐使用垂感好的面料。

前身　　侧身　　后身

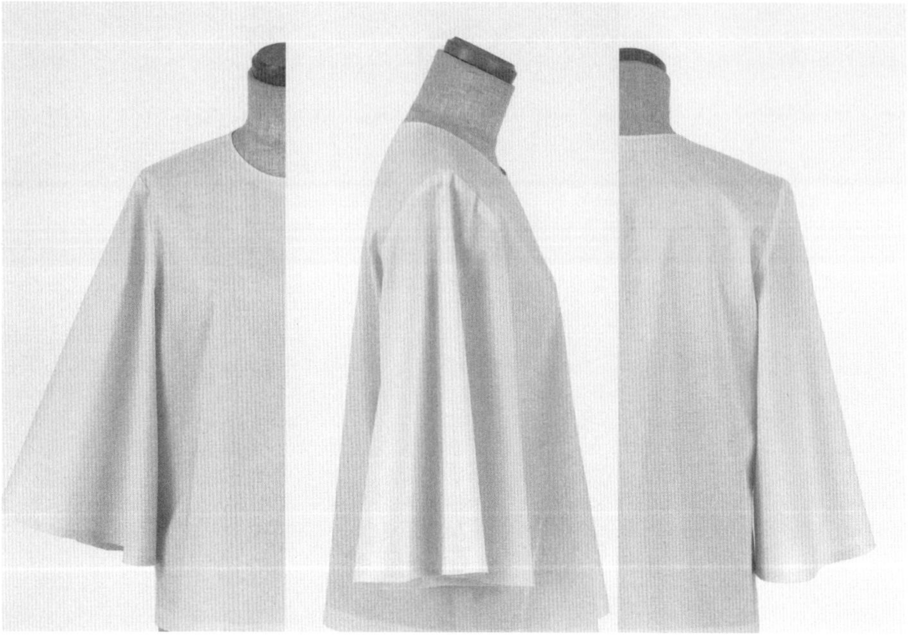

纸样

※缝份为1cm

[C] 七分袖 喇叭袖

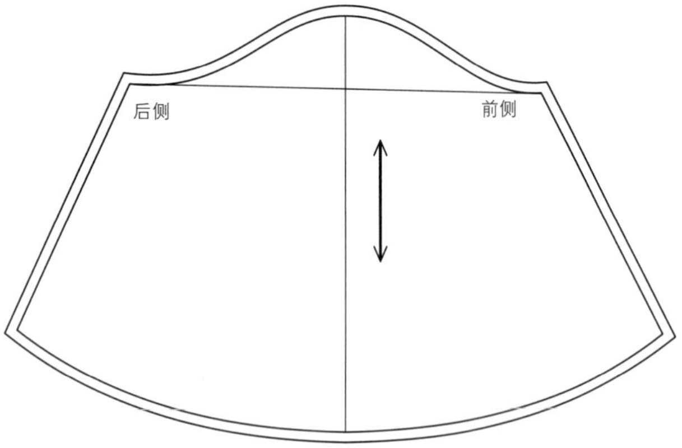

要点 关于袖口的缝份

袖口是有弧度的，所以建议袖口缝份留少一点

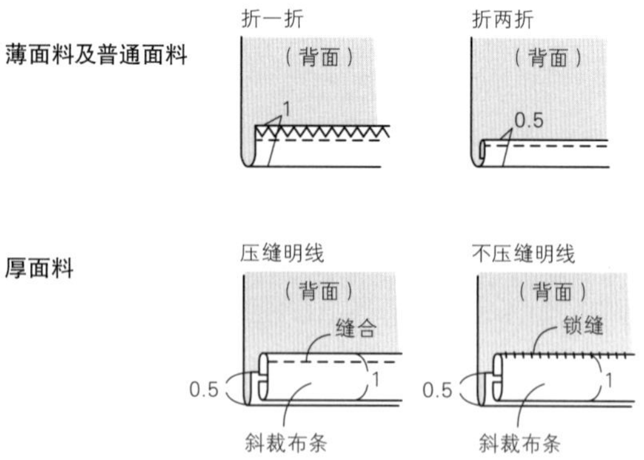

没有缝份的设计

针对不易绽线的面料或有特点的面料，为了发挥面料本身的特点而采取的处理布边的一种方法。

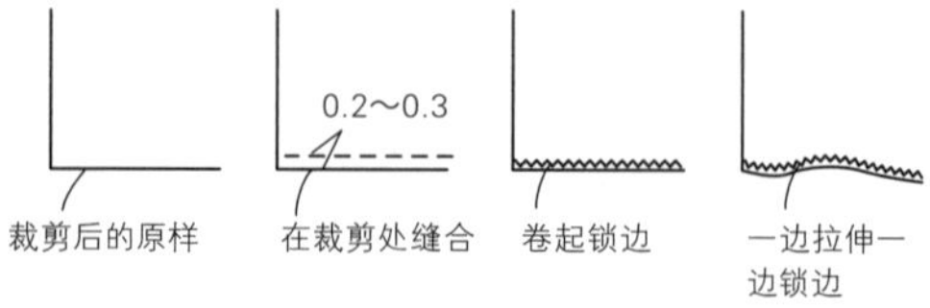

袖子的变化

七分袖（袖口穿松紧带）

与64页的喇叭袖款型一样，就是在袖口穿入了松紧带。
因为缝制方法不同，有一种别样设计的趣味。

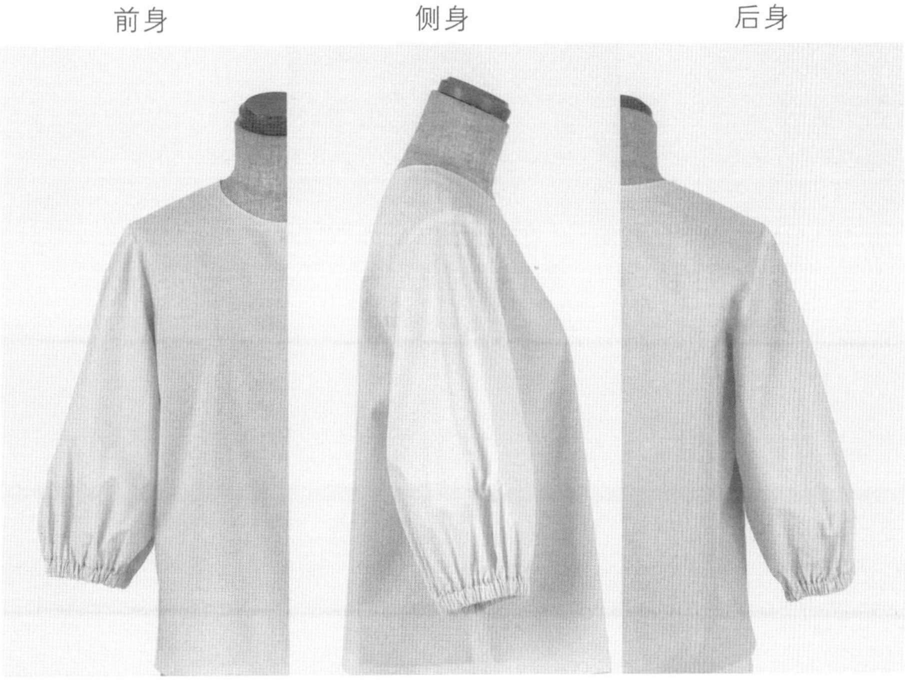

纸样

※袖口以外的缝份为 1cm

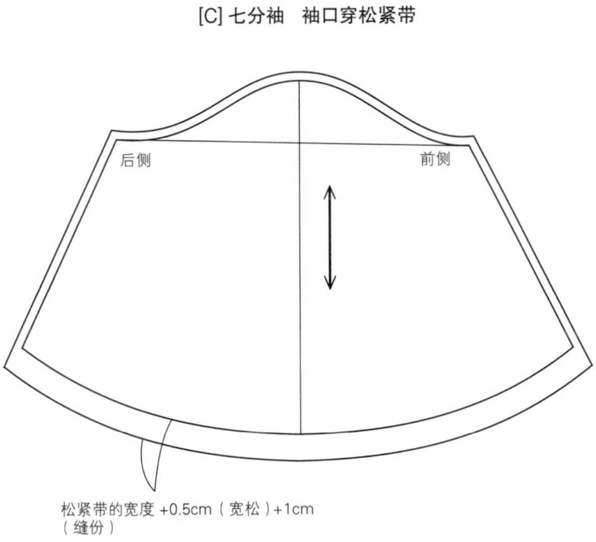

要点　袖子的缝制方法

※1.5cm 宽的松紧带的情况下

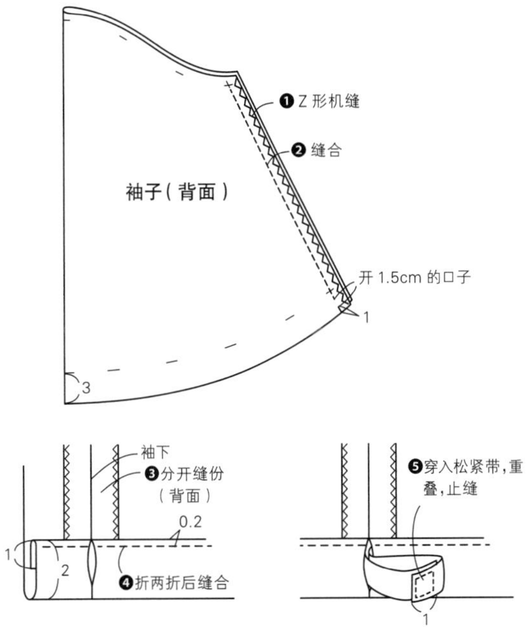

袖子的变化

五分袖（贴边袖口）

这是一款将60页五分袖作品的袖口扩展、把贴边当作袖口用布的设计。
贴边处理好后，折起来做成袖口。

前身　　侧身　　后身

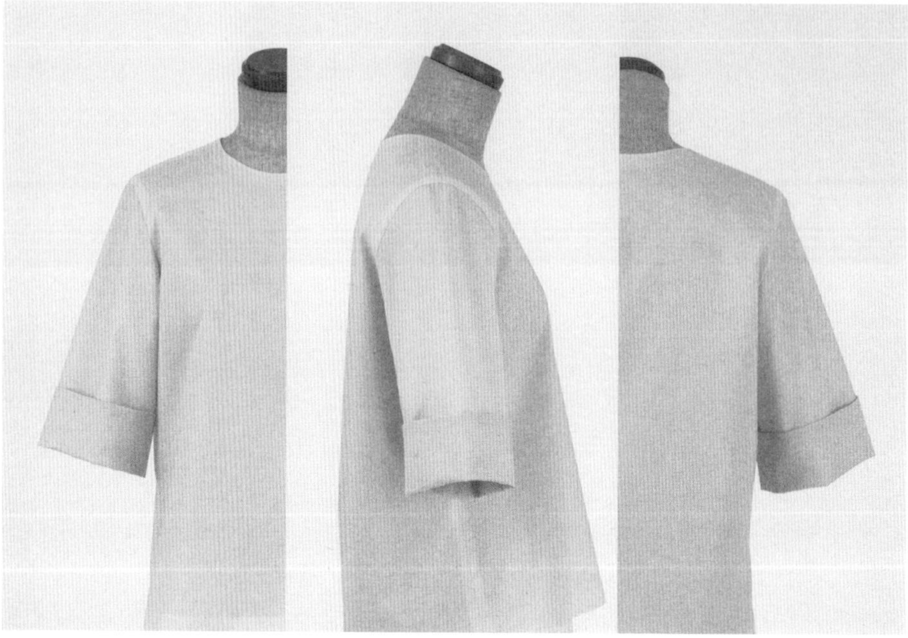

纸样

※○内数字为缝份，指定以外的缝份均为1cm
※ ▒ 表示背面粘贴黏合衬

[E] 五分袖　贴边袖口

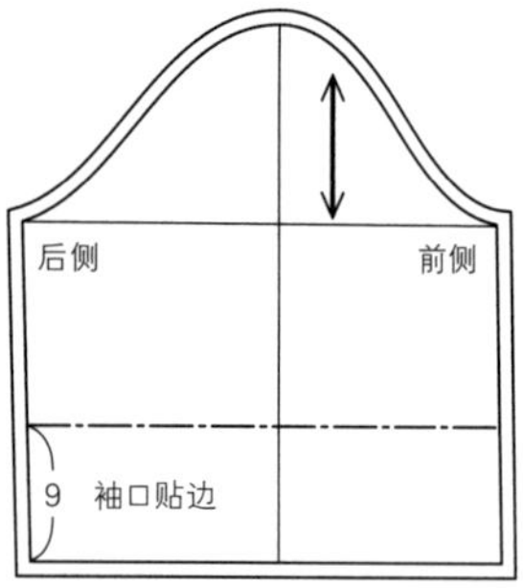

袖口贴边
※从袖子上裁下来

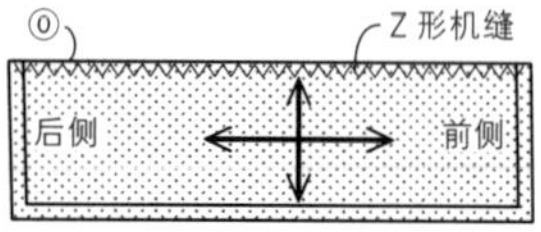

要点　袖口贴边的缝制方法

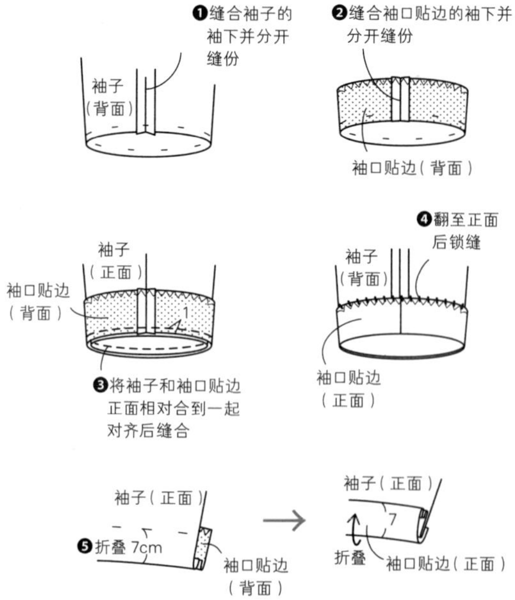

袖子的变化

五分袖（灯笼袖）

这款灯笼袖和63页的灯笼袖的制作方法不同，
是在袖子衬里上罩上灯笼形状的袖子表布制作而成的。

前身　　侧身　　后身

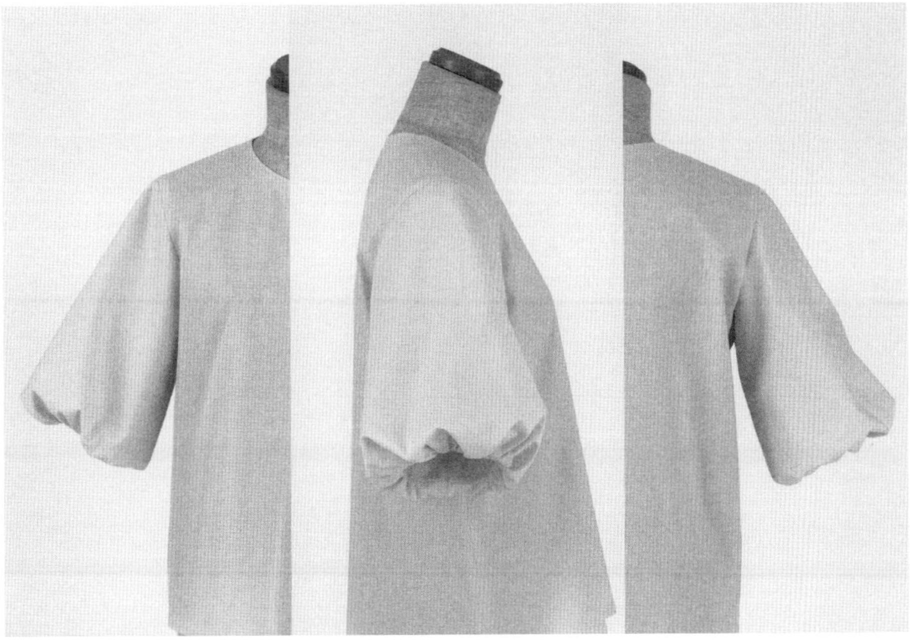

纸样

※缝份为1cm
※袖子的制作方法请参照95页

[B] 五分袖 灯笼袖

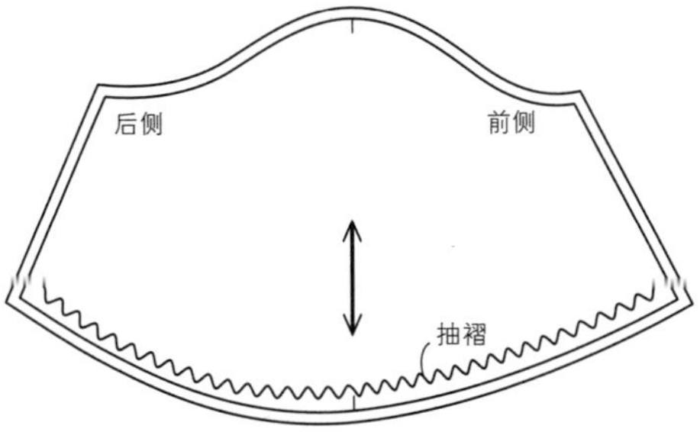

[E] 基本款袖子（五分袖）

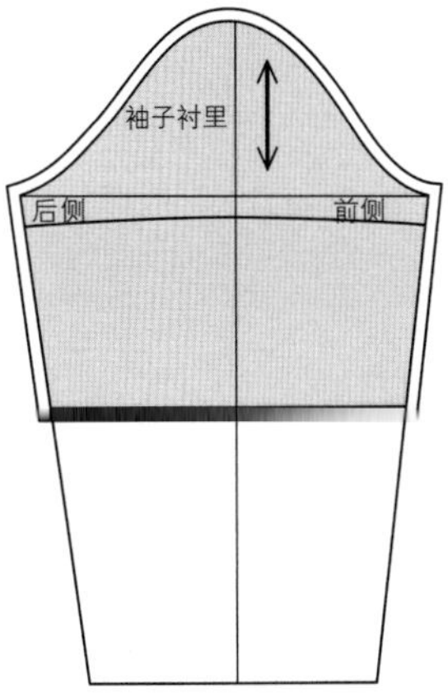

袖子的变化

五分袖（郁金香袖）

将袖子设计得像重叠起来的花瓣一样。
袖子是一整片，将袖片的前后两端在袖山处重叠。

前身　　侧身　　后身

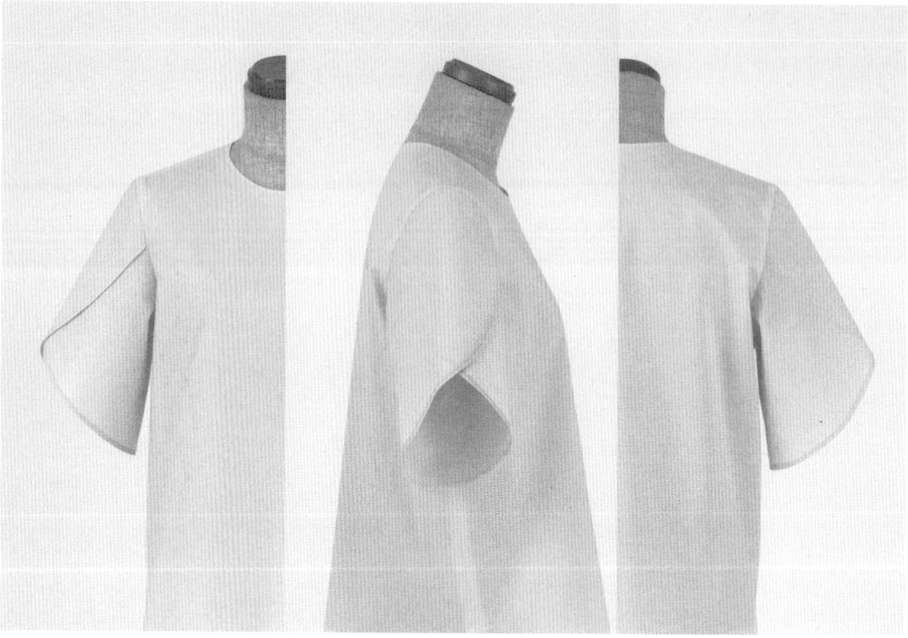

纸样

【A】五分袖　郁金香袖　　※缝份为1cm

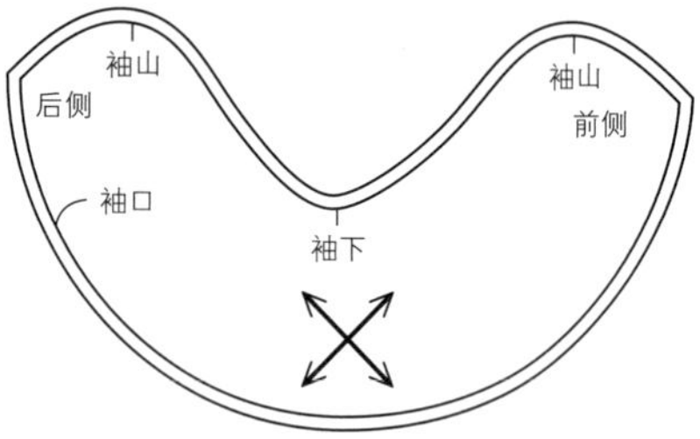

要点　袖子的缝制方法

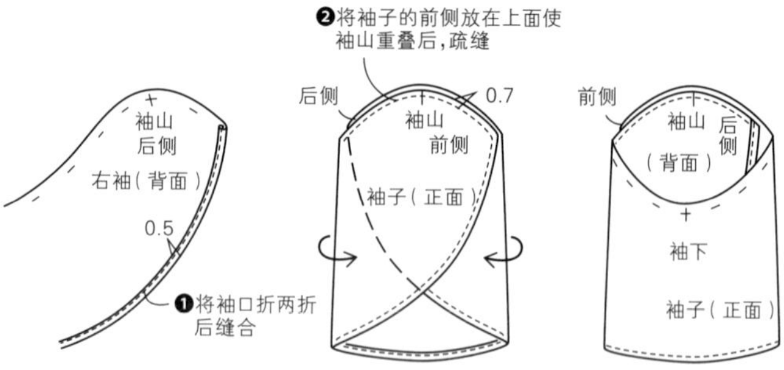

从里侧看到的样子

袖子的变化

半袖

这是一款袖口抽褶的灯笼袖，也称为提灯袖。
右边作品的袖山也抽褶，袖口的褶子分量比左边作品多。

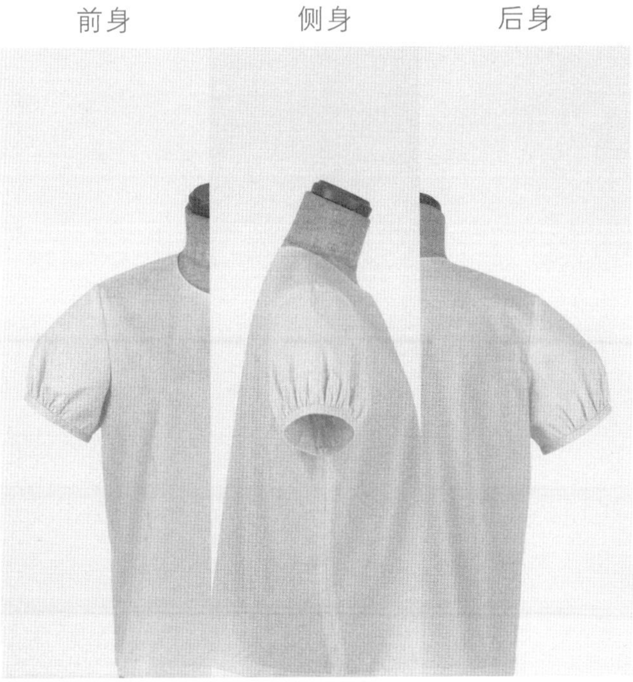

袖口抽褶

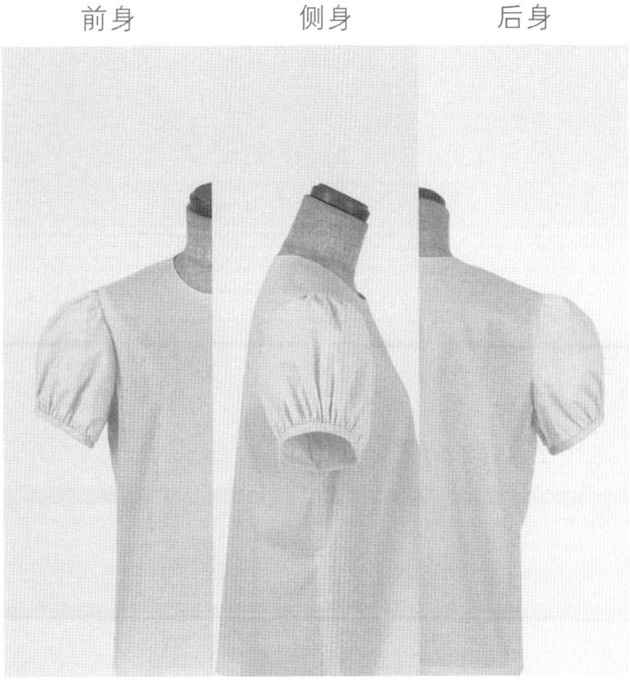

袖山、袖口抽褶

纸样

※缝份为1cm
※袖口用布通用

[F] 半袖　袖口抽褶

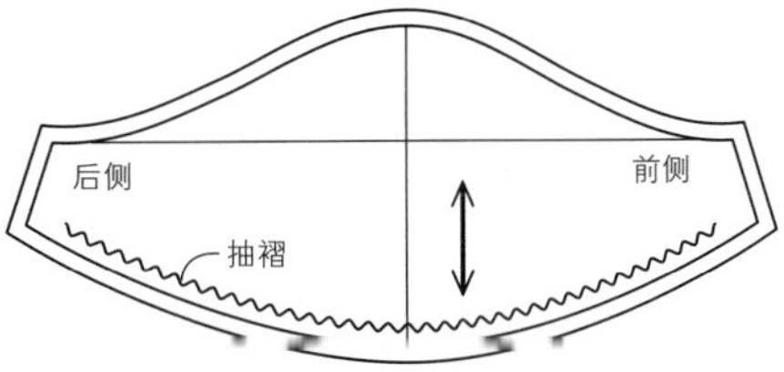

[F] 半袖　袖山、袖口抽褶

※身片上袖窿肩部(上侧)的对接符号就是抽褶止缝的位置

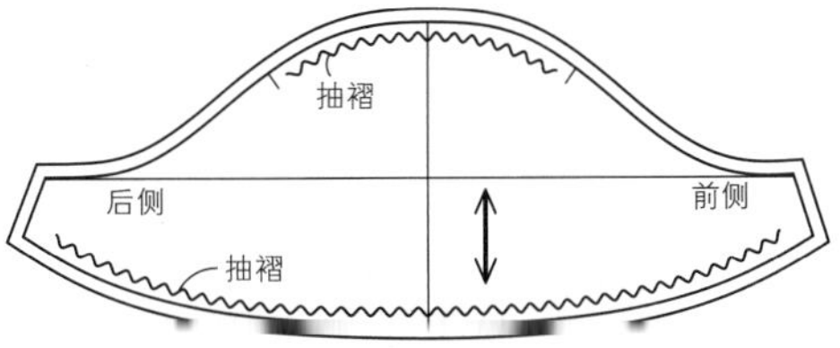

袖口用布

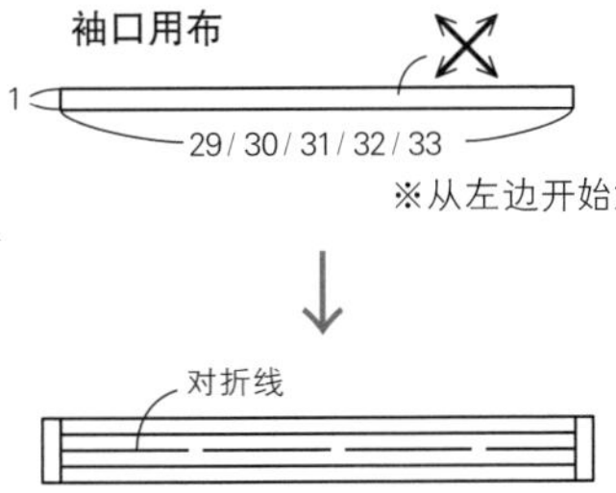

※从左边开始为 7/9/11/13/15 码的尺寸

袖子的变化

半袖（袖口打活褶）

这是一款袖口中间部分打活褶的设计。
中间部分从背面缝上可使褶子更加稳固。

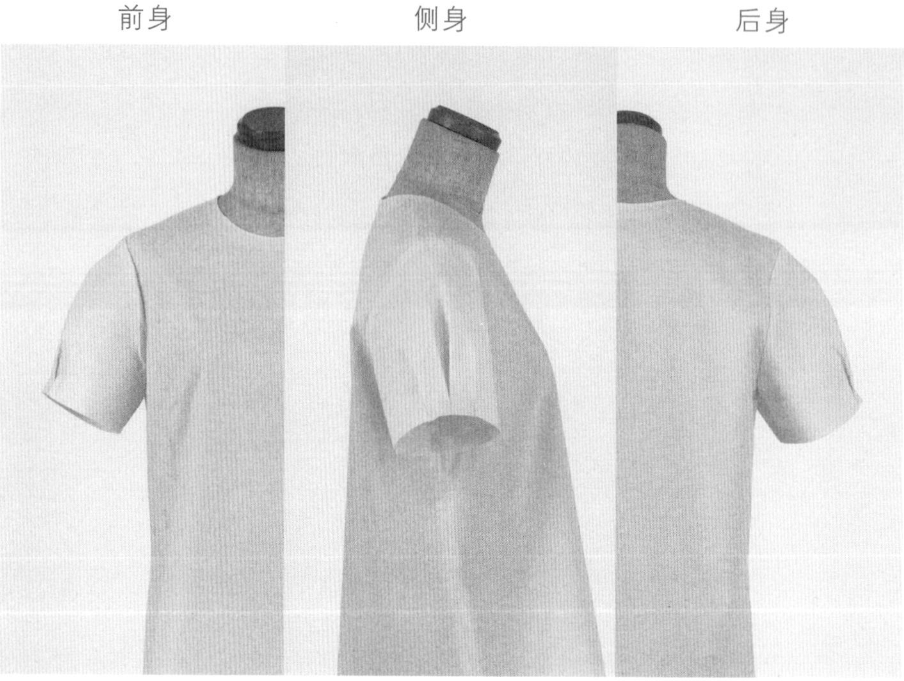

纸样

※○内数字为缝份，指定以外的缝份均为1cm

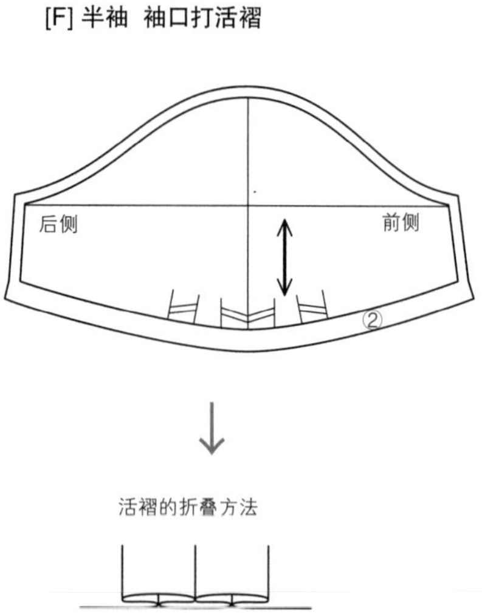

要点 袖口的处理方法

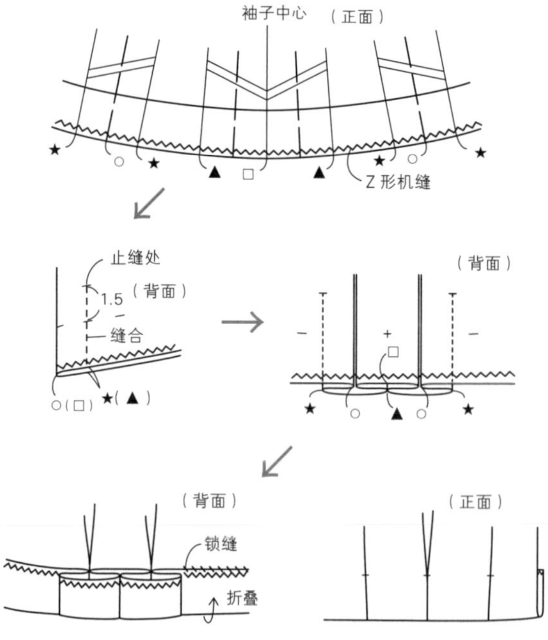

袖子的变化

半袖（袖山打活褶 + 拼接袖口）

这是一款在袖山打活褶，并添加拼接袖口的设计。
也可以将打褶设计成抽褶，还可以改变拼接袖口的宽度。

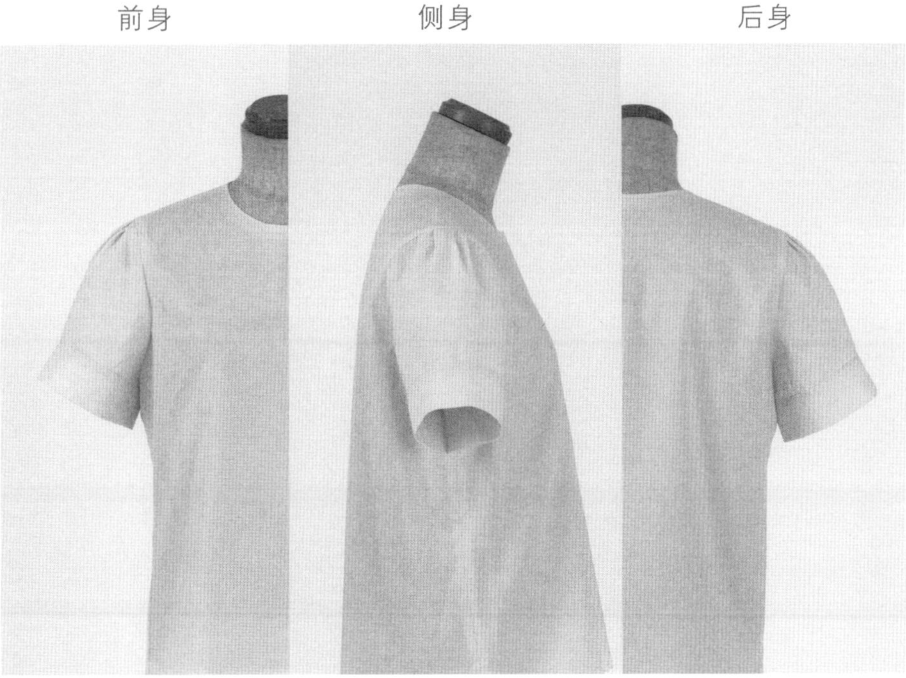

纸样

※缝份为 1cm
※▒ 表示背面粘贴黏合衬

[F] 半袖　袖山打活褶 + 拼接袖口

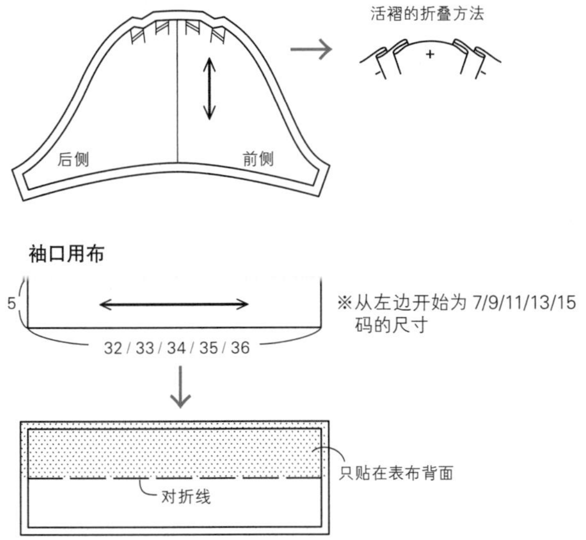

要点　拼接袖口的缝制方法

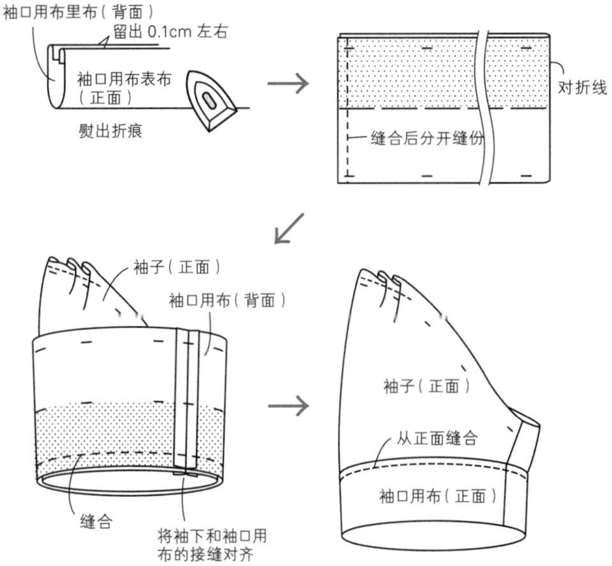

袖子的变化

盖袖（抽褶型）

盖袖比半袖更短，就是稍微遮住一点肩膀头的袖子。
袖山上有很多褶子，是一种非常可爱的设计。

前身　　侧身　　后身

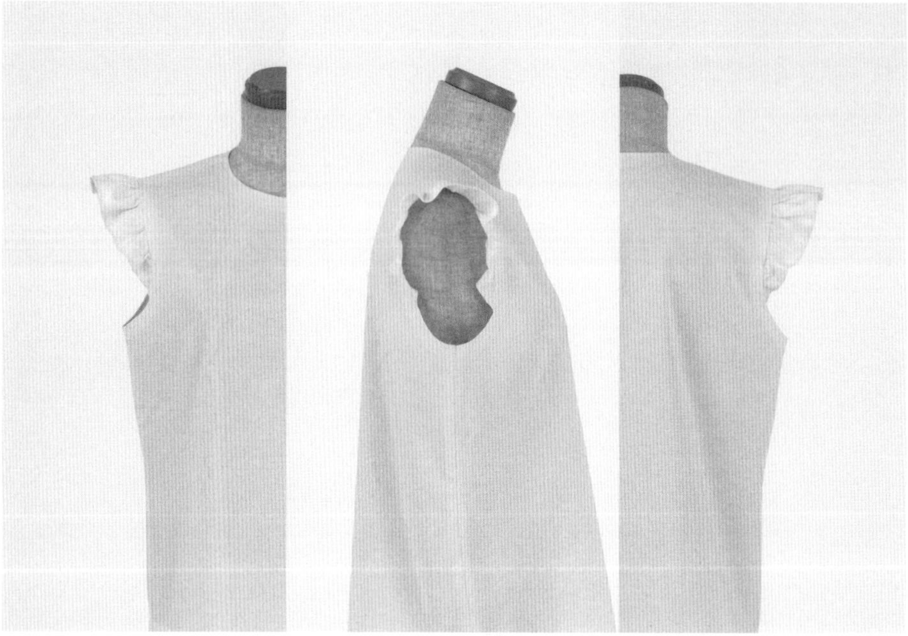

纸样

※缝份为 1cm

[D] 盖袖　抽褶型

※身片上袖窿的袖下（下侧）的对接符号就是抽褶止缝的位置

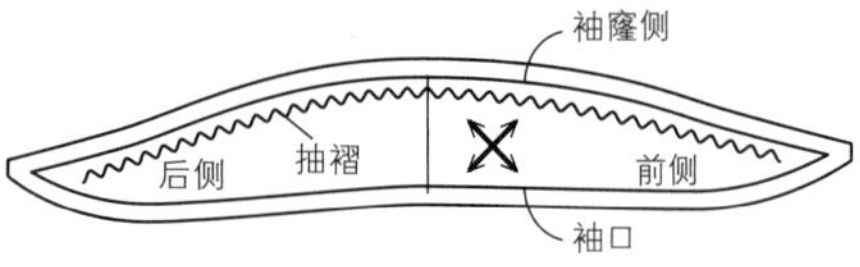

要点　袖窿的处理方法

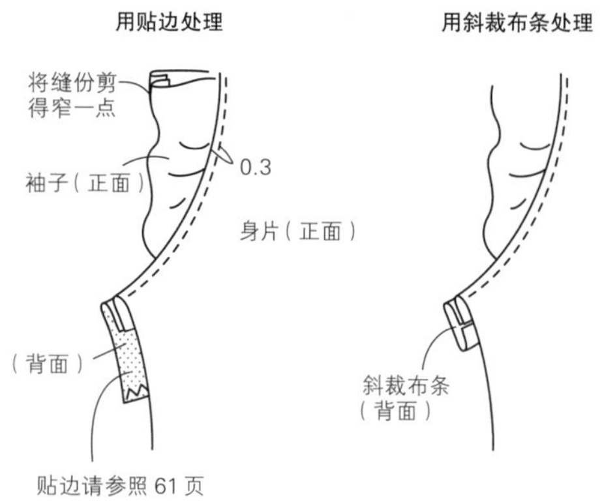

袖子的变化

盖袖（喇叭型）

这是一款看起来好像把肩头延长了一样的袖子。
将面料斜裁的话，穿着感会更好。

前身　侧身　后身

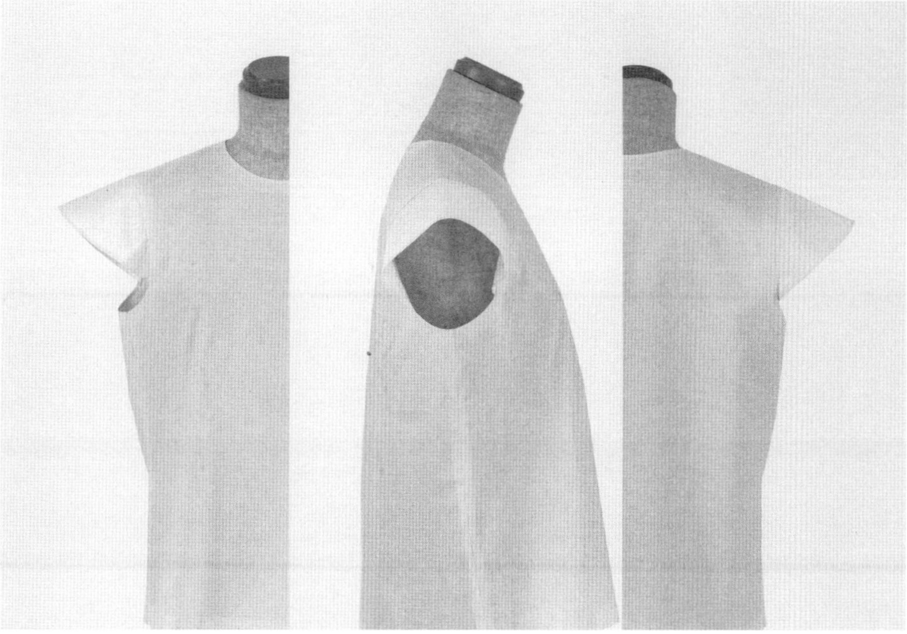

纸样

※缝份为 1cm

[D] 盖袖　喇叭型

※身片上袖窿的袖下（下侧）的对接符号就是抽褶止缝的位置

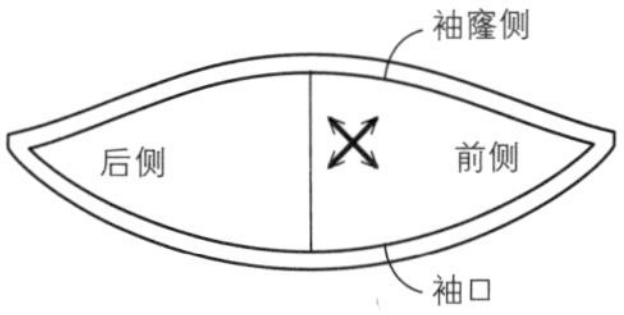

要点　袖口的处理方法

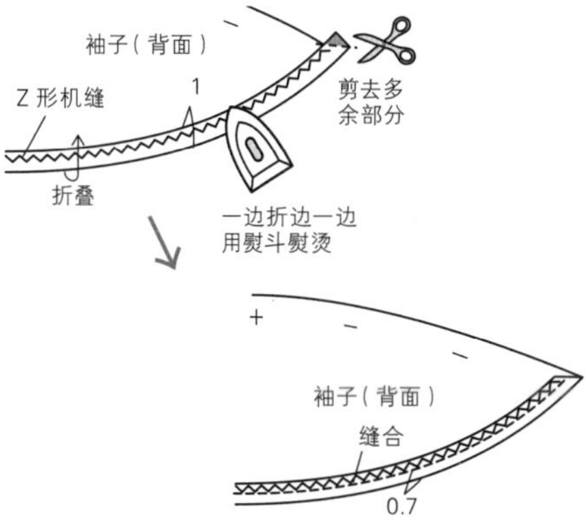

折两折

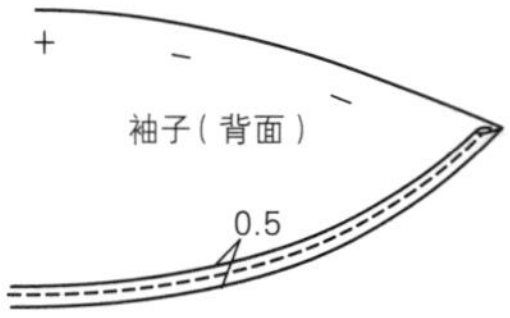

袖子的变化

盖袖（活褶型）

这是一款像是包住肩膀一样的设计，也具有自然遮掩上臂的效果。

前身 侧身 后身

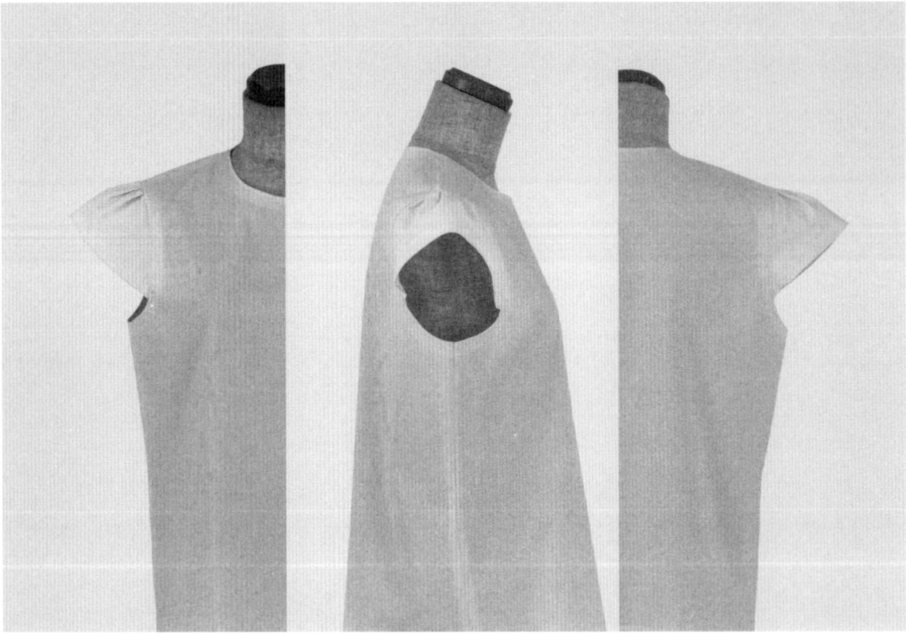

纸样

※○内数字为缝份，指定以外的缝份均为 1cm
※身片上袖窿的袖下（下侧）的对接符号就是打褶止缝的位置

[D] 盖袖 活褶型

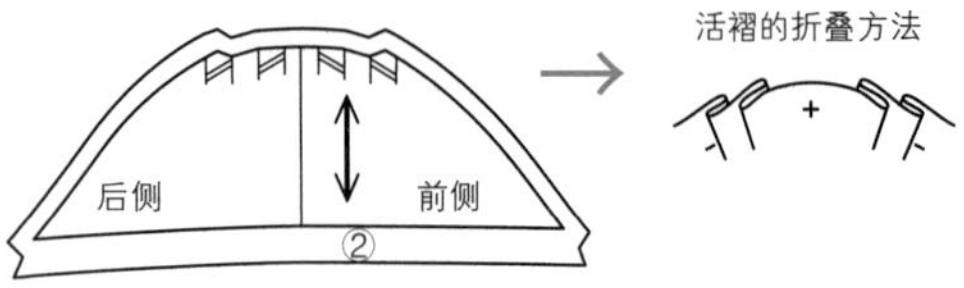

要点 袖子的安装方法

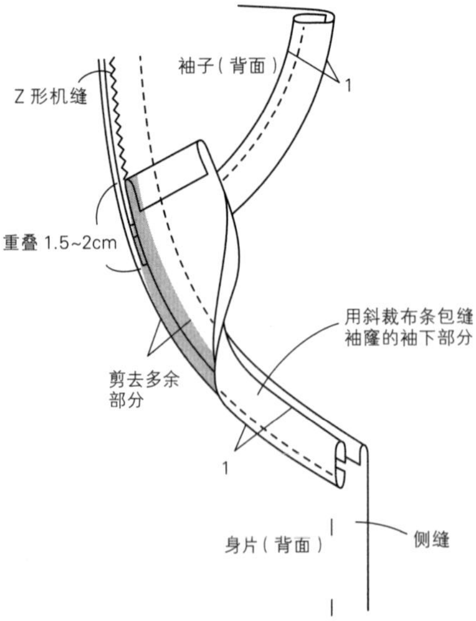

省道

省道是把平面的布捏起来缝的方法。

省道的缝纫方法

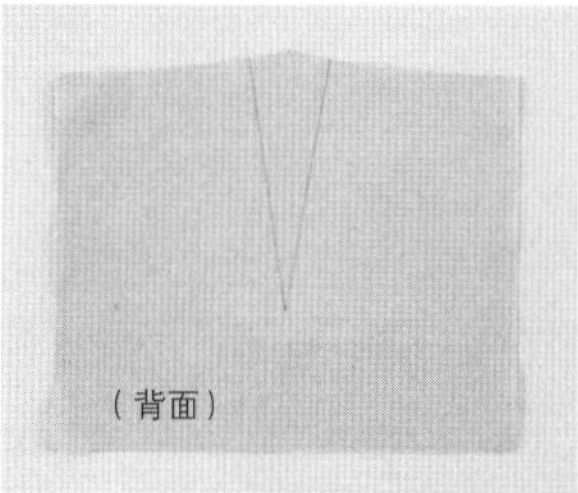

1.在面料的背面画出省道的位置。

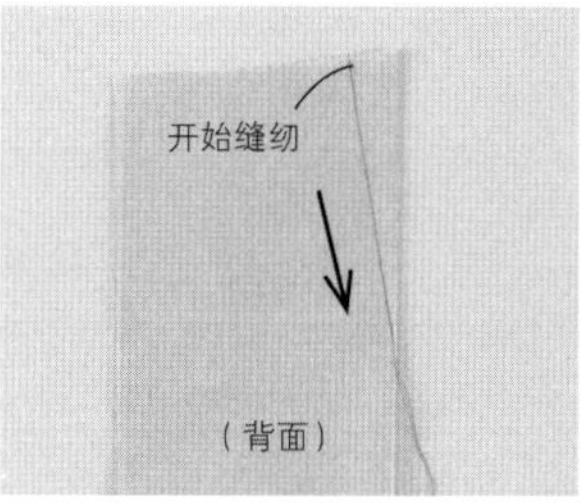

2.面料正面朝里对齐两侧的省道符号，从布边侧向省道的尖部缝纫。始缝时用回针缝，收针时不用回针缝，在折痕的边沿平行着缝纫两三针，同时让针脚自然消失。留下10cm左右的缝纫线。

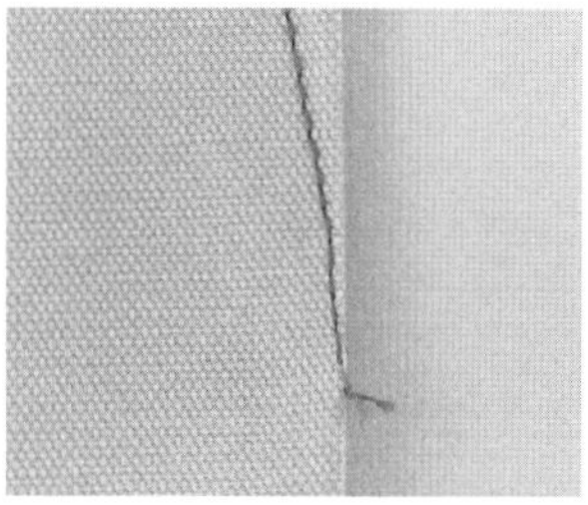

3.给线头打结并剪去多余部分。

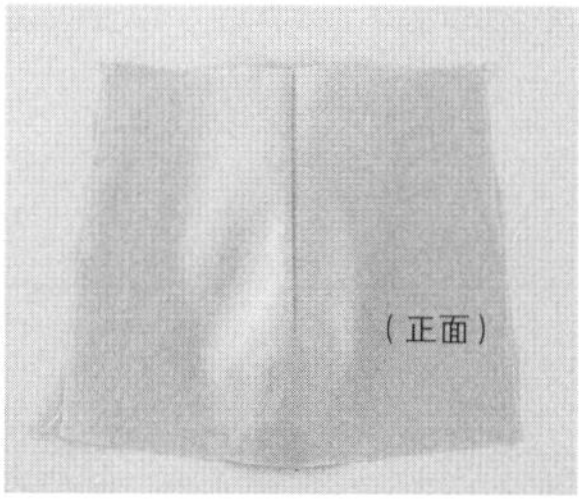

4.把省道的折痕和接缝熨平，使之倒向一侧。省道的前端要熨烫出自然的弧度。

要点 失败的例子

✕ 缝合

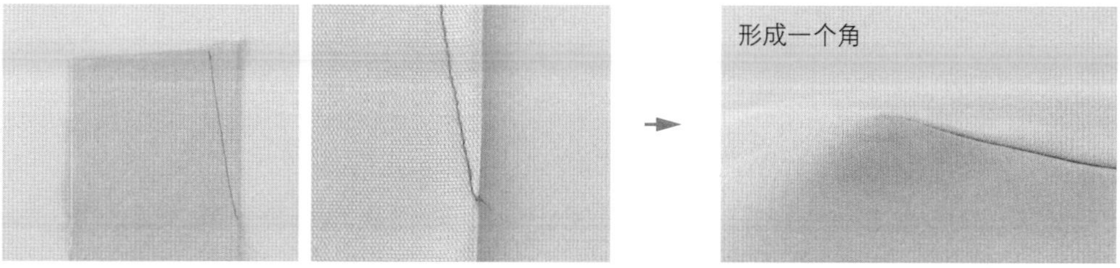

如果顺着直线的角度缝合的话，省道的前端会变成尖角。

✕ 凸起

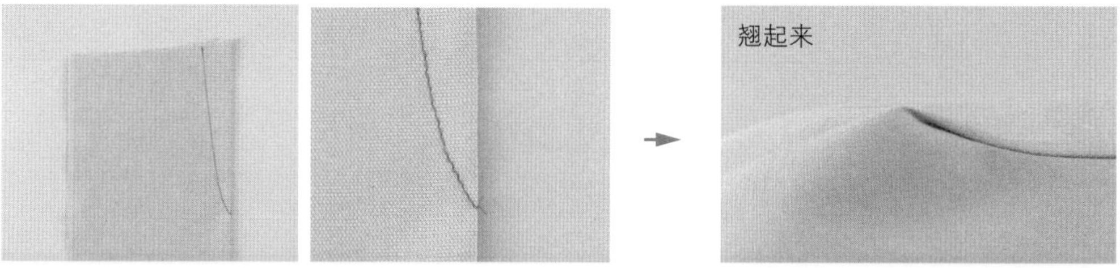

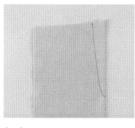

如果弧形缝纫的话，省道的尖部翻过来就会出现一个凸起。

✕ 未缝到边儿就结束缝纫

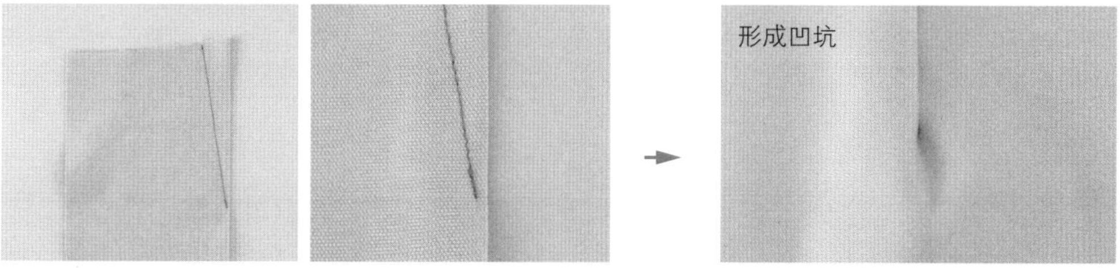

没有结束就停止缝纫的话，省道就会出现酒窝状凹坑，还有收针处回针缝也是错误的做法。

领口的变化

圆领口

把裁出来的圆圆的领口总称为圆领口。
与脖根曲线平行是圆领口的特征，可以自由改变领口的设计深度。

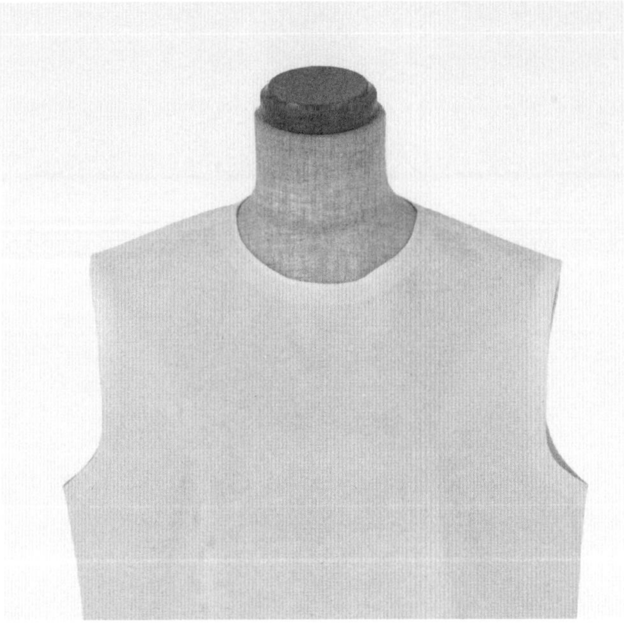

基本款

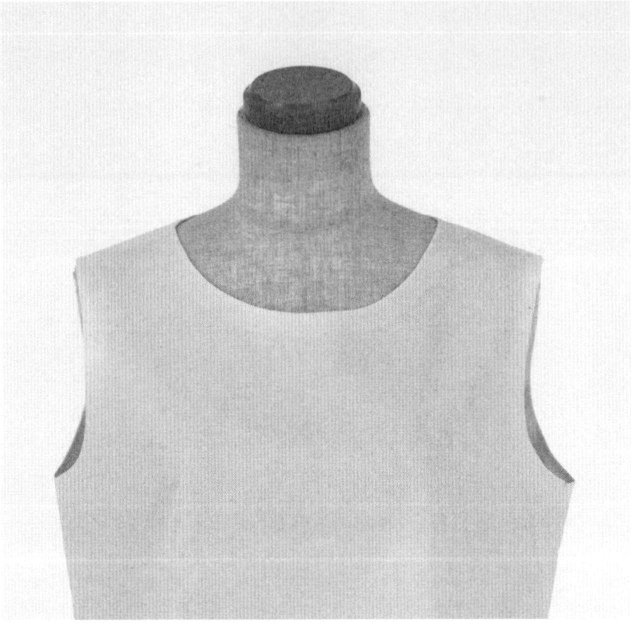

宽大型

纸样

※缝份为1cm
※贴边请参照83页
※适当地留出些空间

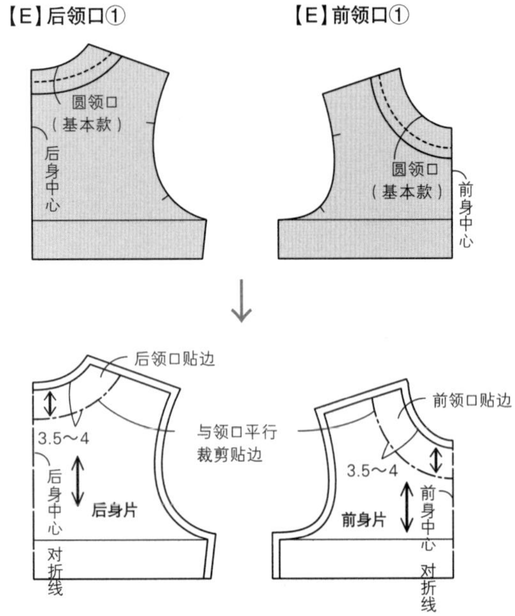

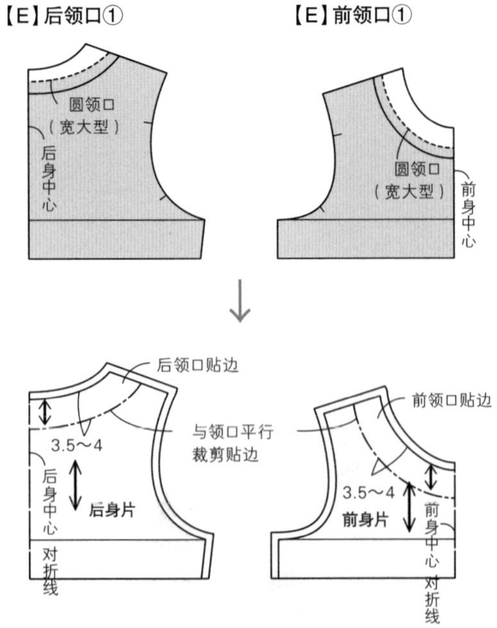

领口的变化

V 形领口

这是一款前领口剪成V形的设计。
比起圆领口，V形领口会显得脖颈修长，给人以鲜明的印象。

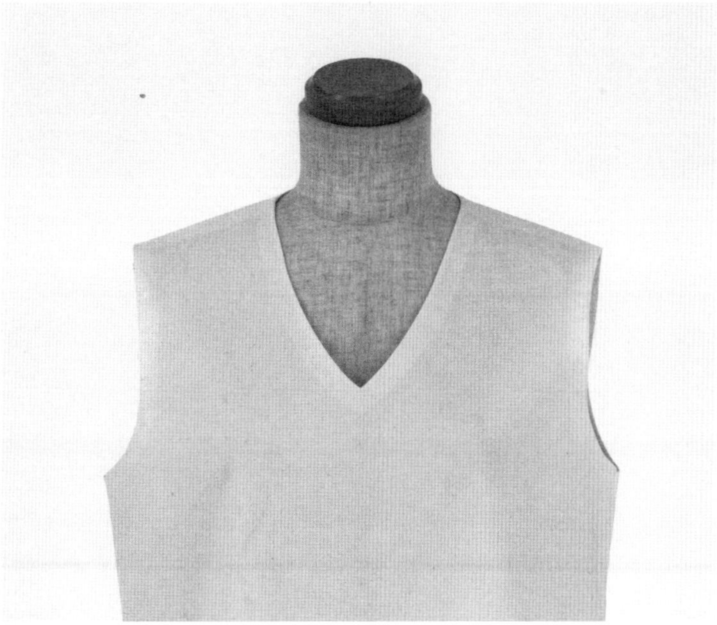

纸样

※○内数字为缝份，指定以外的缝份均为1cm
※ ▒ 表示背面粘贴黏合衬

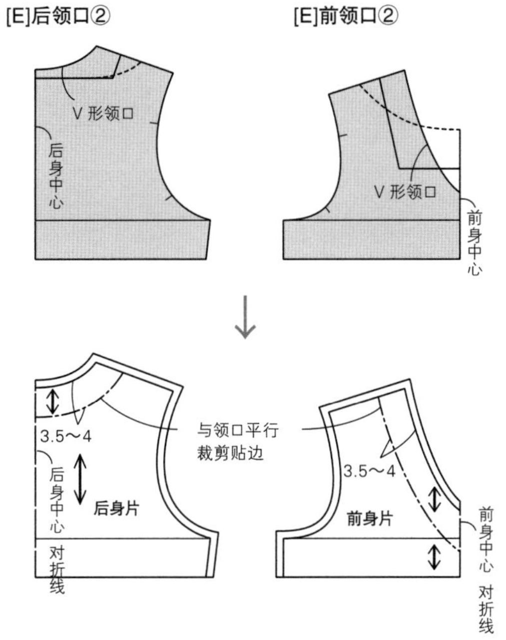

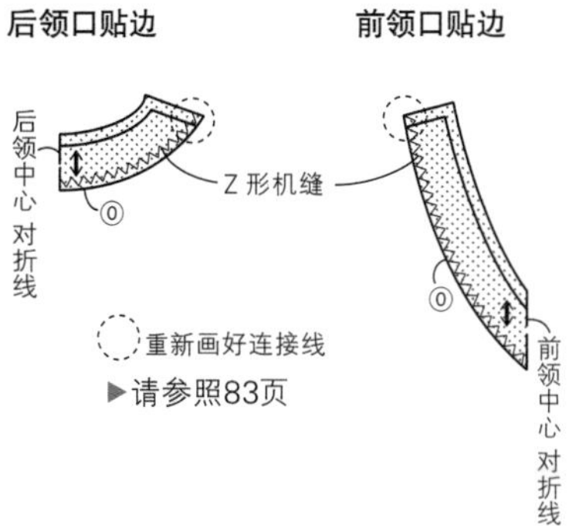

领口的变化

船形领口

这是一款将颈肩点向左右外移、领口横向长而浅的设计。
也具有露出锁骨使脖颈看起来很漂亮的效果。

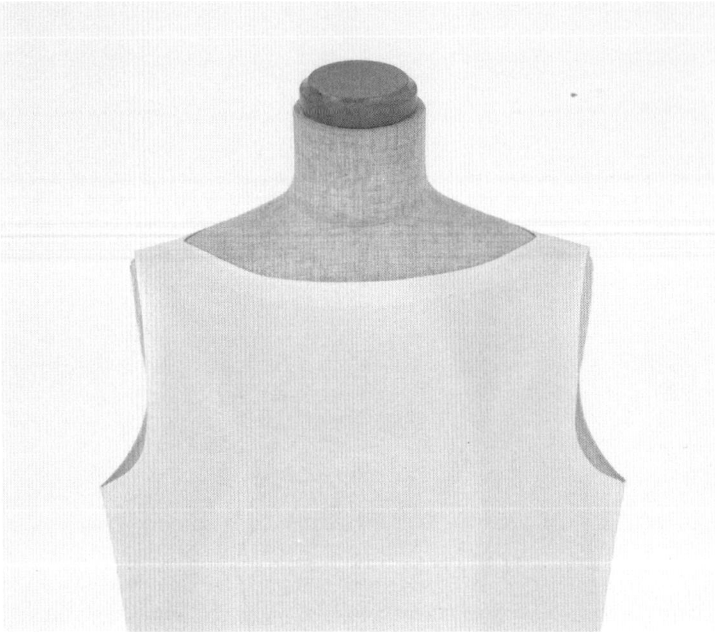

纸样

※○内数字为缝份，指定以外的缝份均为1cm
※ ▒ 表示背面粘贴黏合衬

[E]后领口②　　【E】前领口②

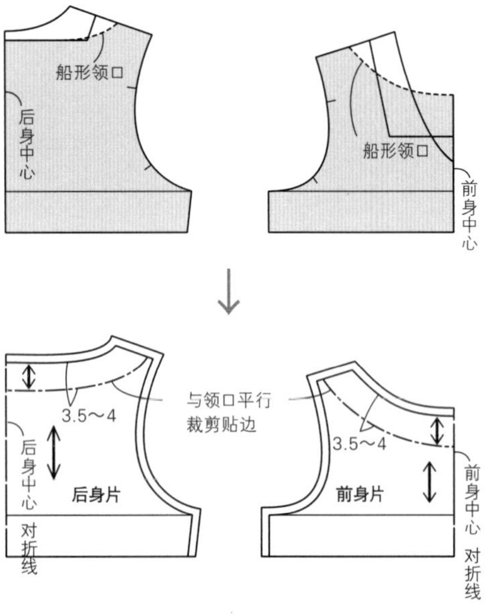

与领口平行裁剪贴边　　前领口贴边

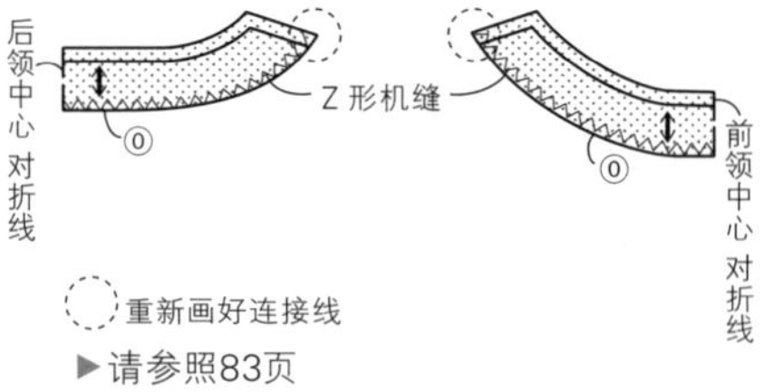

▶请参照83页

领口的变化

方形领口

这是一款将领口裁成四方形的设计。
用直线做成的轮廓鲜明的领口，让脸部线条看起来更清秀。

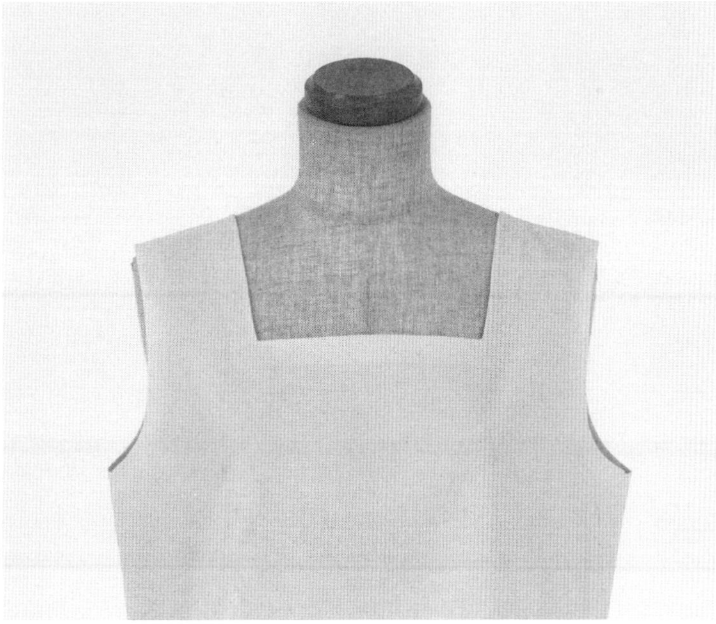

纸样

※○内数字为缝份，指定以外的缝份均为1cm
※ ▒ 表示背面粘贴黏合衬

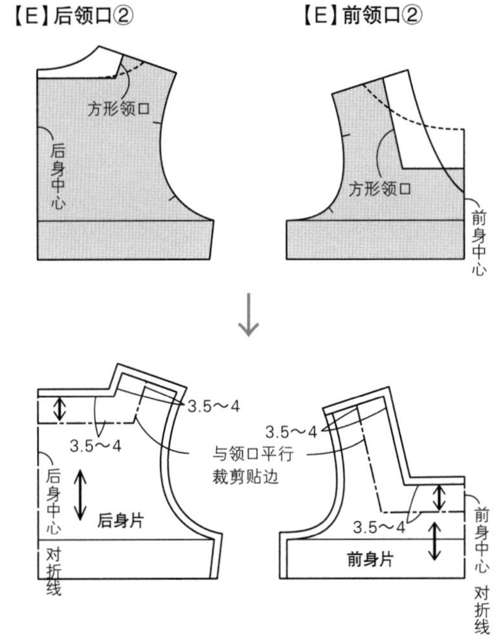

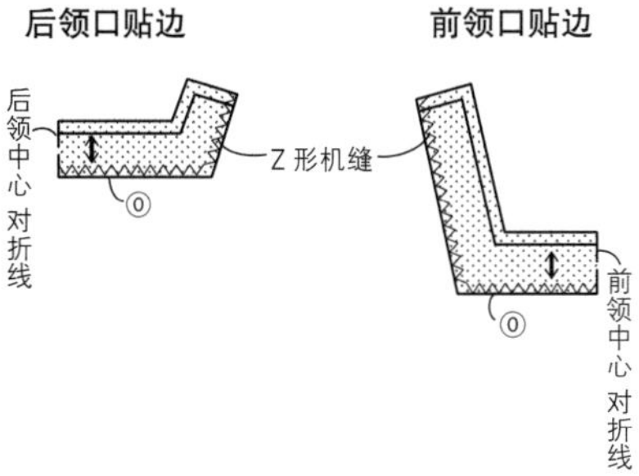

前开口加贴边

这是一种在前身中心开口处缝上贴边的方法。
以76页的圆领口(宽大型)为例进行说明。开口的深度可自行决定。

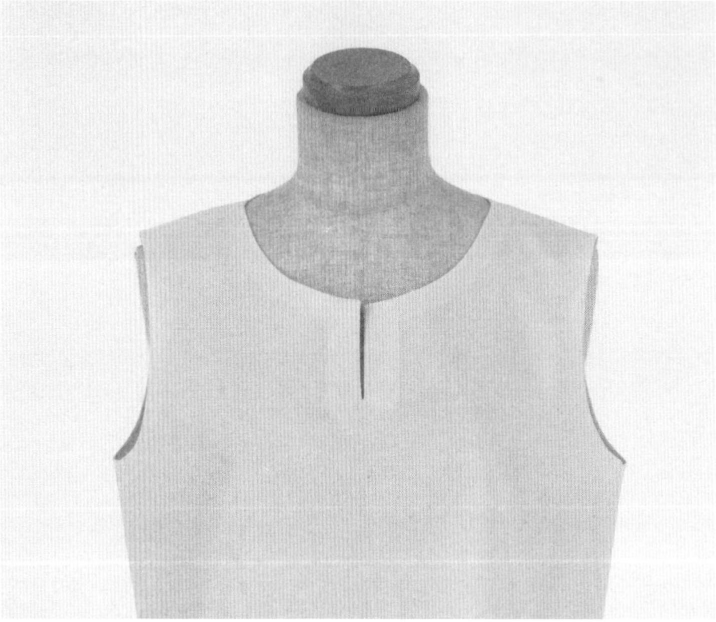

纸样

※○内数字为缝份，指定以外的缝份均为1cm
※ ▒ 表示背面粘贴黏合衬
※后身片、后领口的贴边与76页的圆领口（宽大型）通用

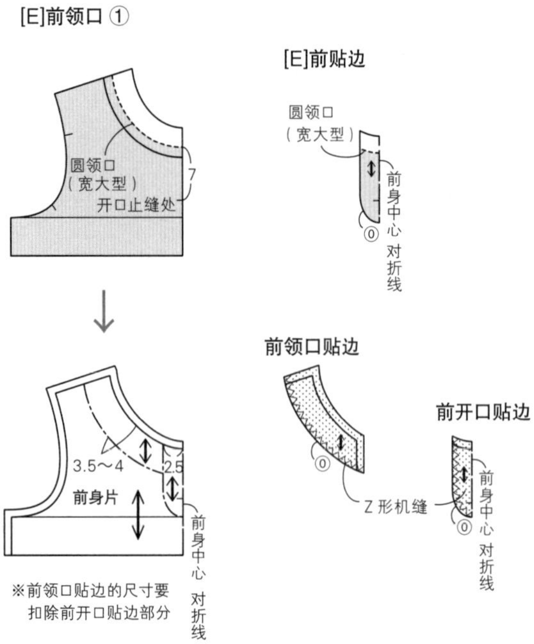

要点 贴边和开口的制作方法

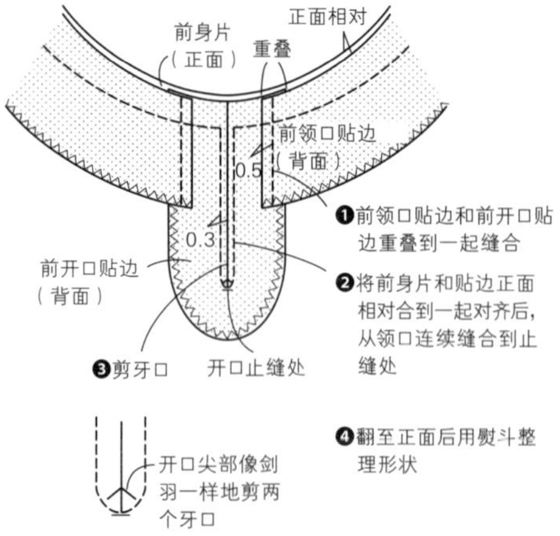

领口的变化

滚边＋带子

这款设计是以76页的圆领口(基本款)为基础，用滚边的方法处理领口后，延长滚边布做成带子。
利用前身中心接缝制作前开口。

纸样

※○内数字为缝份，指定以外的缝份均为1cm

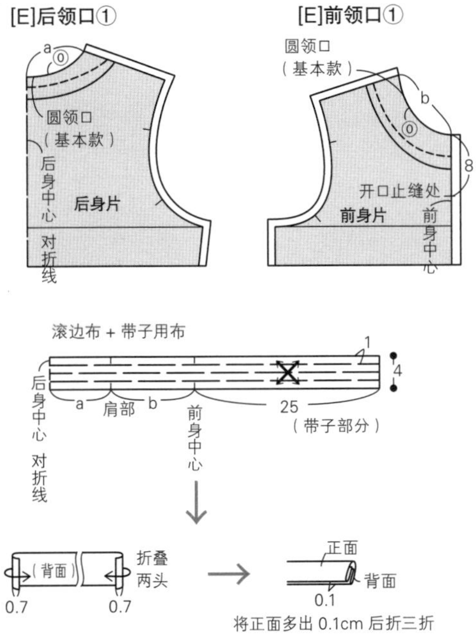

要点 前开口和领口的处理

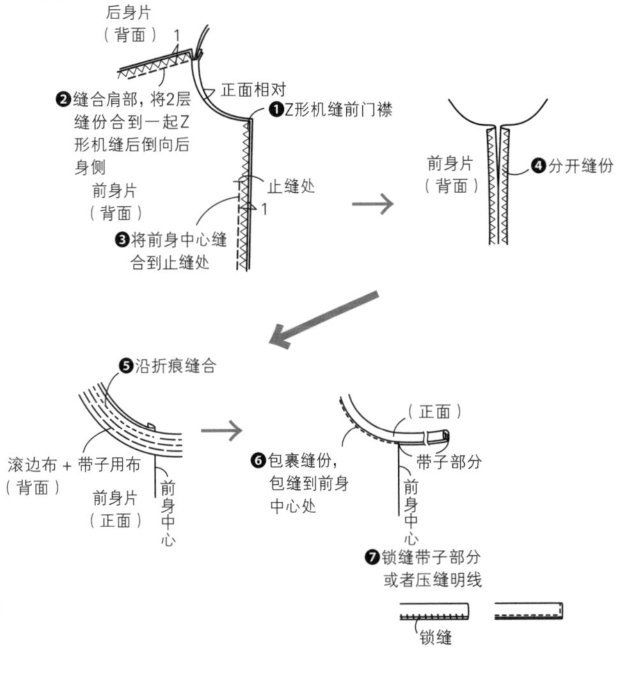

领口的变化

前开襟领口

这款设计是以76页的圆领口（基本款）为基础，在前身中心开口并缝制短门襟。
开口的深度可以自行决定。

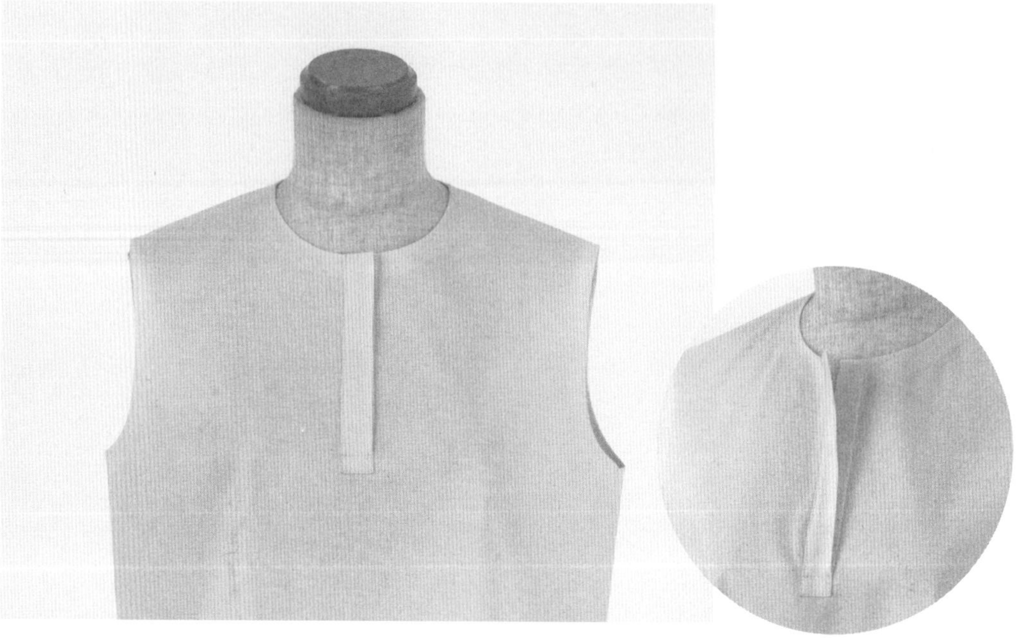

纸样

※○内数字为缝份，指定以外的缝份均为1cm
※ [图案] 表示背面粘贴黏合衬
※长方形短门襟的制作方法请参照96、97页

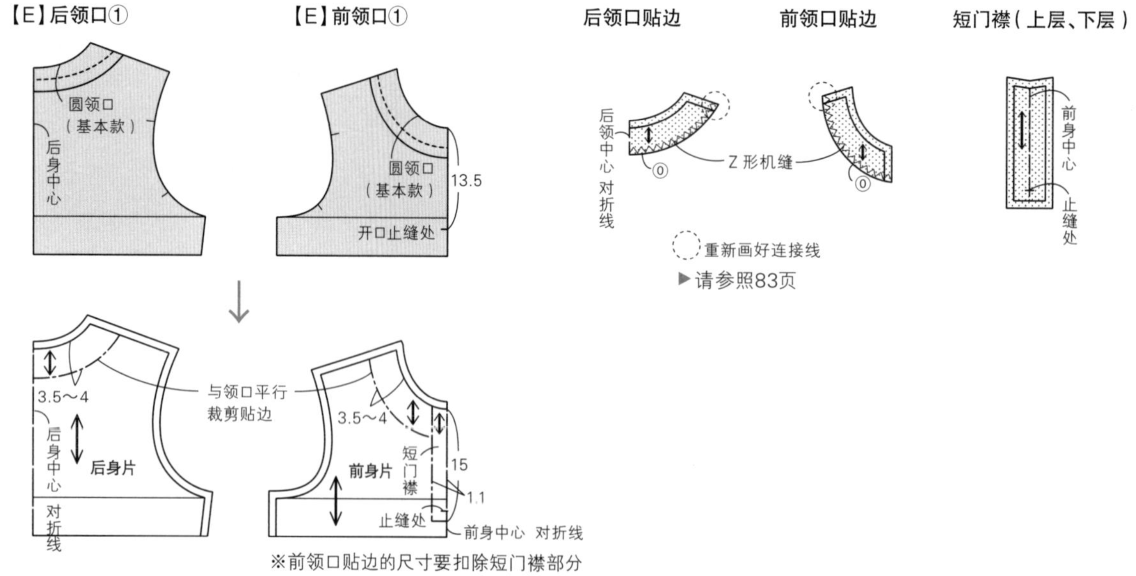

※前领口贴边的尺寸要扣除短门襟部分

关于贴边和斜裁布条

对布边的处理，有各种各样的方法，比如用贴边、斜裁布条、衣领和袖口拼接布等来缝合。在这里，我们将介绍使用贴边和斜裁布条来处理布边的方法。

贴边

用贴边来处理布边不容易变形，这种方法多用于弧度部分较大的领口和袖窿等处。
建议在贴边上粘贴黏合衬来加强定型。

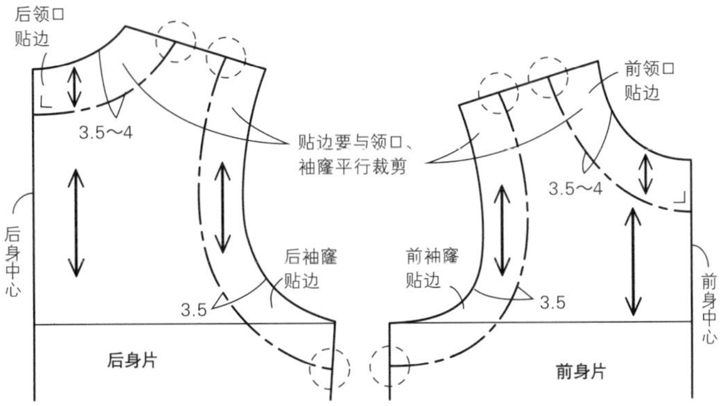

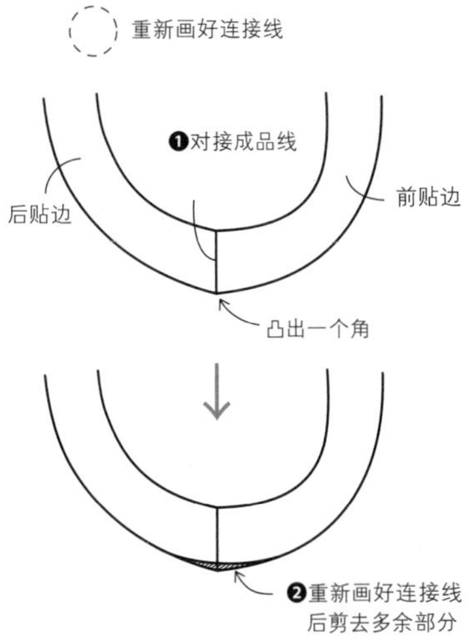

斜裁布条

与布纹呈45° 角裁下来的细长布条，折叠两侧做成带状，就叫斜裁布条。
斜裁布条用途广泛，可用于包裹布边或者作为拼接处的饰边等。

●滚边方法一

（正面）

（背面）

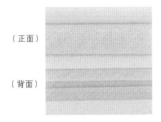

使用将两侧折向背面的一折型斜裁布条。一边遮盖布边一边倒向背面缝合，所以从正面看不到斜裁布条。

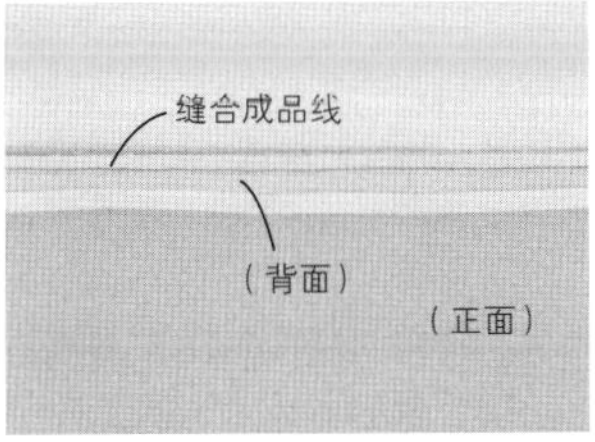

1.将斜裁布条上的折痕与面料上的成品线合到一起，对齐后缝合成品线处。

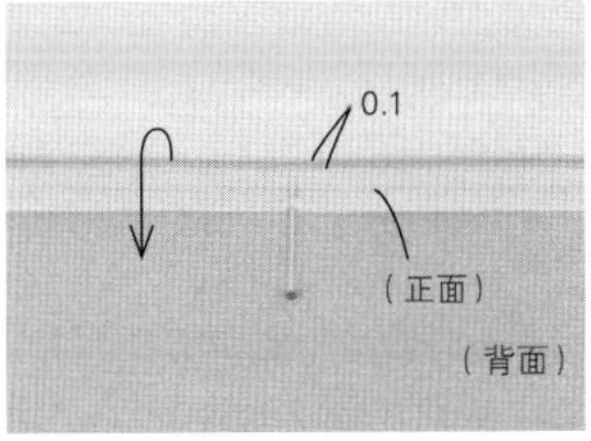

2.用斜裁布条包裹布边并翻至正面，使之超出成品线0.1cm左右。

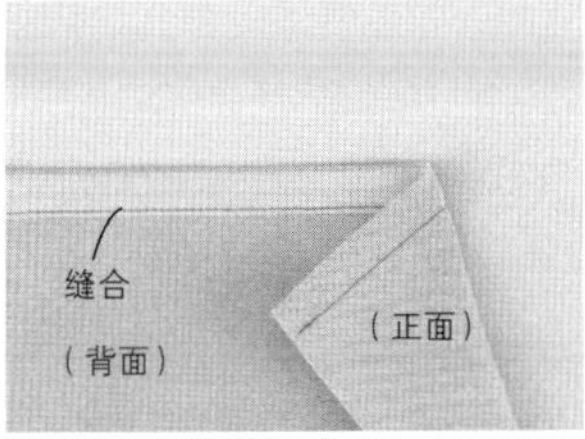

3.沿斜裁布条的折痕缝合。

●滚边方法二

（背面）

（正面）

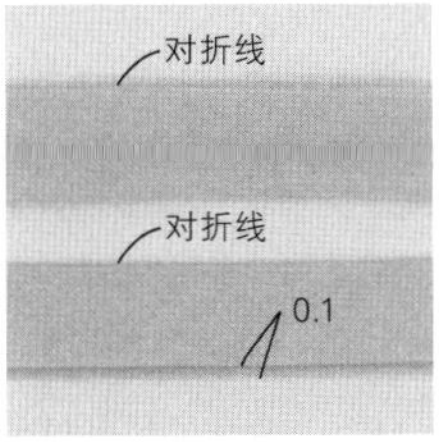

使用将一折型斜裁布条再折一次的饰边型布条。背面超出正面0.1cm左右。用斜裁布条包裹并缝合，所以正面、背面都可以看到布条。

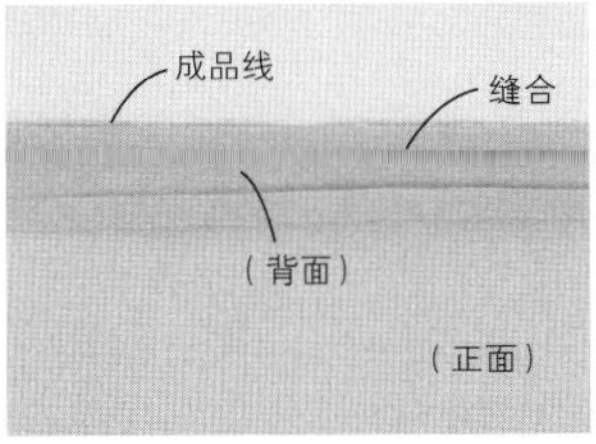

1.将面料和斜裁布条（较窄的一侧）的布边正面相对合到一起，对齐后在最外侧的折痕上缝合。

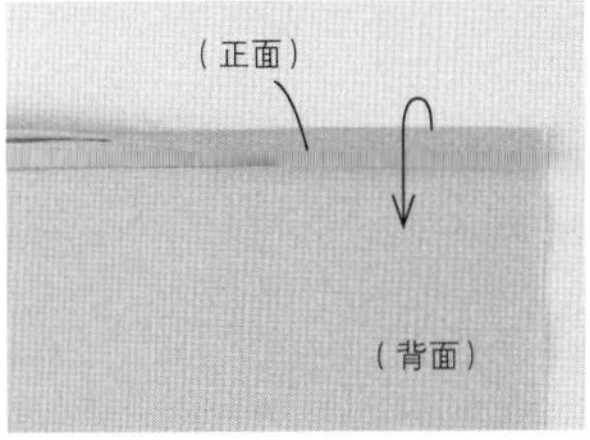

2.折起斜裁布条使其倒向上侧，将面料翻至背面，用斜裁布条裹住布边。

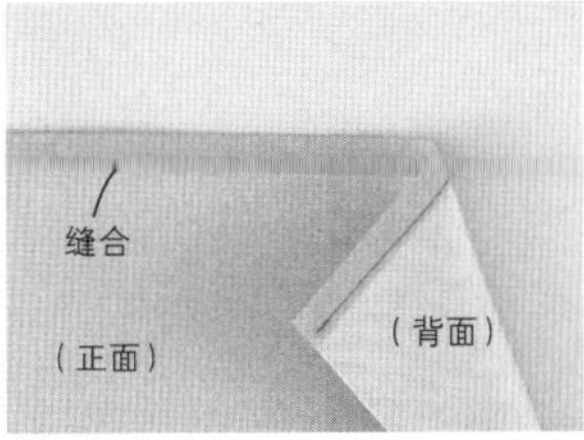

3.将面料翻至正面，从正面缝合或锁缝斜裁布条的折痕。因为背面的斜裁布条比较宽，所以不会漏缝。

领子的变化

衬衫领

这是一款从领口竖起领座的衬衫领。
缝在76页的圆领口（基本款）上。

前身 侧身 后身

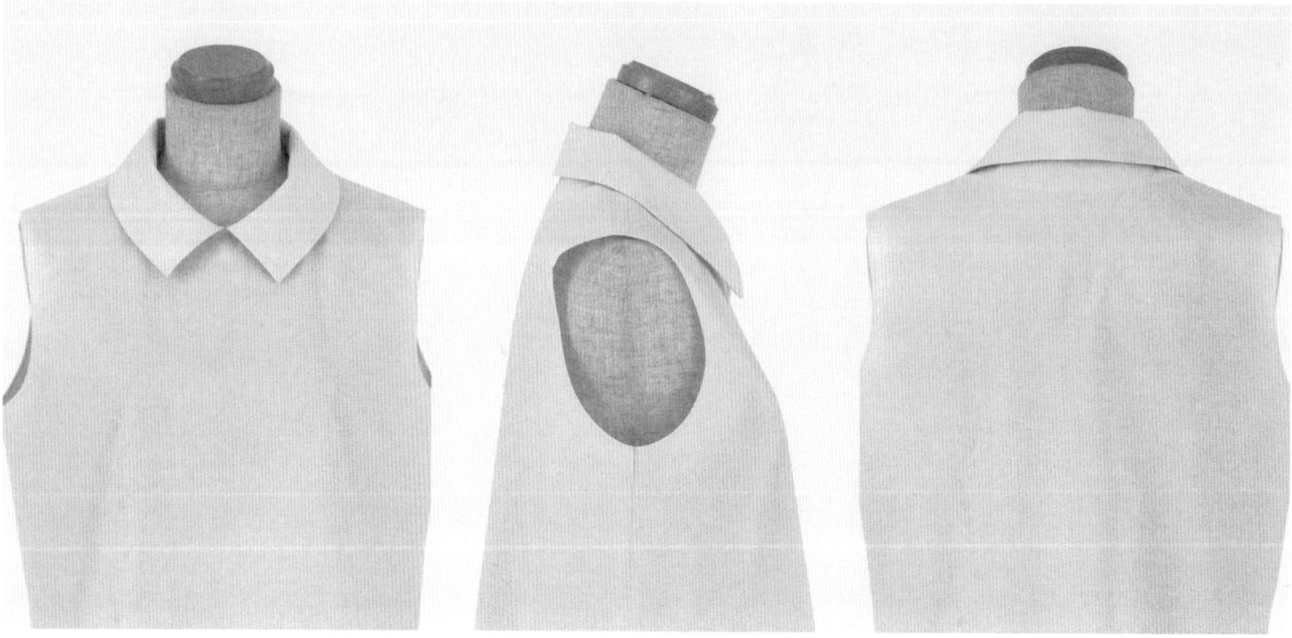

纸样

※缝份为1cm
※ ▒ 表示背面粘贴黏合衬
※适当开口

[E]后领口①

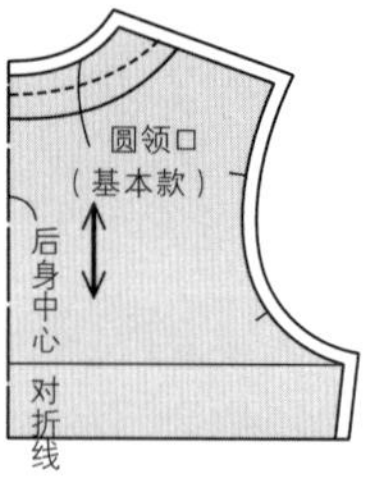

[E]前领口①

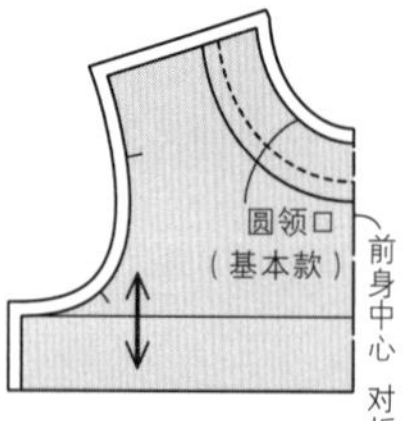

[C]衬衫领

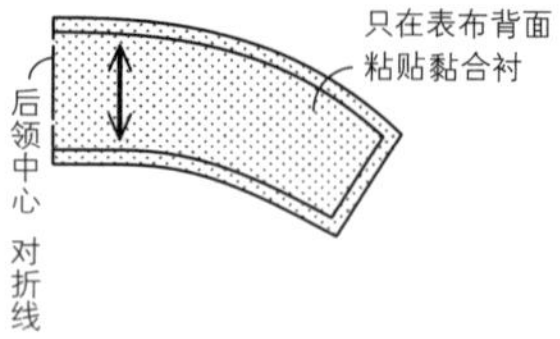

领子的变化

平翻领

平翻领是指不带领座的(低低的)平平的领子。
将其缝在78页的船形领口上。

前身　　侧身　　后身

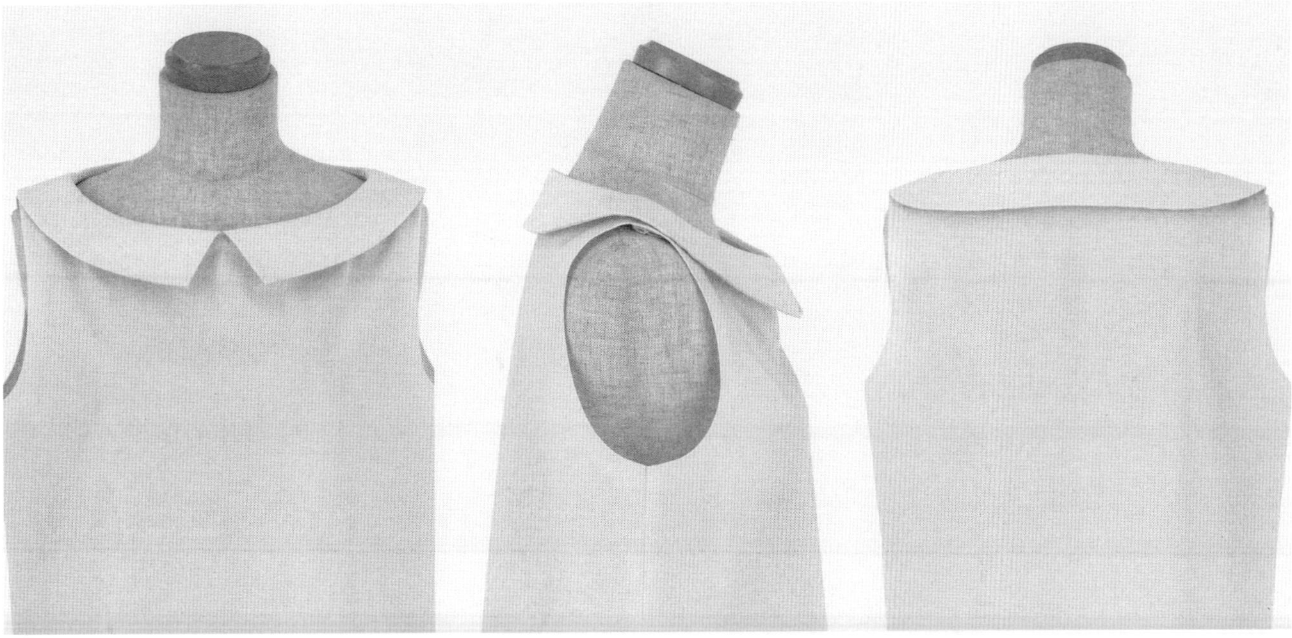

纸样

※缝份为1cm
※ 表示背面粘贴黏合衬

[E]后领口②

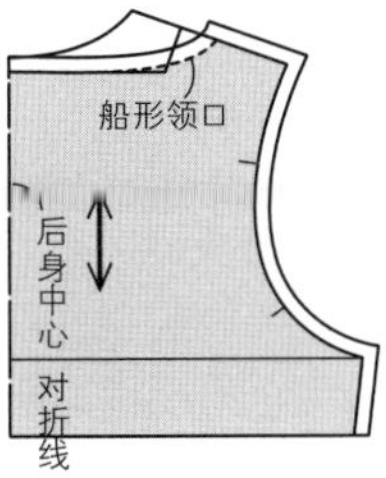

[E]前领口②

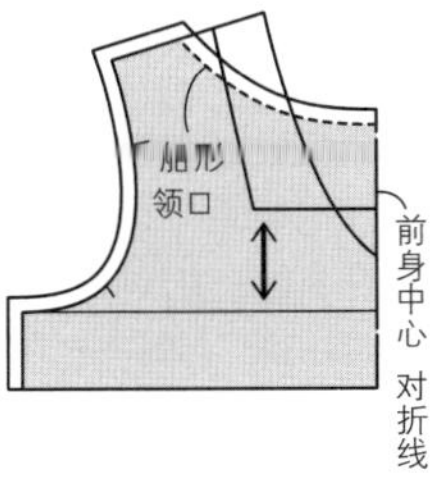

[C]平翻领

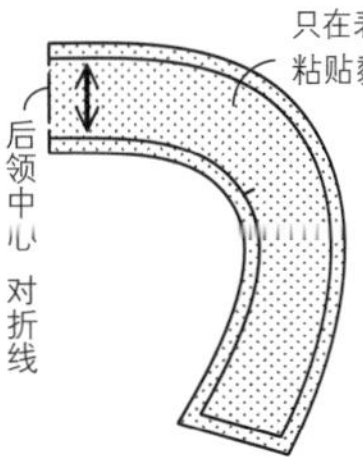

领子的变化

圆翻领

圆翻领是指围着脖子折起来的领子。
因为用的是斜裁布，所以折叠处不会出现棱角，看起来较为柔软。

前身　　侧身　　后身

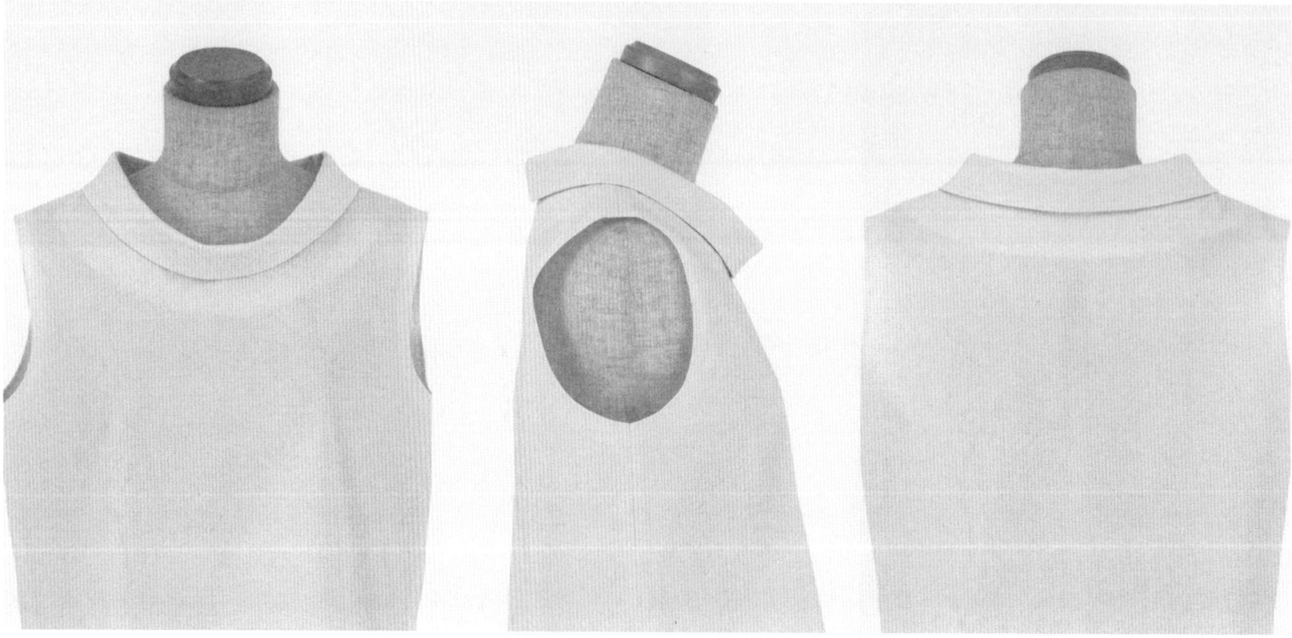

纸样

※指定以外的缝份均为1cm

[E]后领口 ①

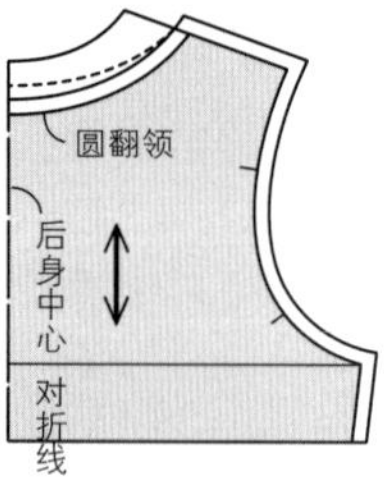

[E]前领口 ①

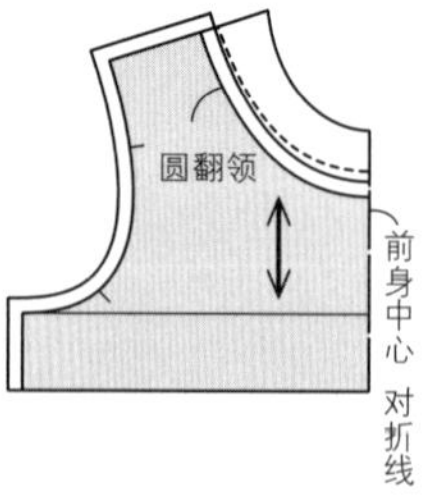

[C]圆翻领

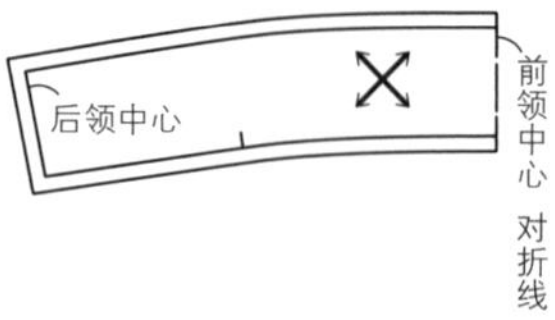

扣子和扣眼

扣子既具有功能性，同时也具有成为设计亮点的装饰性。

●扣眼的大小

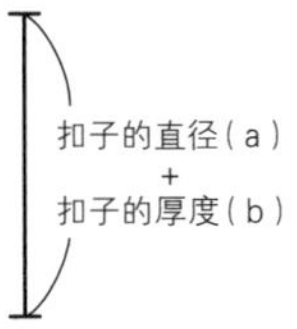

●扣子

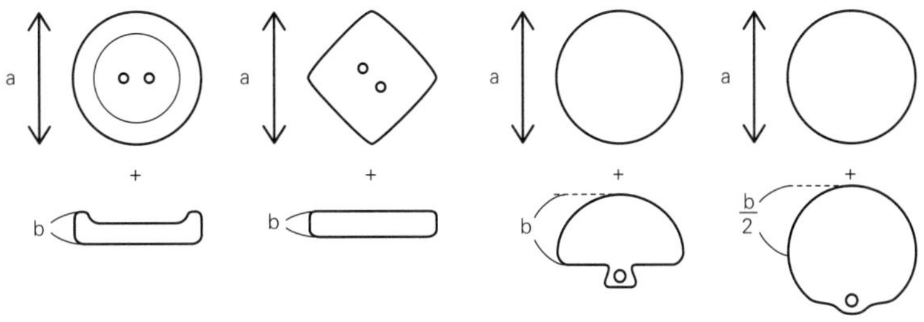

●扣眼和扣子的位置

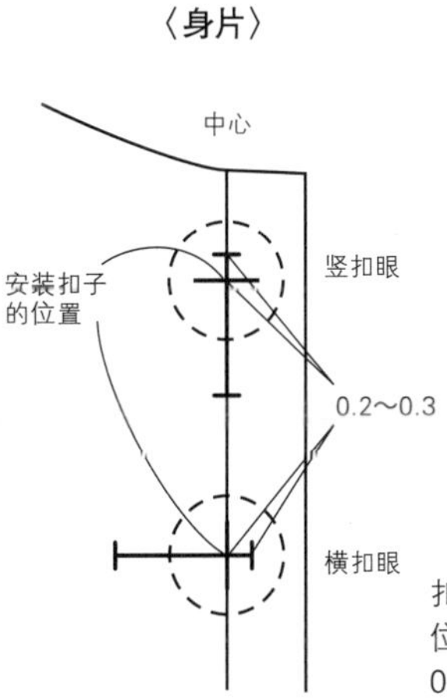

扣眼的位置以安装扣子的位置为基准，向布边侧挪动0.2~0.3cm。

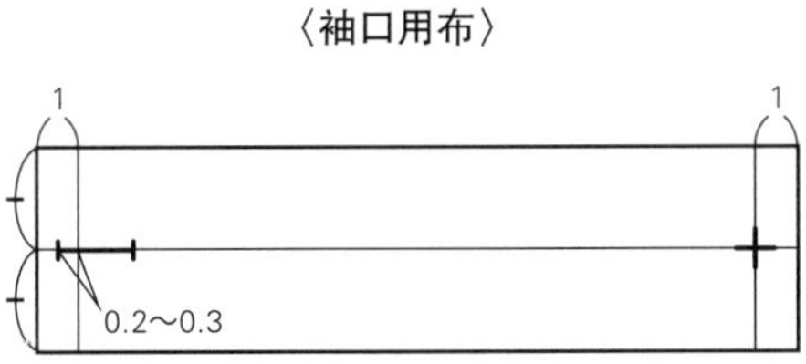

袖口用布宽度二等分的位置

要点 如何粘贴黏合衬

在需要开扣眼部分的背面粘贴黏合衬，起到了加固的作用。不粘贴的话，布料容易起皱，做出来不美观。

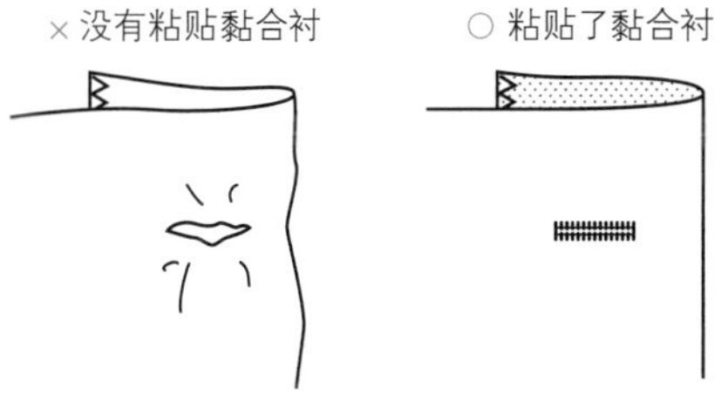

●扣眼的制作方法

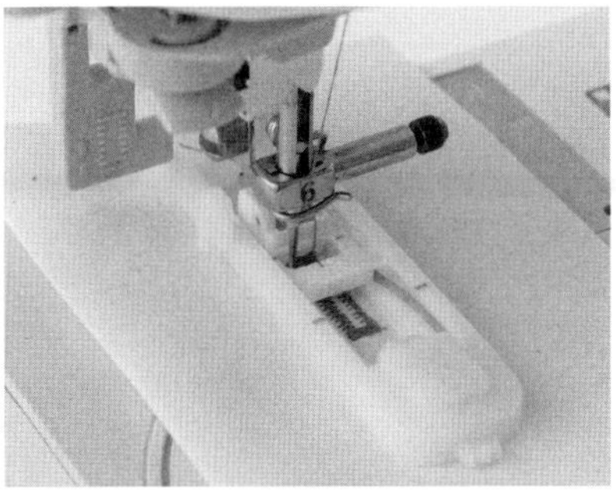

1.将缝纫机设定为锁扣眼状态，从欲制作扣眼的位置的一头开始缝纫。

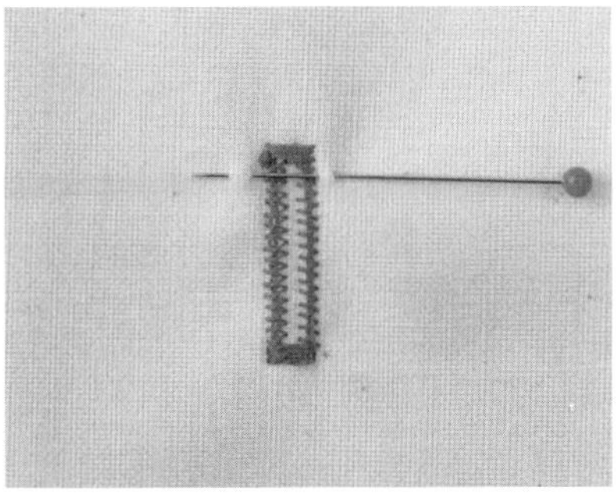

2.扣眼缝完之后，一头穿入大头针，以防裁剪过头。

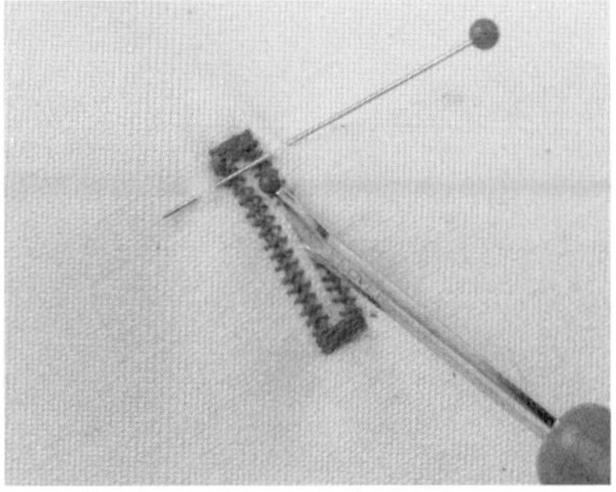

3.中间插入拆线刀裁开，注意不要裁断缝纫线。另一侧也采取同样的方法。

拉链

一般人认为安装拉链很麻烦,往往敬而远之,实际上按照顺序来安装的话并不难。
在这里将详细介绍常用于连衣裙的隐形拉链的安装方法。

●部件名称 在安装隐形拉链之前，先介绍一下普通拉链部件的名称。

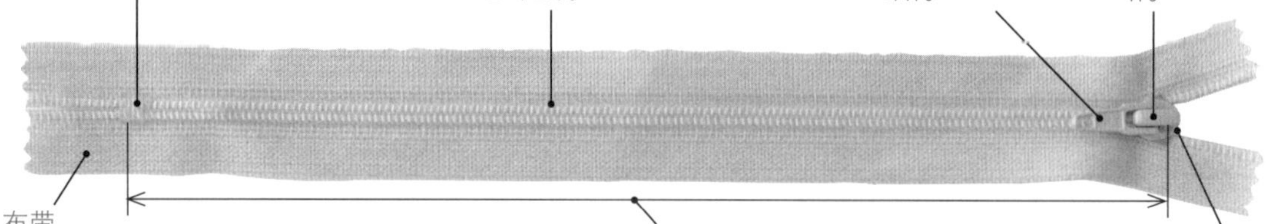

下止
是使拉头停止滑动的部件。
链齿
是互相咬合的齿的部分。
也叫链牙。
拉片
是为了拉动拉头的
部件。
拉头
是拉动时可使链齿松开或咬合的部
件。
布带
是链齿两侧的带子。也是安装拉链时
要缝纫的部分。
长度
是指从上止的上端到下止的下端的长度。
上止
是阻止拉头拉掉的部件。

●隐形拉链的安装方法

隐形拉链是一种利用接缝安装的拉链，链齿不露出表面。
因为安好后不影响设计,所以也是一款常用于连衣裙的拉链。

※开口止缝处＝★

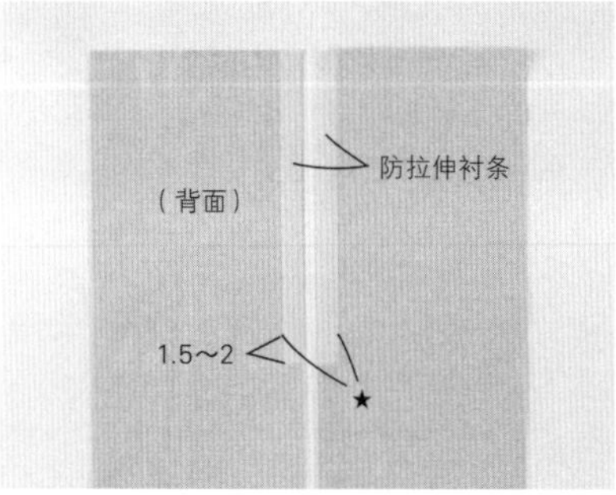

防拉伸衬条
（背面）
1.5~2
★

1.在缝份上粘贴防拉伸衬条。粘贴到止缝处以下1.5~2cm的位置。

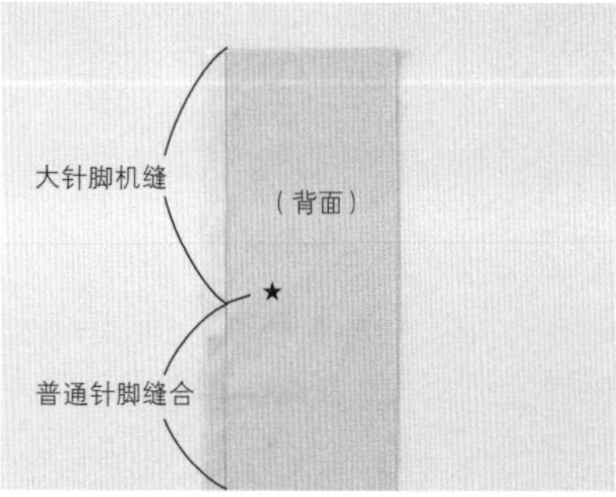

大针脚机缝
（背面）
★
普通针脚缝合

2.将面料正面相对合到一起对齐后，★以上用大针脚机缝，★以下用普通针脚缝合（回针缝）。

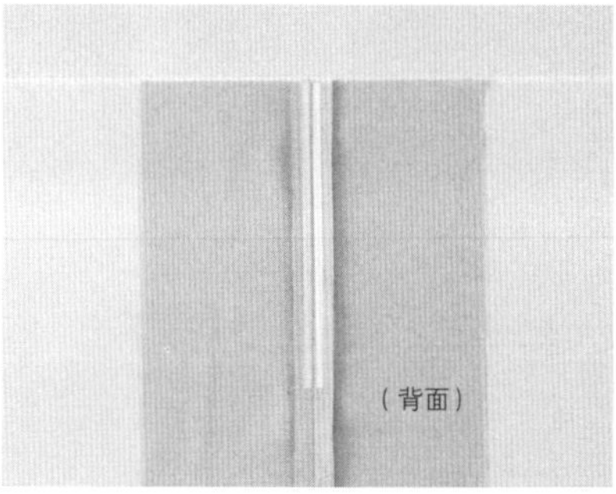

（背面）

3.分开缝份，用熨斗烫平，粘贴水溶性双面胶带。
※没有水溶性双面胶带的情况下，就按照步骤4的方法放好，然后在缝份上疏缝固定

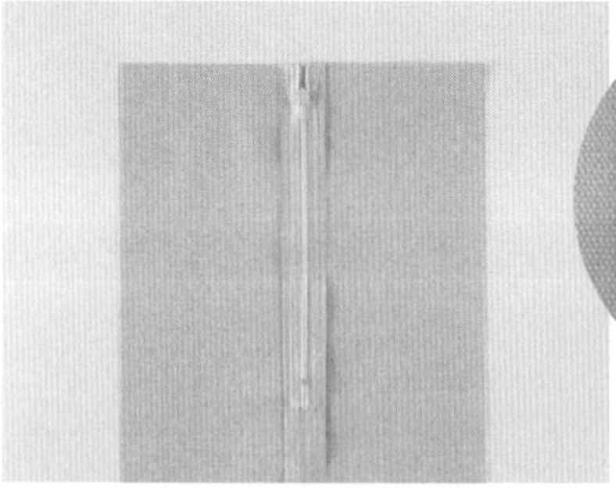

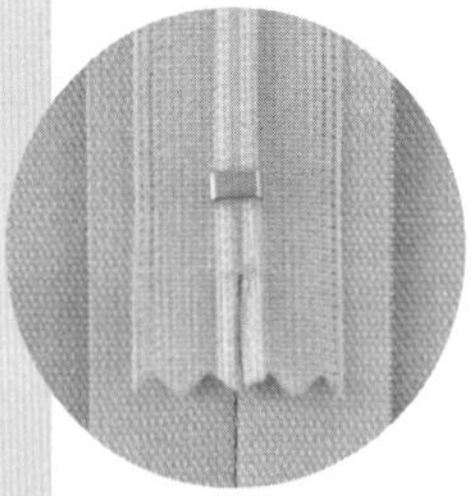

先把下止放到最下面的位置。

4.将拉链上止的上端放在成品线下面0.5cm的位置，将拉链中心和面料的接缝合到一起对齐后粘贴。

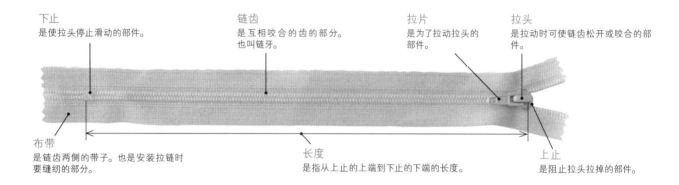

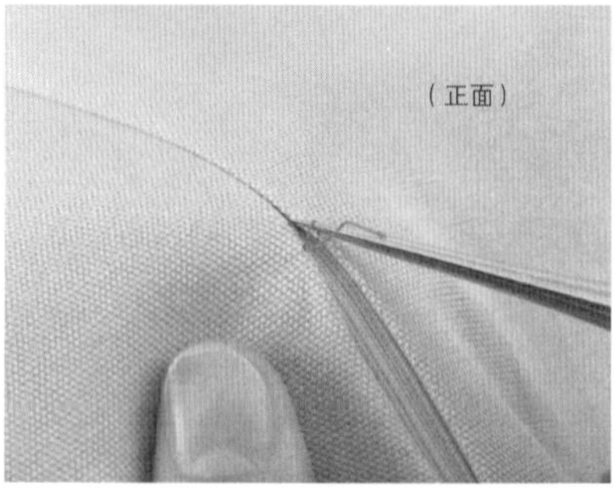

（正面）

5.拆除大针脚机缝线（从上端到★的位置）。

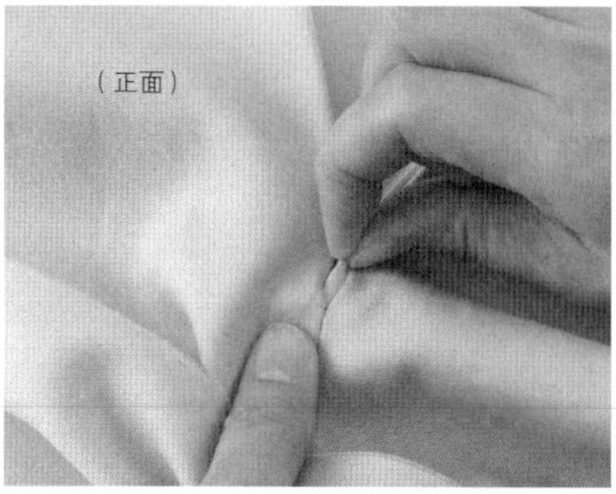

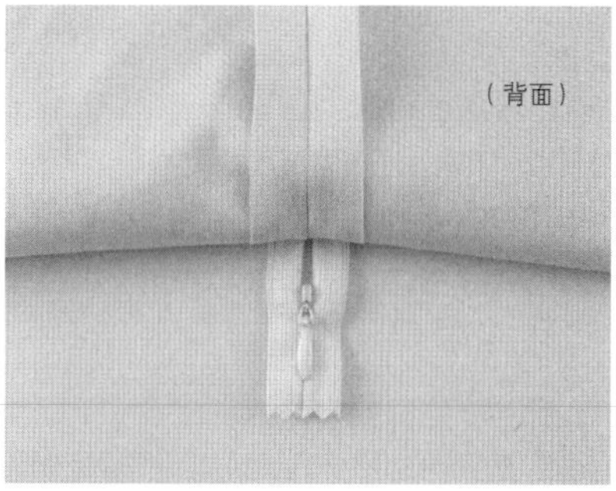

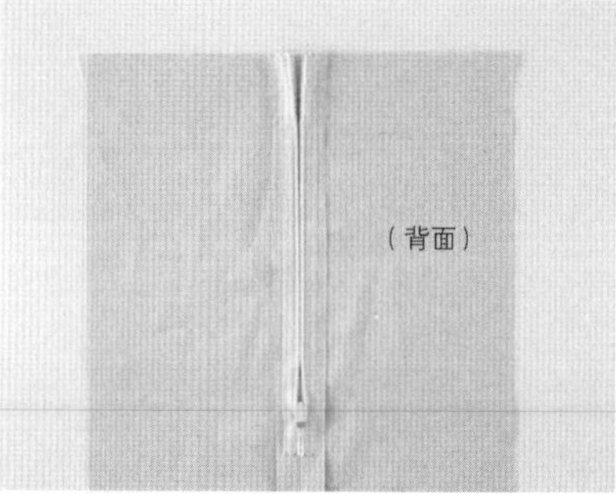

6. 将拉片从止缝处的接缝的缝隙拉到背面，将拉头向下拉到下止处。

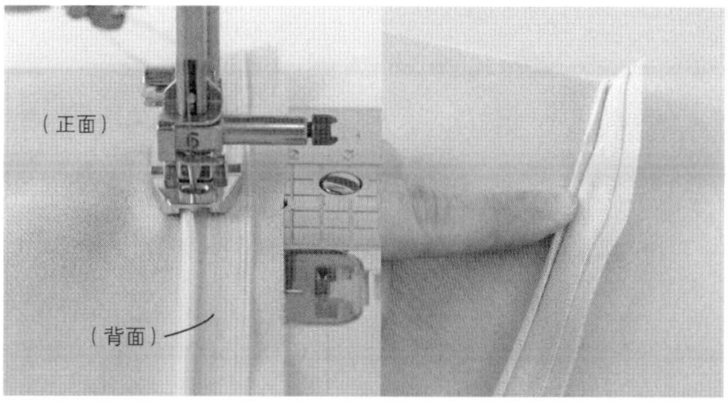

7.将压脚换成隐形拉链压脚。把面料翻至正面打开缝份，将拉链的链齿放入压脚左边的沟槽里缝合。

使用隐形拉链压脚的话，可以一边掀起链齿一边缝合。

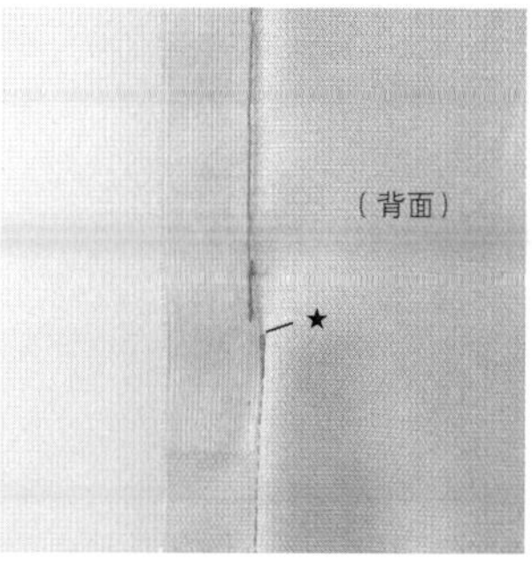

8.在离★1针的位置收针停止。

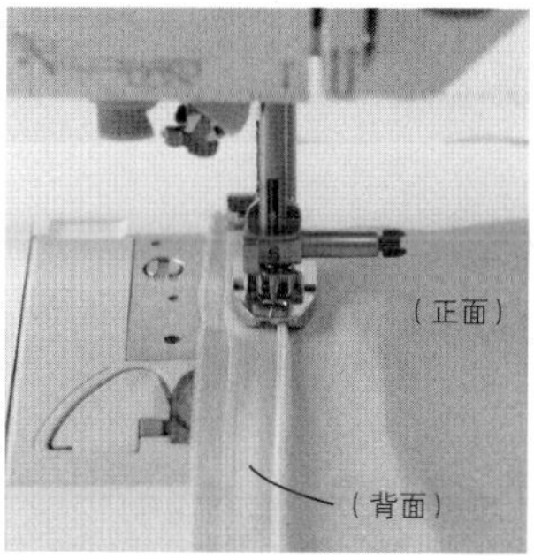

9.打开另一侧的缝份，将链齿放入压脚右侧的沟槽里缝合到离★1针的位置。

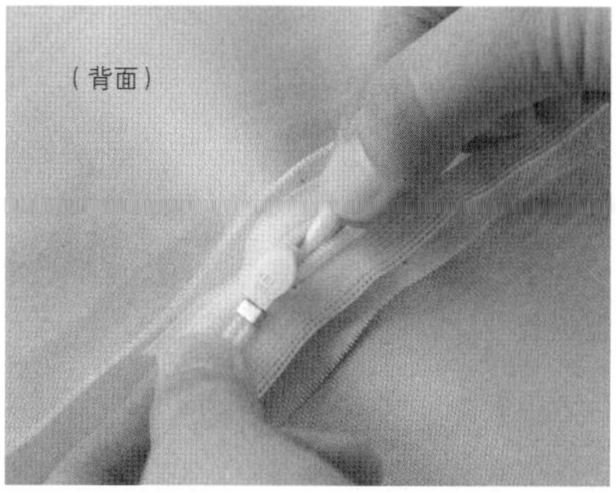

10.将拉头拉到上面。

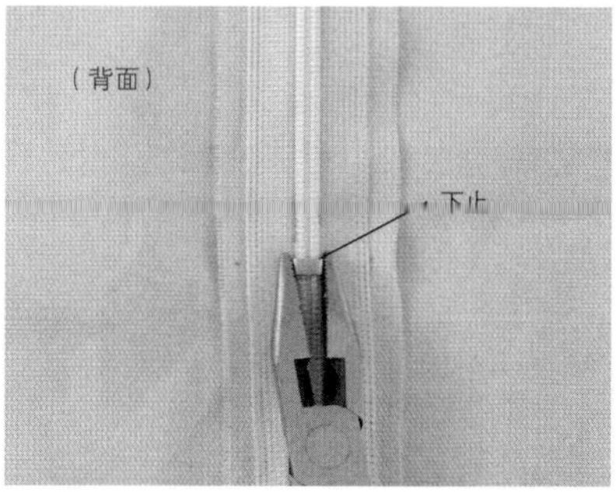

11.将下止挪到开口止缝处，用尖嘴钳捏紧固定。

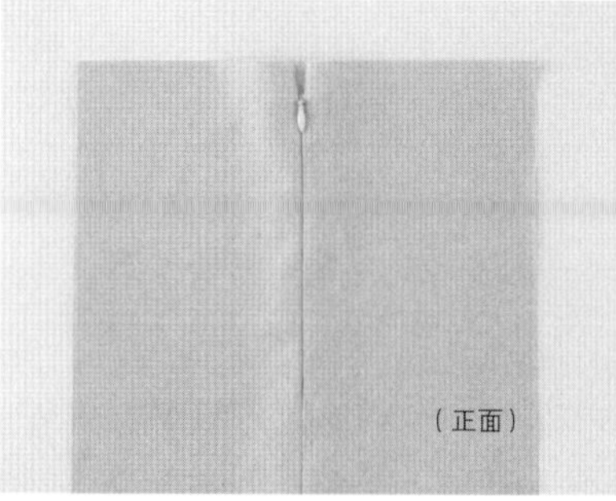

12.隐形拉链缝好了。

关于衬里

需要添加衬里的情况，可根据设计和面料等大致分为3大类。
1. 全袖里（只在身片和袖子上添加）；
2. 只在身片上添加衬里；
3. 只在裙子上添加衬里（用于接腰裙的设计）。衬里的形状与表布相同，只是下摆和袖口稍短。

●全袖里（只在身片和袖子上添加）

身片的衬里要比身片的表布短3cm，袖子的衬里要比袖子的表布短2cm。领口加贴边的情况下，要控制贴边的量。

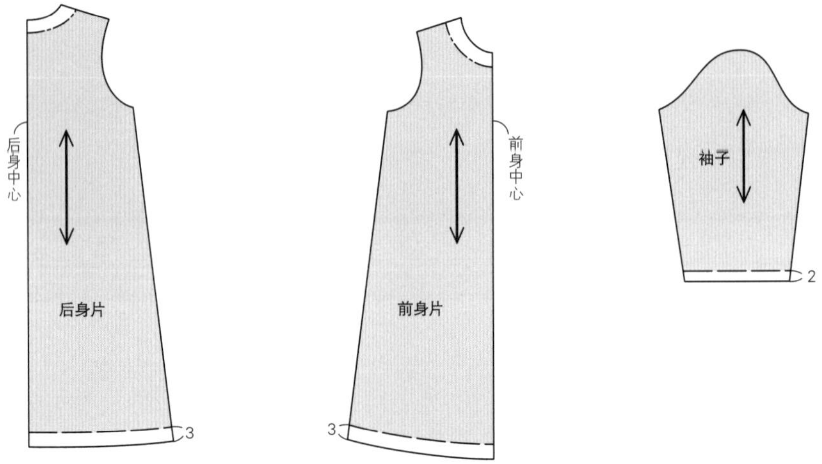

●只在身片上添加衬里

身片的衬里要比身片的表布短3cm。领口和袖口加贴边的情况下，要控制贴边的量。

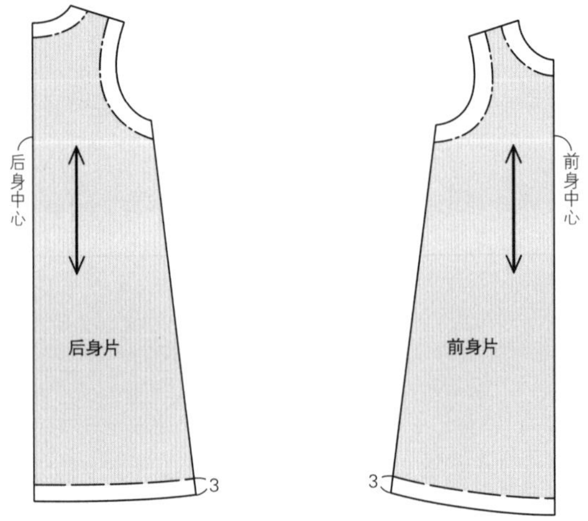

●只在裙子上添加衬里

裙子的衬里要比裙子的表布短3cm。而且，抽褶裙的抽褶量大的情况下，衬里的宽度要比表布的少，如果抽褶换成打褶的话，衬里的厚度要薄一些。

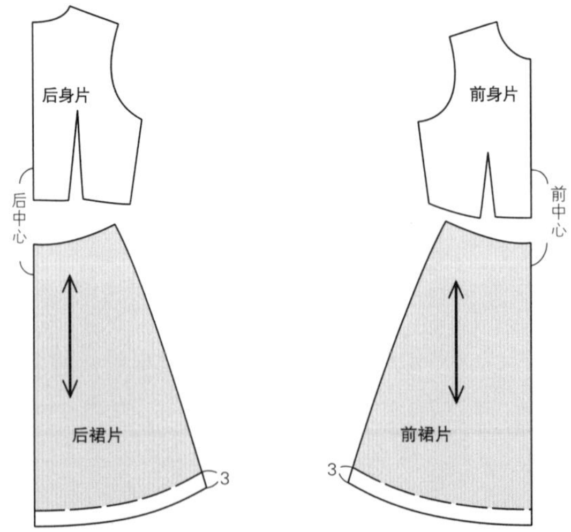

制作方法

How to make

●

制作方法页上的裁剪方法图,最大的就是15码。

因为尺寸和布幅的不同,有时需要调整,

请将纸样放在面料上确认之后再裁剪。

●

需要对接花纹或需要沿着一个方向裁剪时,

请准备比所需尺寸更多的面料。

●

实物等大纸样只标示了标准线。

贴边等请根据需要足量添加。

●

裁剪方法图中只用直线标注尺寸的部件没有纸样。

请在面料上直接画线裁剪。

A字型连衣裙…18页

实物等大纸样

前身片…[A]A字型 前身片（基本款）

后身片…[B]A字型 后身片（基本款）

※领口贴边、袖口贴边从身片上裁下来（请参照83页）

※中长款的衣长加长10cm，长款的衣长加长20cm（请参照15页的修改衣长-1）

材料

30s弹性巴宝莉…120cm宽×<常规款>210/220/230/230/230cm

<中长款>230/240/250/250/250cm

<长款>250/260/270/270/270cm

黏合衬…30cm×60cm

防拉伸衬条…1.2cm宽×120cm

隐形拉链…56cm×1条

成品尺寸

衣长…<常规款>95/97.5/100.5/100.5/100.5cm

<中长款>105/107.5/110.5/110.5/110.5cm

<长款>115/117.5/120.5/120.5/120.5cm

胸围…92/96/100/105/110cm

※从左边或上边开始分别为 7/9/11/13/15 码的尺寸

裁剪方法图

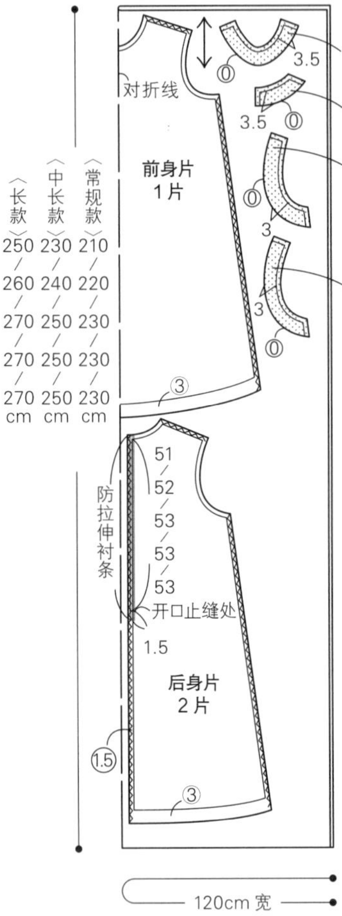

※○内的数字表示缝份，指定以外的缝份均为1cm

※ ░░ 表示背面粘贴黏合衬

※后身中心粘贴防拉伸衬条

※ ᨓᨓ 表示用Z形机缝处理缝份布边

缝制顺序

※参照裁剪方法图裁布，在指定位置粘贴黏合衬和防拉伸衬条，用Z形机缝处理布边

1. 将拉链缝到后身片中心

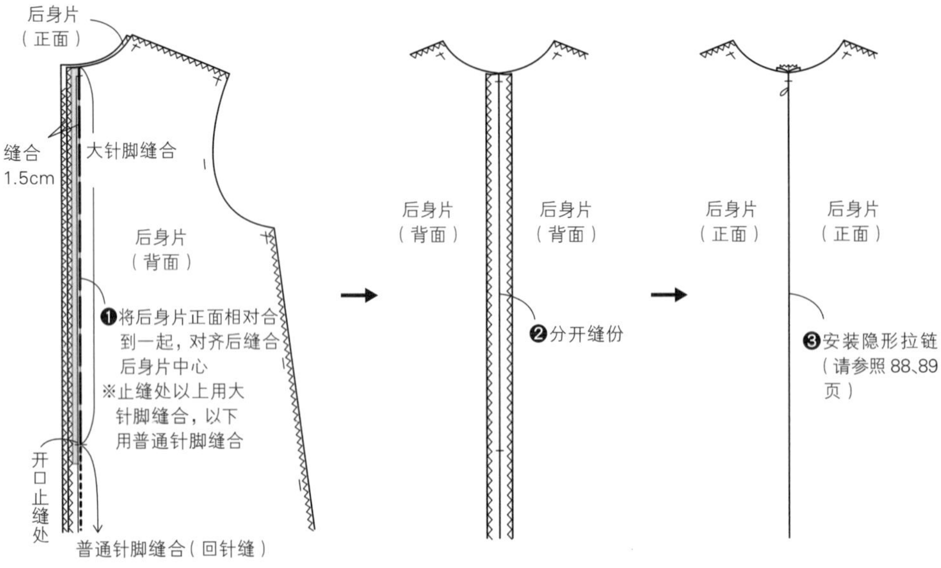

2. 缝合身片、领口贴边的肩部

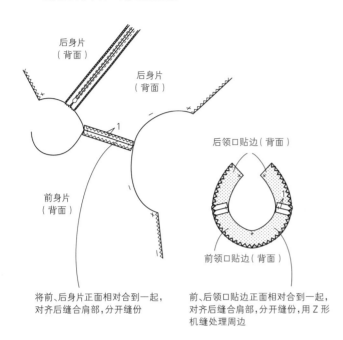

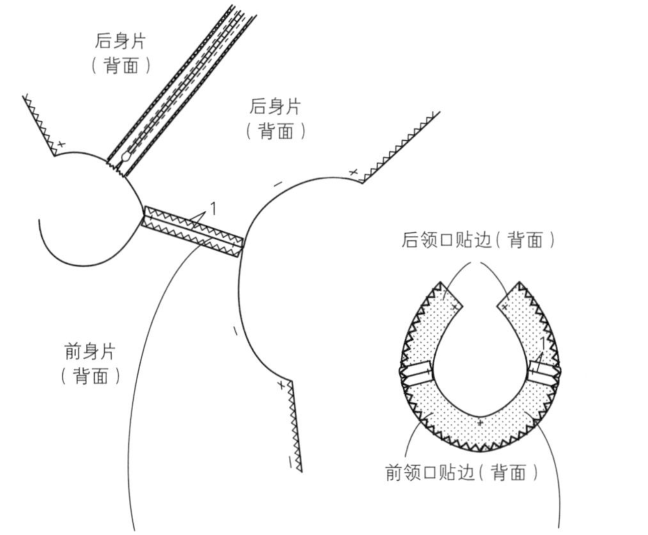

将前、后身片正面相对合到一起，对齐后缝合肩部，分开缝份

前、后领口贴边正面相对合到一起，对齐后缝合肩部，分开缝份，用 Z 形机缝处理周边

3. 用领口贴边处理领口

❶将身片和贴边正面相对合到一起，对齐后缝合，在领口处剪牙口，剪去尖角

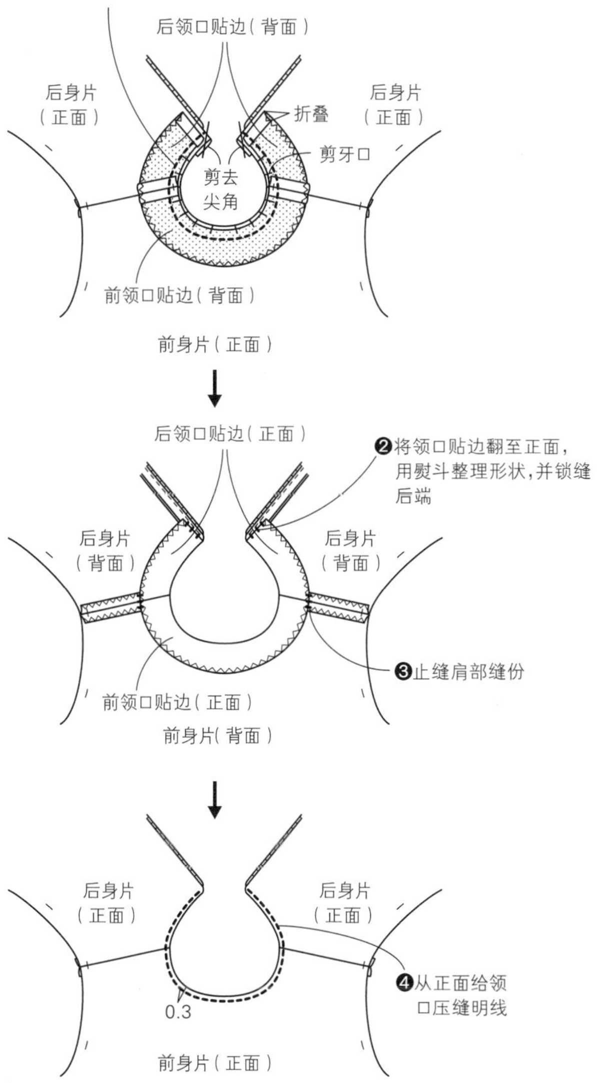

4. 缝合袖口贴边的肩部，处理袖口

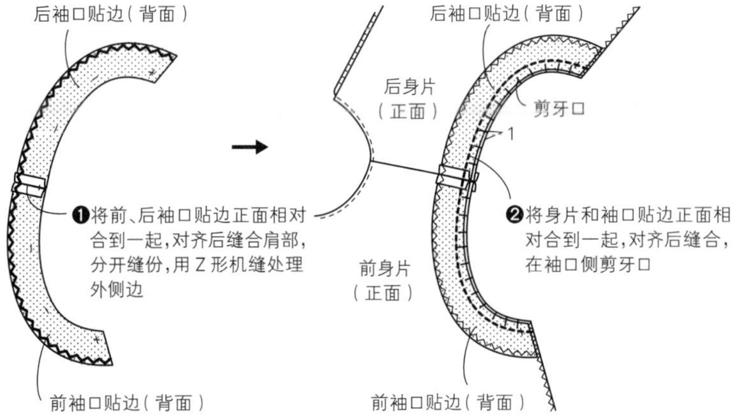

5. 缝合侧缝

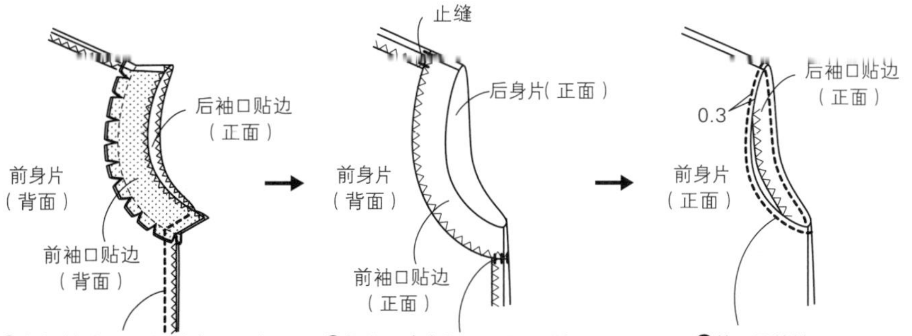

❶将侧缝处正面相对合到一起对齐后，从贴边开始连续缝合，分开缝份

❷将袖口贴边翻至正面，用熨斗整理形状，止缝肩部、侧缝的缝份

❸从正面给袖口压缝明线

6 裙摆折一折后缝合

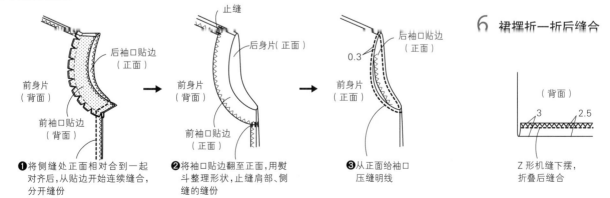

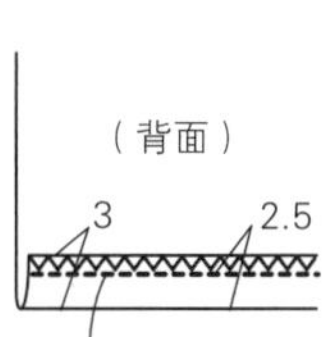

Z 形机缝下摆，折叠后缝合

交叉式V领连衣裙…20页

实物等大纸样

前身片…[A] 交叉式V领连衣裙 前身片
后身片…[A] 中腰型、低腰型 后身片
袖子…[B] 五分袖 灯笼袖
袖子衬里…[E] 基本款袖子（五分袖）
※前、后裙片均按照裁剪方法图的尺寸裁剪

材料

利伯蒂印花布・帆布面料…约108cm宽×395/405/415/415/415cm
平纹布（袖子衬里）…110cm宽×40cm
天鹅绒带子…2cm宽×120cm
内侧用带子…1cm宽×110cm
折一折的斜裁布条…12.7mm宽×125cm

成品尺寸

衣长…115.5/118/120.5/120.5/120.5cm
胸围…92/96/100/105/110cm
袖长…29.5/32/34.5/34.5/34.5cm

※从左边或上边开始分别为 7/9/11/13/15 码的尺寸

裁剪方法图

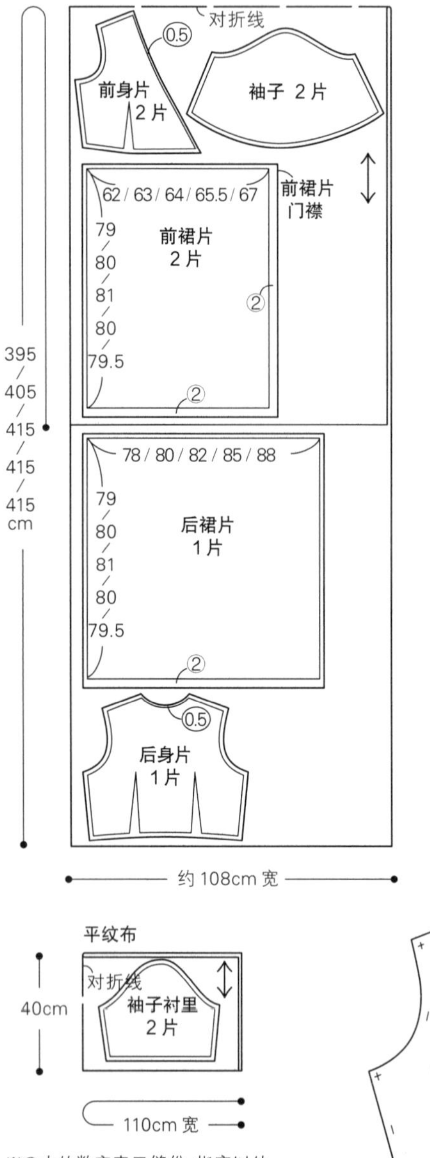

※○内的数字表示缝份，指定以外的缝份均为1cm

缝制顺序

※参照裁剪方法图裁布

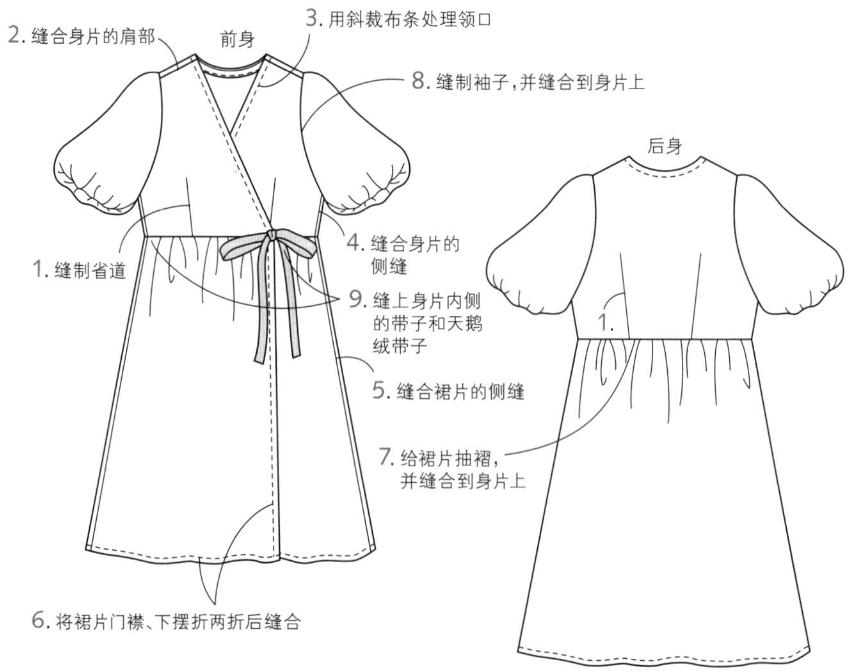

1. 缝制省道

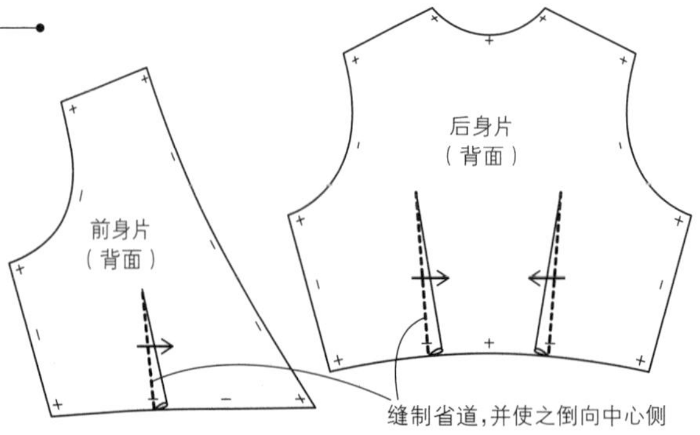

2. 缝合身片的肩部

将前、后身片正面相对合到一起，对齐后缝合肩部，再将2层缝份合到一起Z形机缝

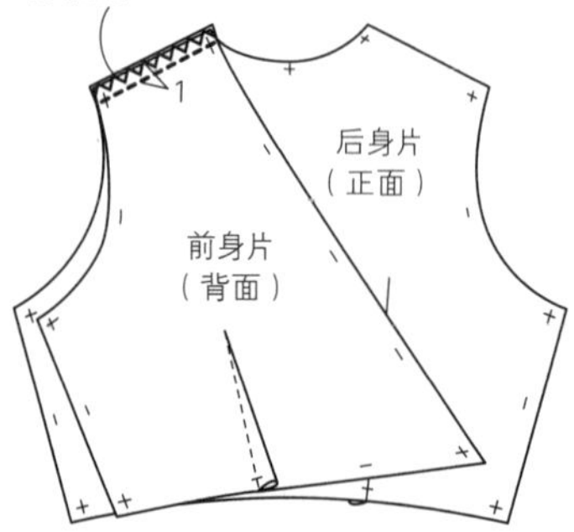

3. 用斜裁布条处理领口

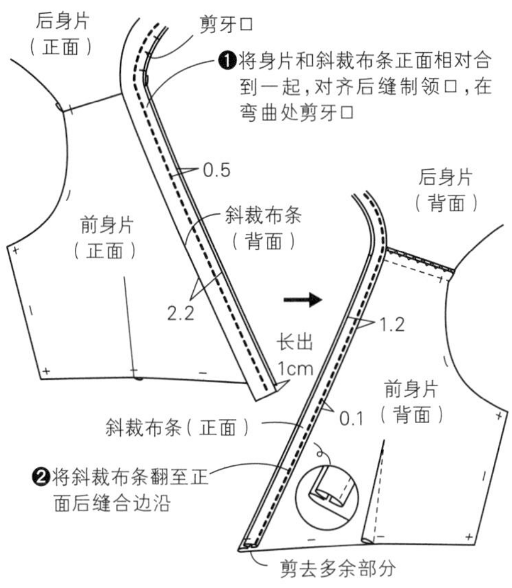
后身片
（正面）
剪牙口
❶将身片和斜裁布条正面相对合到一起，对齐后缝制领口，在弯曲处剪牙口
0.5
前身片
（正面）
斜裁布条
（背面）
2.2
后身片
（背面）
1.2
长出
1cm
前身片
（背面）
斜裁布条（正面）
0.1
❷将斜裁布条翻至正面后缝合边沿
剪去多余部分

4. 缝合身片的侧缝

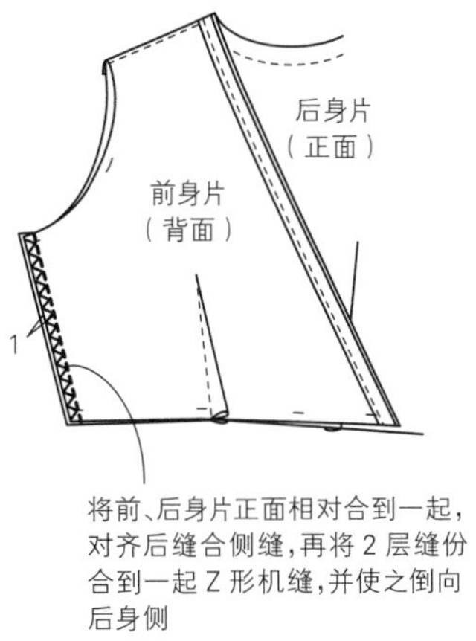
后身片
（正面）
前身片
（背面）
1
将前、后身片正面相对合到一起，对齐后缝合侧缝，再将 2 层缝份合到一起 Z 形机缝，并使之倒向后身侧

5. 缝合裙片的侧缝

6. 将裙片门襟、下摆折两折后缝合

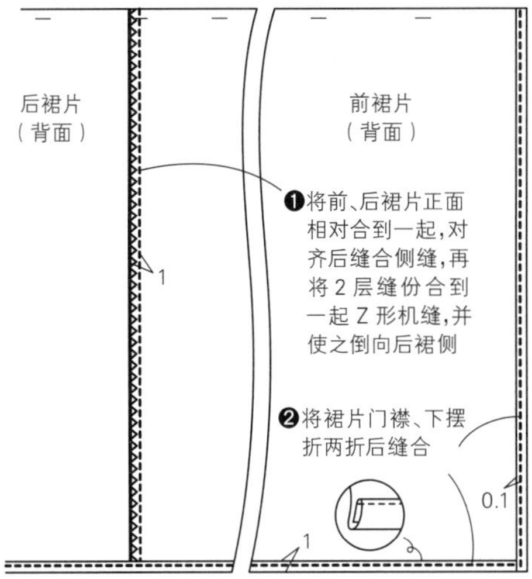
后裙片
（背面）
前裙片
（背面）
❶将前、后裙片正面相对合到一起，对齐后缝合侧缝，再将 2 层缝份合到一起 Z 形机缝，并使之倒向后裙侧
1
❷将裙片门襟、下摆折两折后缝合
0.1
1

7. 给裙片抽褶，并缝合到身片上

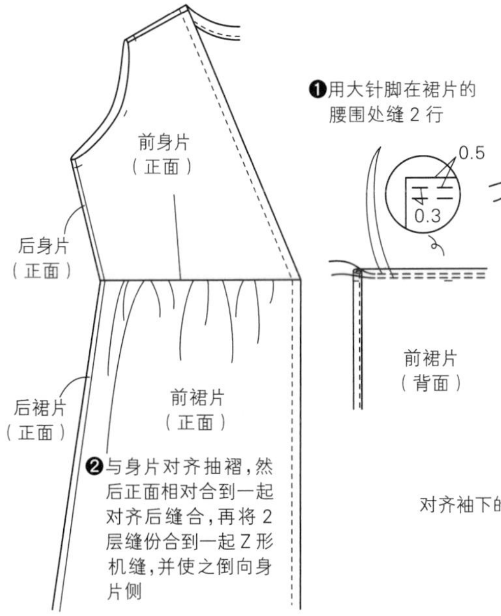
前身片
（正面）
❶用大针脚在裙片的腰围处缝 2 行
0.5
0.3
后身片
（正面）
前裙片
（背面）
后裙片
（正面）
前裙片
（正面）
❷与身片对齐抽褶，然后正面相对合到一起对齐后缝合，再将 2 层缝份合到一起 Z 形机缝，并使之倒向身片侧

8. 缝制袖子，并缝合到身片上

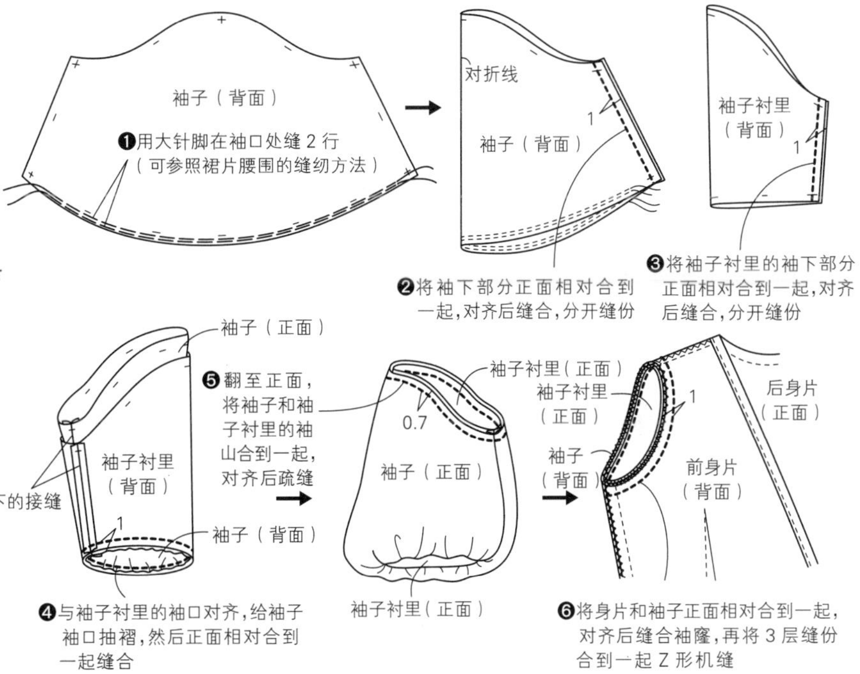
袖子（背面）
❶用大针脚在袖口处缝 2 行
（可参照裙片腰围的缝纫方法）
对折线
1
袖子（背面）
袖子衬里
（背面）
1
❷将袖下部分正面相对合到一起，对齐后缝合，分开缝份
❸将袖子衬里的袖下部分正面相对合到一起，对齐后缝合，分开缝份
袖子（正面）
❺翻至正面，将袖子和袖子衬里的袖山合到一起，对齐后疏缝
对齐袖下的接缝
袖子衬里
（背面）
1
袖子（背面）
❹与袖子衬里的袖口对齐，给袖子袖口抽褶，然后正面相对合到一起缝合
袖子衬里（正面）
0.7
袖子（正面）
袖子衬里（正面）
袖子衬里
（正面）
1
袖子
（背面）
后身片
（正面）
前身片
（背面）
❻将身片和袖子正面相对合到一起，对齐后缝合袖窿，再将 3 层缝份合到一起 Z 形机缝

9. 缝上身片内侧的带子和天鹅绒带子

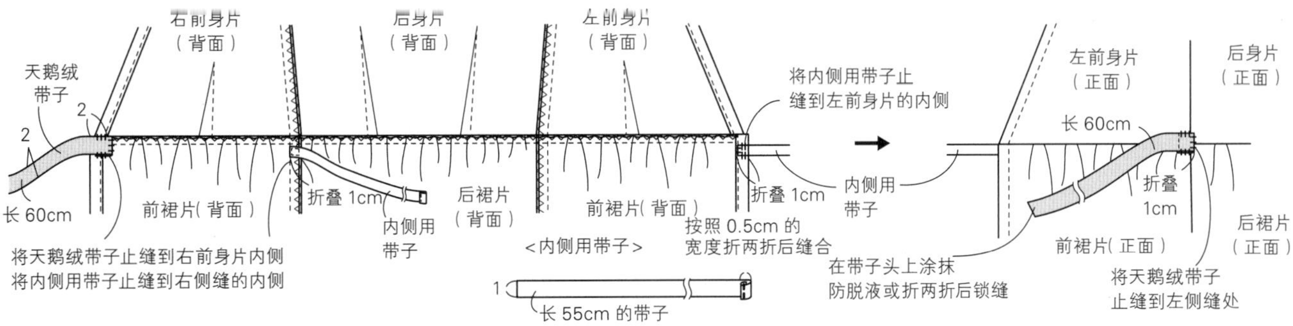
右前身片
（背面）
后身片
（背面）
左前身片
（背面）
天鹅绒
带子
2
2
长 60cm
前裙片（背面）
折叠 1cm
内侧用
带子
后裙片
（背面）
前裙片（背面）
折叠 1cm
将内侧用带子止缝到左前身片的内侧
内侧用
带子
将天鹅绒带子止缝到右前身片内侧
将内侧用带子止缝到右侧缝的内侧
<内侧用带子>
按照 0.5cm 的宽度折两折后缝合
1
长 55cm 的带子
左前身片
（正面）
后身片
（正面）
长 60cm
折叠
1cm
前裙片（正面）
后裙片
（正面）
在带子头上涂抹防脱液或折两折后锁缝
将天鹅绒带子止缝到左侧缝处

特大款连衣裙…21页

实物等大纸样

前身片…[E] 特大款连衣裙　前身片(喇叭型)
后身片…[E] 特大款连衣裙　后身片(喇叭型)
※领口贴边、袖口贴边从身片上裁下(请参照83页)
※短门襟用布请按照裁剪方法图裁剪

材料

原色亚麻面料…105cm宽×210/220/230cm
※13、15码所需面料的幅宽为110cm以上
黏合衬…40cm×60cm
扣子…直径1.3cm×4个

成品尺寸

衣长…95/97.5/100.5cm
胸围…106/110/115cm

※从左边或上边开始分别为7/9、11/13、15码的尺寸

裁剪方法图

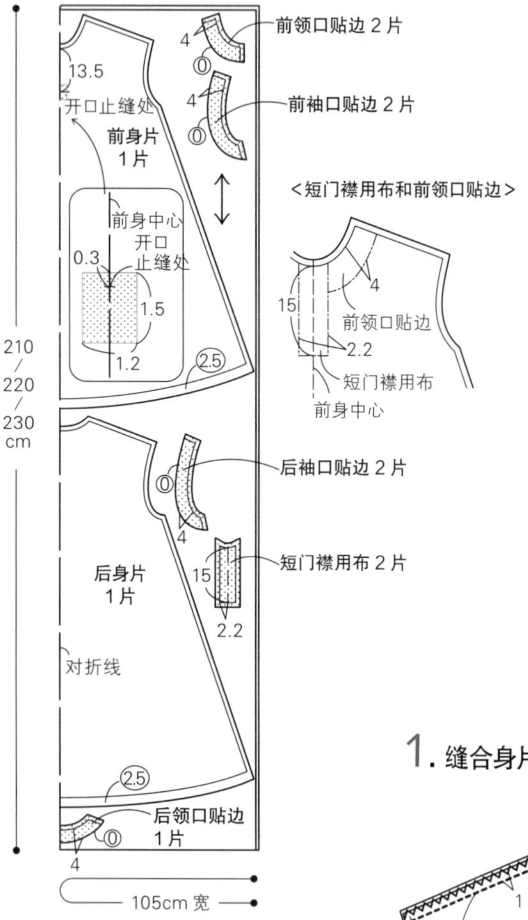

※○内的数字表示缝份,指定以外的缝份均为1cm
※▒表示背面粘贴黏合衬
※裁剪方法图中是7/9、11/13码的尺寸

缝制顺序

※参照裁剪方法图裁布,在指定位置粘贴黏合衬

1. 缝合身片、领口贴边的肩部

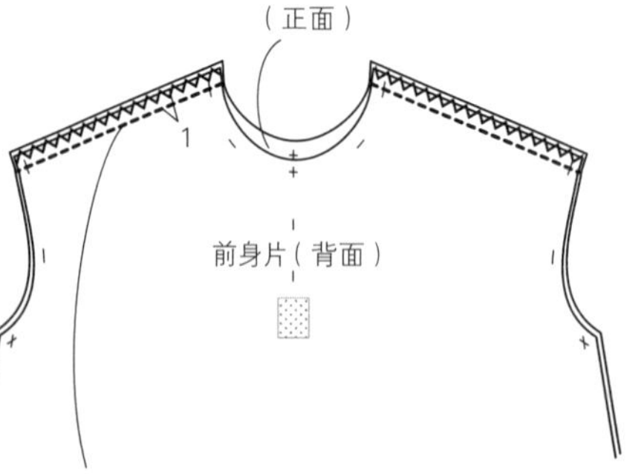

将前、后身片正面相对合到一起,对齐后缝合肩部,再将2层缝份合到一起Z形机缝,并使之倒向后身侧

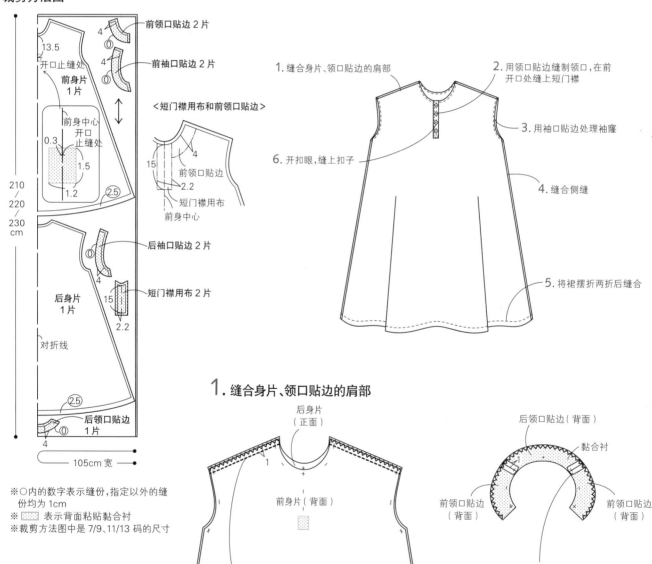

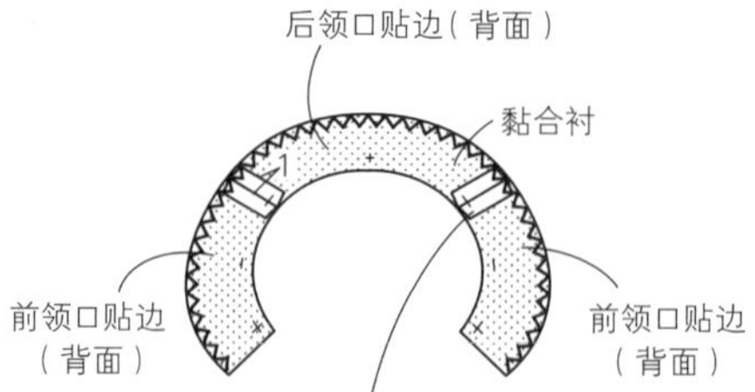

将前、后领口贴边正面相对合到一起,对齐后缝合肩部,分开缝份,Z形机缝外侧边

2. 用领口贴边缝制领口，在前开口处缝上短门襟

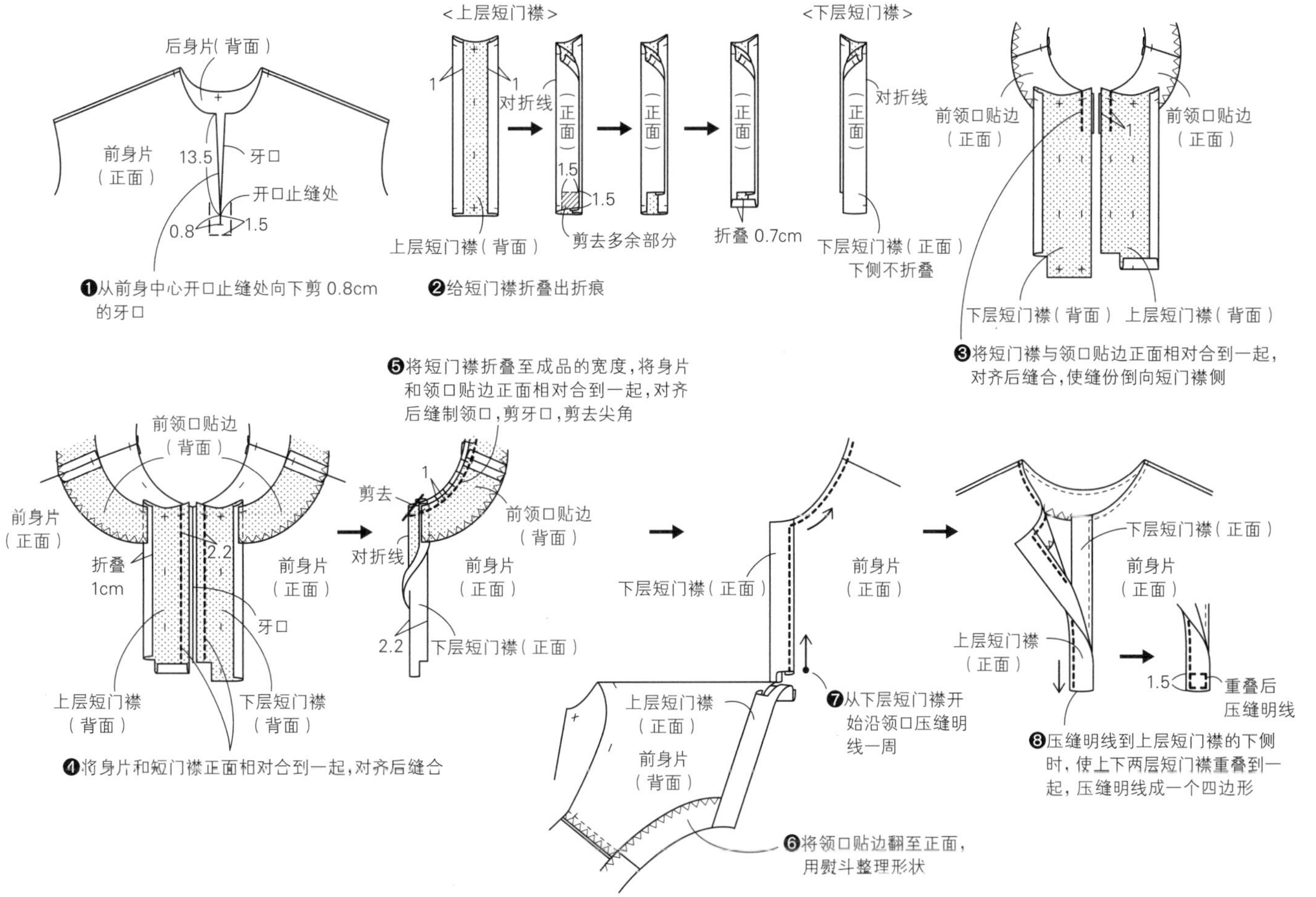

后身片（背面）
前身片（正面）
13.5
牙口
开口止缝处
0.8
1.5
❶从前身中心开口止缝处向下剪 0.8cm 的牙口
<上层短门襟>
1
1
对折线
（正面）
1.5
1.5
上层短门襟（背面）
剪去多余部分
折叠 0.7cm
<下层短门襟>
对折线
（正面）
下层短门襟（正面）下侧不折叠
❷给短门襟折叠出折痕
前领口贴边（正面）
前领口贴边（正面）
1
下层短门襟（背面）
上层短门襟（背面）
❸将短门襟与领口贴边正面相对合到一起，对齐后缝合，使缝份倒向短门襟侧
前领口贴边（背面）
前身片（正面）
折叠 1cm
2.2
前身片（正面）
牙口
上层短门襟（背面）
下层短门襟（背面）
❹将身片和短门襟正面相对合到一起，对齐后缝合
❺将短门襟折叠至成品的宽度，将身片和领口贴边正面相对合到一起，对齐后缝制领口，剪牙口，剪去尖角
1
剪去
对折线
前领口贴边（背面）
前身片（正面）
2.2
下层短门襟（正面）
下层短门襟（正面）
前身片（正面）
上层短门襟（正面）
前身片（背面）
❻将领口贴边翻至正面，用熨斗整理形状
❼从下层短门襟开始沿领口压缝明线一周
下层短门襟（正面）
前身片（正面）
上层短门襟（正面）
1.5
重叠后压缝明线
❽压缝明线到上层短门襟的下侧时，使上下两层短门襟重叠到一起，压缝明线成一个四边形

3. 用袖口贴边处理袖窿

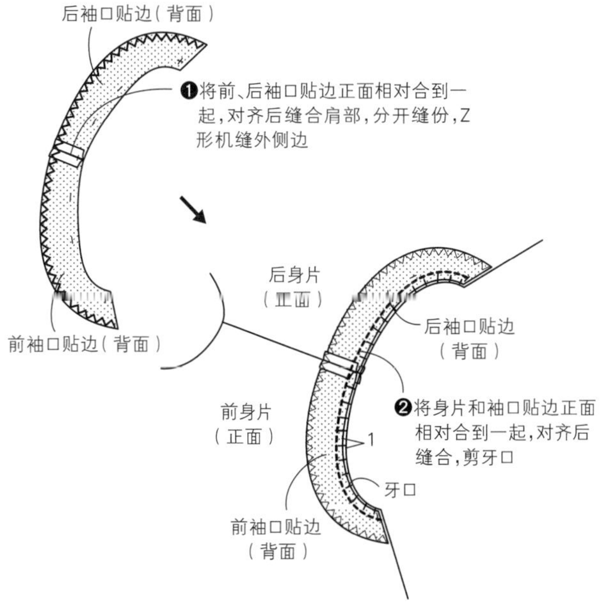

后袖口贴边（背面）
❶将前、后袖口贴边正面相对合到一起，对齐后缝合肩部，分开缝份，Z形机缝外侧边
前袖口贴边（背面）
后身片（正面）
后袖口贴边（背面）
前身片（正面）
❷将身片和袖口贴边正面相对合到一起，对齐后缝合，剪牙口
1
牙口
前袖口贴边（背面）

4. 缝合侧缝

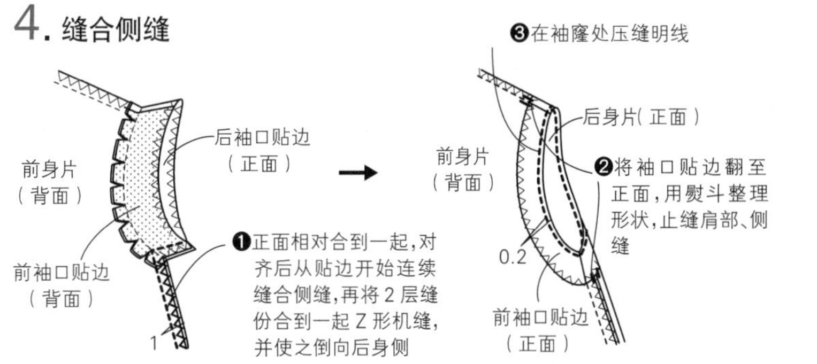

前身片（背面）
后袖口贴边（正面）
前袖口贴边（背面）
❶正面相对合到一起，对齐后从贴边开始连续缝合侧缝，再将 2 层缝份合到一起 Z 形机缝，并使之倒向后身侧
1
❸在袖窿处压缝明线
后身片（正面）
前身片（背面）
❷将袖口贴边翻至正面，用熨斗整理形状，止缝肩部、侧缝
0.2
前袖口贴边（正面）

5. 将裙摆折两折后缝合

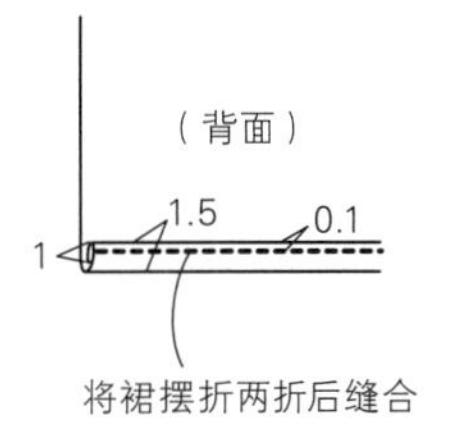

（背面）
1.5
0.1
1
将裙摆折两折后缝合

6. 开扣眼，缝上扣子

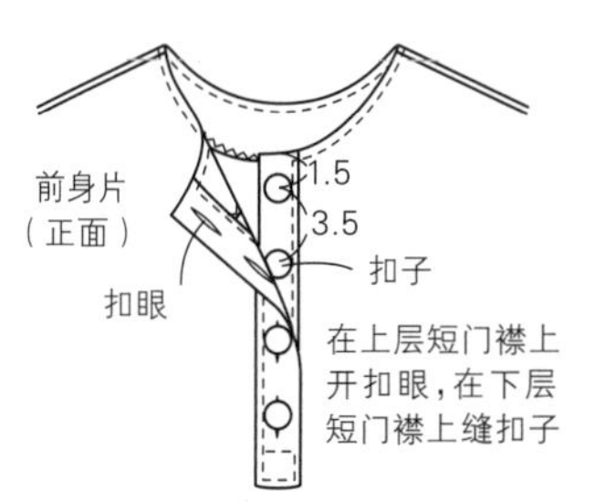

前身片（正面）
1.5
3.5
扣子
扣眼
在上层短门襟上开扣眼，在下层短门襟上缝扣子

圆翻领连衣裙…22页

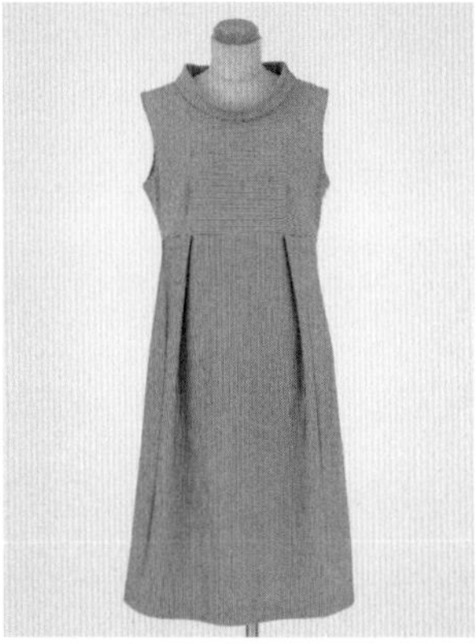

实物等大纸样

前身片…[B] 高腰型 前身片
后身片…[B] 高腰型 后身片
前领口…[E] 前领口① (圆翻领)
后领口…[E] 后领口① (圆翻领)
※领口贴边、袖口贴边从身片上裁下(请参照83页)
※前、后裙片的尺寸见38页
※领子可按照裁剪方法图的尺寸裁剪(本作品鉴于面料的线条花纹，所以选择了直线型，纯色面料的话可使用86页的纸样)

材料

泡泡纱弹力针织面料…160cm宽×180/190/200/200/200cm
黏合衬…90cm×30cm
防拉伸衬条…1.2cm宽×80cm
隐形拉链…56cm×1条

成品尺寸

衣长…95/97/100/100/100cm
胸围…92/96/100/105/110cm

※从左边或上边开始分别为7/9/11/13/15码的尺寸

裁剪方法图

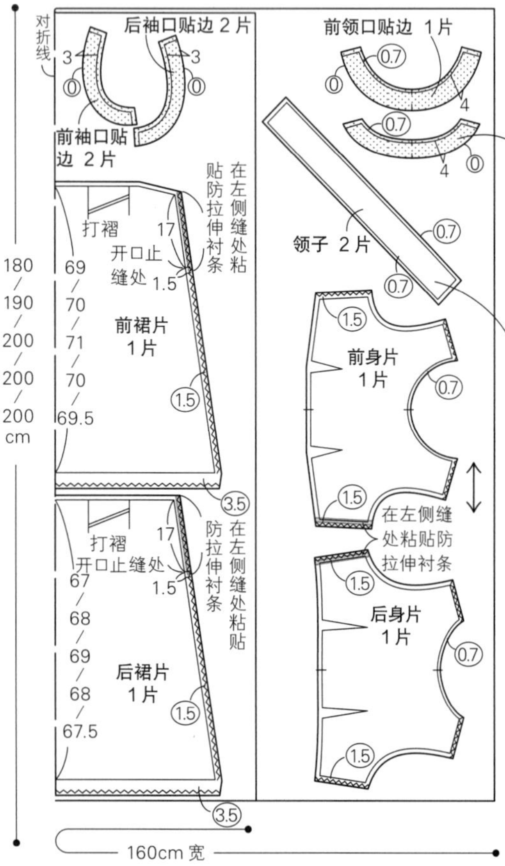

※○内的数字表示缝份，指定以外的缝份均为1cm
※▒表示背面粘贴黏合衬
※在左侧缝处粘贴防拉伸衬条
※ 〰表示用Z形机缝处理缝份

〈领子的尺寸〉

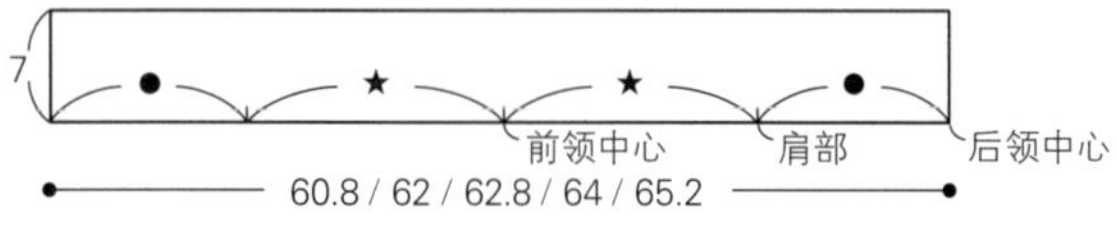

●=13.3 / 13.7 / 13.9 / 14.1 / 14.4
★=17.1 / 17.3 / 17.5 / 17.9 / 18.2

缝制顺序

※参照裁剪方法图裁布，在指定位置粘贴黏合衬和防拉伸衬条，用Z形机缝处理缝份

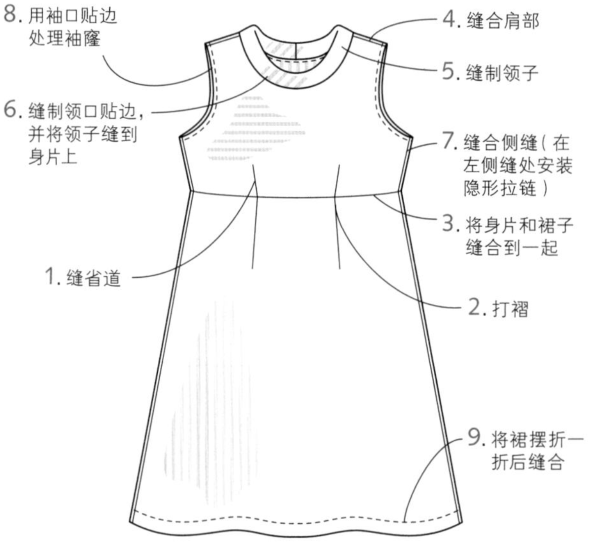

1. 缝省道

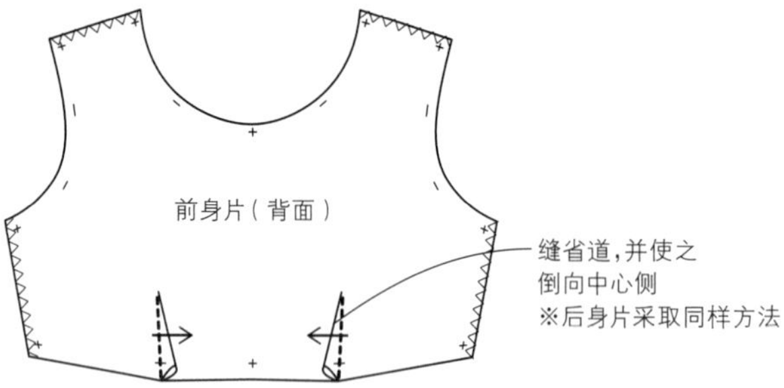

2. 打褶

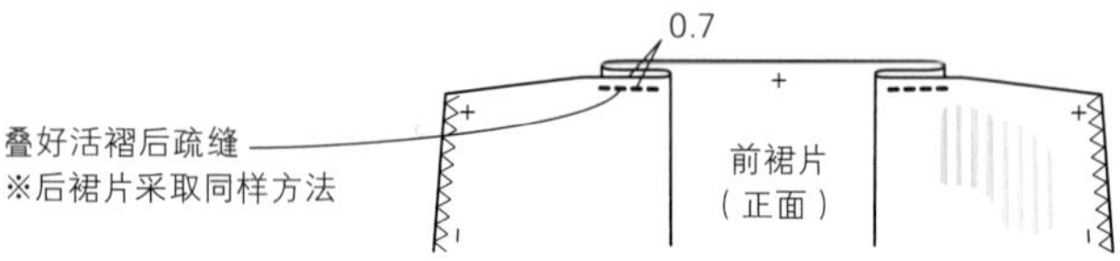

3. 将身片和裙子缝合到一起

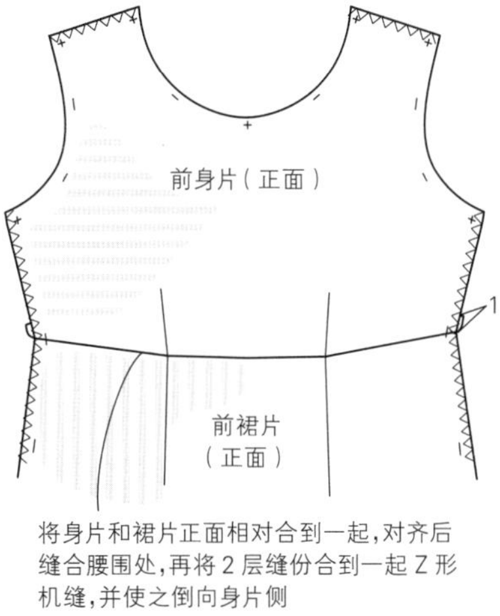

前身片（正面）
1
前裙片
（正面）
将身片和裙片正面相对合到一起，对齐后缝合腰围处，再将2层缝份合到一起Z形机缝，并使之倒向身片侧

4. 缝合肩部

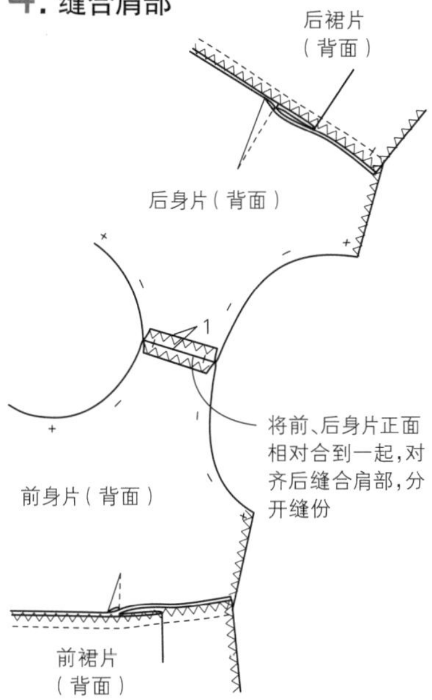

后裙片
（背面）
后身片（背面）
1
将前、后身片正面相对合到一起，对齐后缝合肩部，分开缝份
前身片（背面）
前裙片
（背面）

5. 缝制领子

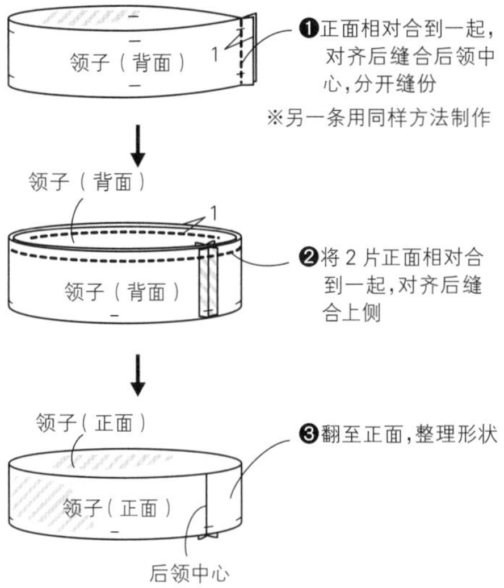

领子（背面）
1
❶正面相对合到一起，对齐后缝合后领中心，分开缝份
※另一条用同样方法制作
领子（背面）
1
领子（背面）
❷将2片正面相对合到一起，对齐后缝合上侧
领子（正面）
❸翻至正面，整理形状
领子（正面）
后领中心

6. 缝制领口贴边，并将领子缝到身片上

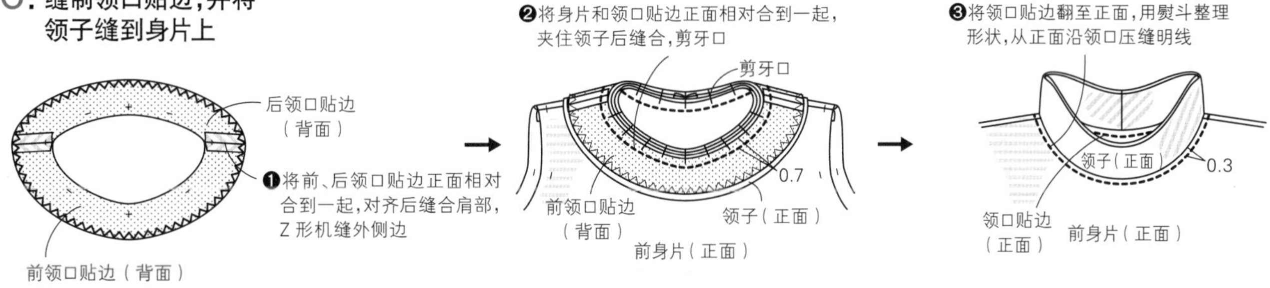

后领口贴边
（背面）
❶将前、后领口贴边正面相对合到一起，对齐后缝合肩部，Z形机缝外侧边
前领口贴边（背面）
❷将身片和领口贴边正面相对合到一起，夹住领子后缝合，剪牙口
剪牙口
0.7
前领口贴边
（背面）
领子（正面）
前身片（正面）
❸将领口贴边翻至正面，用熨斗整理形状，从正面沿领口压缝明线
领子（正面）
0.3
领口贴边
（正面）
前身片（正面）

7. 缝合侧缝（在左侧缝处安装隐形拉链）

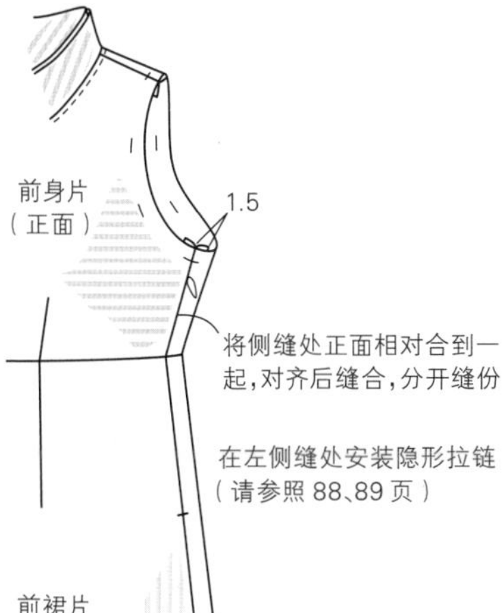

前身片
（正面）
1.5
将侧缝处正面相对合到一起，对齐后缝合，分开缝份
在左侧缝处安装隐形拉链（请参照88、89页）
前裙片
（正面）

8. 用袖口贴边处理袖窿

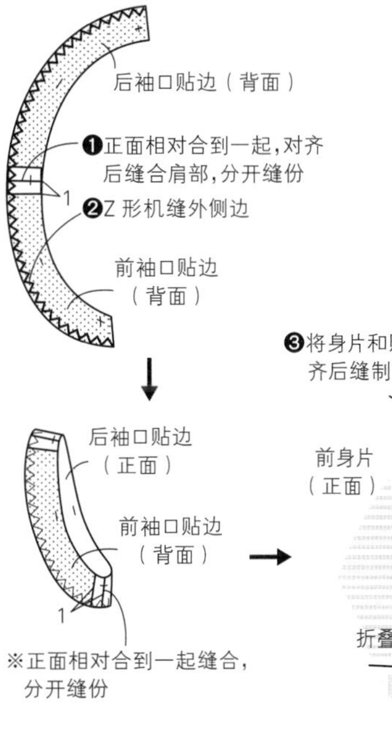

后袖口贴边（背面）
❶正面相对合到一起，对齐后缝合肩部，分开缝份
1
❷Z形机缝外侧边
前袖口贴边
（背面）
后袖口贴边
（正面）
前袖口贴边
（背面）
1
※正面相对合到一起缝合，分开缝份

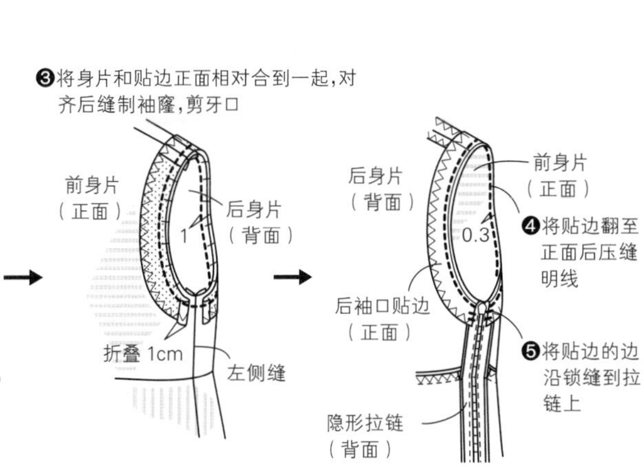

❸将身片和贴边正面相对合到一起，对齐后缝制袖窿，剪牙口
前身片
（正面）
1
后身片
（背面）
折叠1cm
左侧缝
后身片
（背面）
前身片
（正面）
0.3
❹将贴边翻至正面后压缝明线
后袖口贴边
（正面）
❺将贴边的边沿锁缝到拉链上
隐形拉链
（背面）

9. 将裙摆折一折后缝合

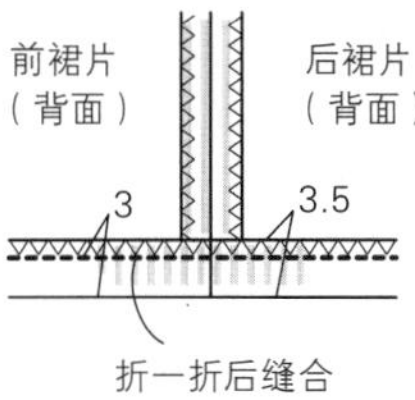

前裙片
（背面）
后裙片
（背面）
3
3.5
折一折后缝合

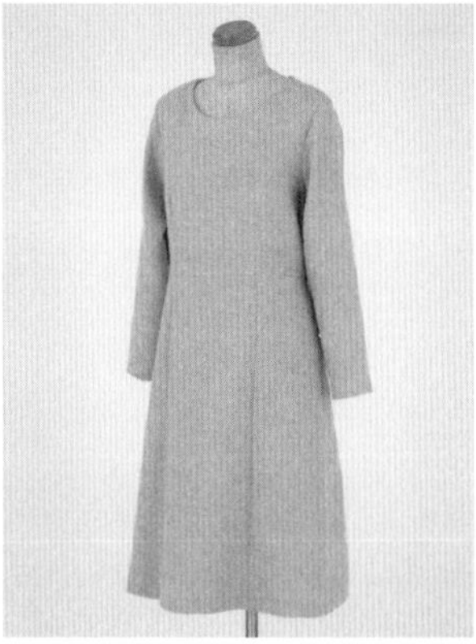

※从左边或上边开始分别为 7/9/11/13/15 码的尺寸

刀背线型连衣裙…23页

实物等大纸样

前中片、前侧片…[C]刀背线型 前身片（基本款）
后中片、后侧片…[D]刀背线型 后身片（基本款）
袖子…[E]基本款袖子（长袖）
前领口…[E]前领口①[圆领口（宽大型）]
后领口…[E]后领口①[圆领口（宽大型）]
※贴边从身片上裁下（请参照83页）
※身片衬里的长度要比表布平行着缩短3cm
※身片衬里的领口控制在贴边的4cm处
※袖子衬里的长度要比表布平行着缩短2cm

材料

混合粗呢面料…110cm宽×290/300/310/310/310cm
人造丝绸…92cm宽×350/360/370/370/370cm
黏合衬…65cm×20cm
防拉伸衬条…1.2cm宽×120cm
隐形拉链…56cm×1条

成品尺寸

衣长…95/97.5/100.5/100.5/100.5cm
胸围…91.2/95.2/99.2/104.2/109.2cm

裁剪方法图

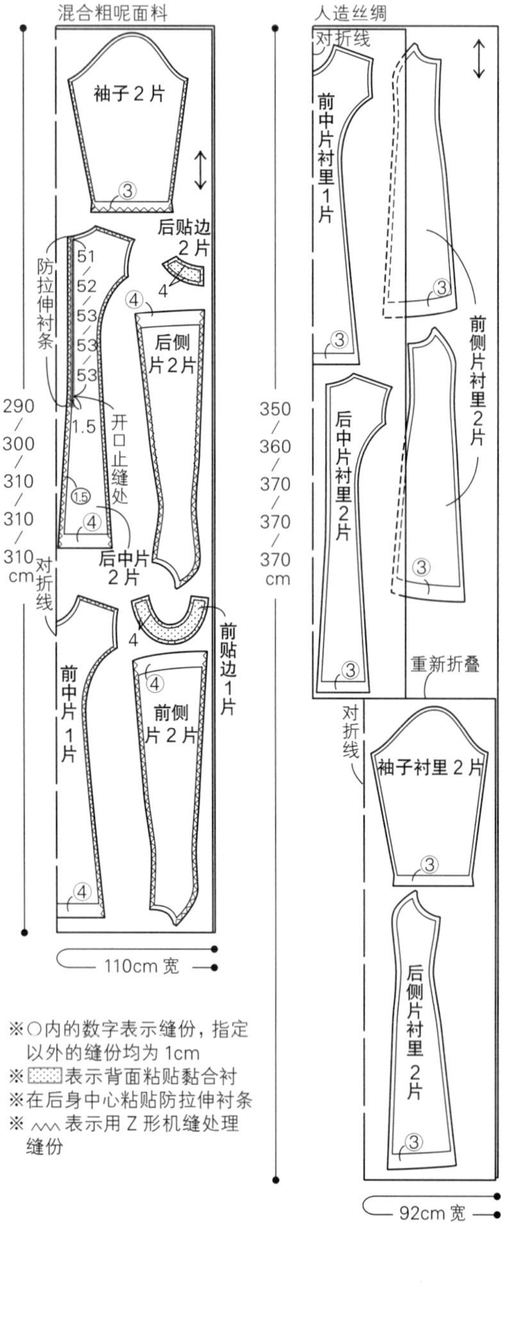

※○内的数字表示缝份，指定以外的缝份均为1cm
※▒表示背面粘贴黏合衬
※在后身中心粘贴防拉伸衬条
※〰表示用Z形机缝处理缝份

缝制顺序

※参照裁剪方法图裁布，在指定位置粘贴黏合衬和防拉伸衬条，用Z形机缝处理缝份

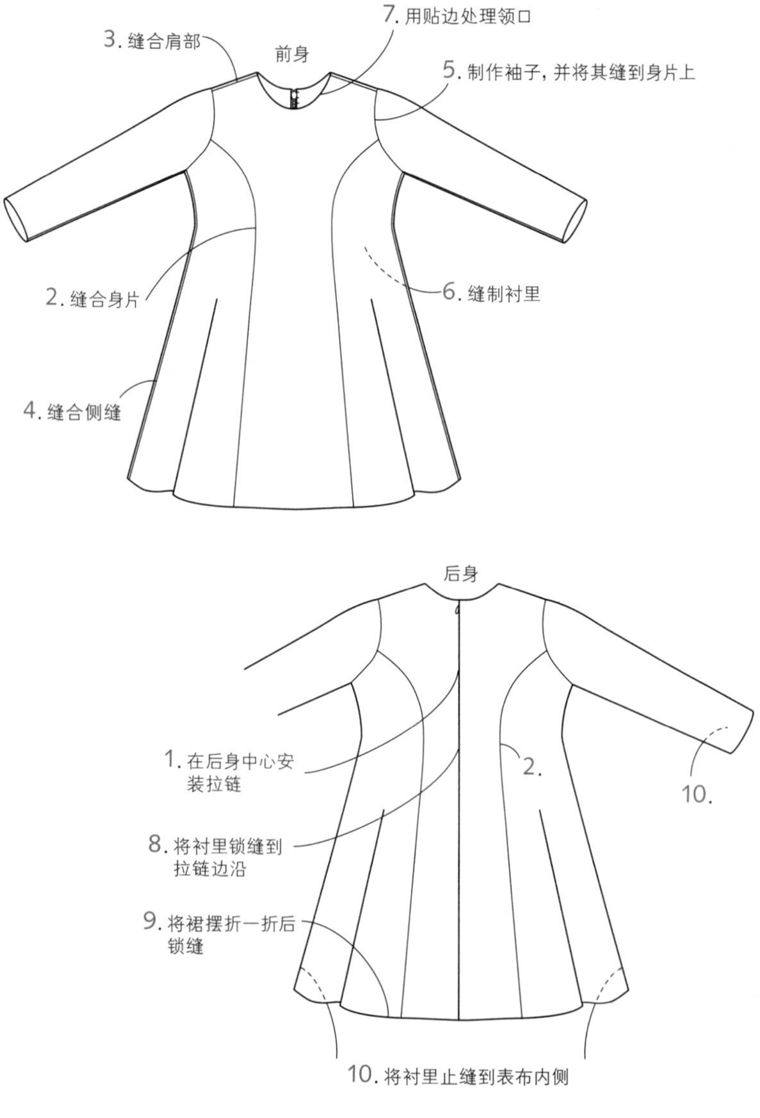

1. 在后身中心安装拉链

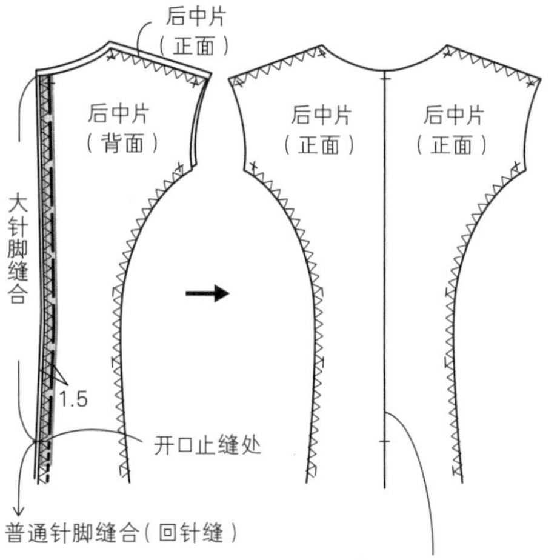

❶后中片正面相对合到一起，对齐后缝合后身中心
※开口止缝处以上大针脚缝合，以下普通针脚缝合

❷分开缝份，安装隐形拉链（参照 88、89 页）

2. 缝合身片

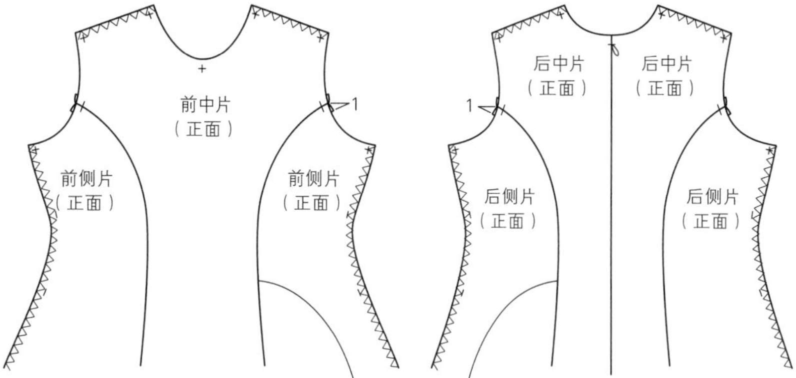

正面相对合到一起，对齐后缝合刀背线，分开缝份

3. 缝合肩部

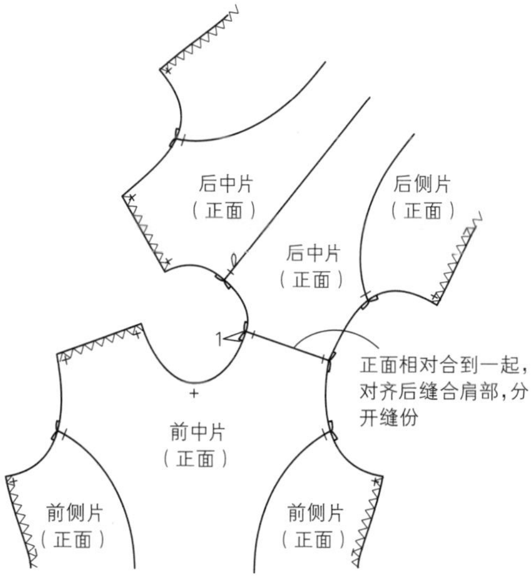

4. 缝合侧缝

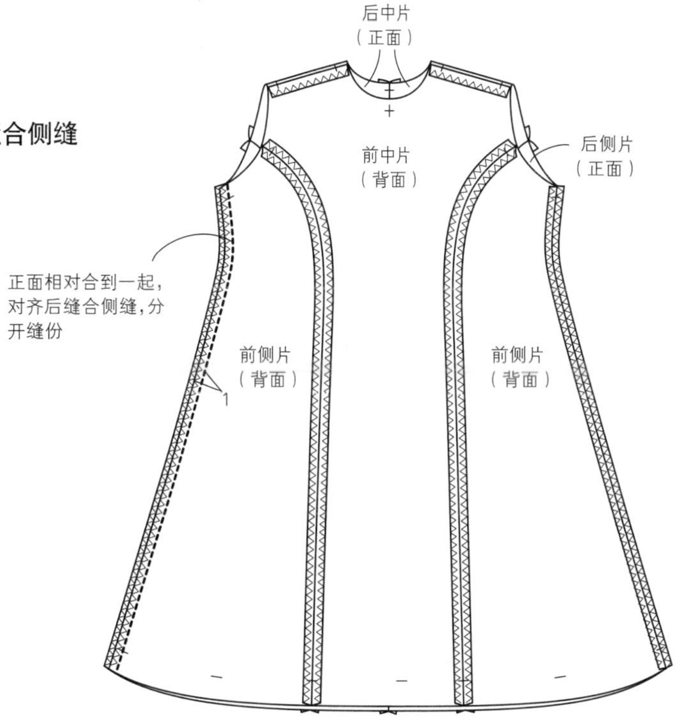

5. 制作袖子，并将其缝到身片上

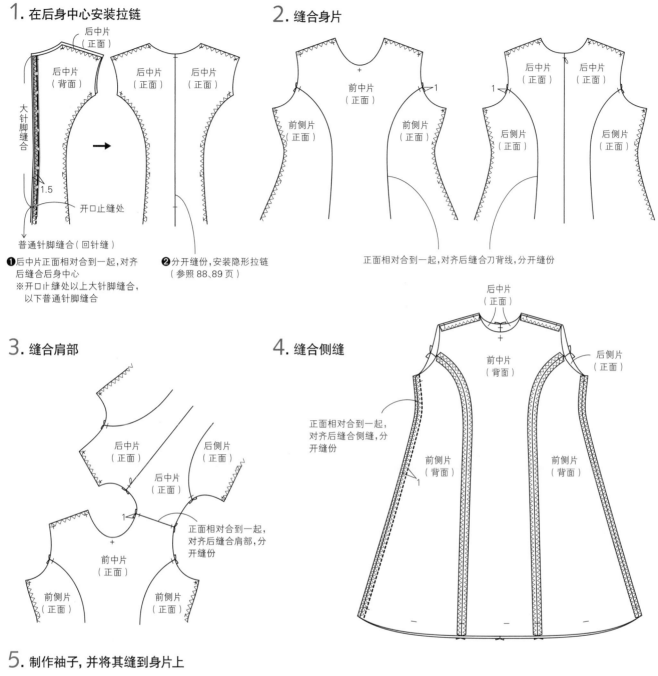

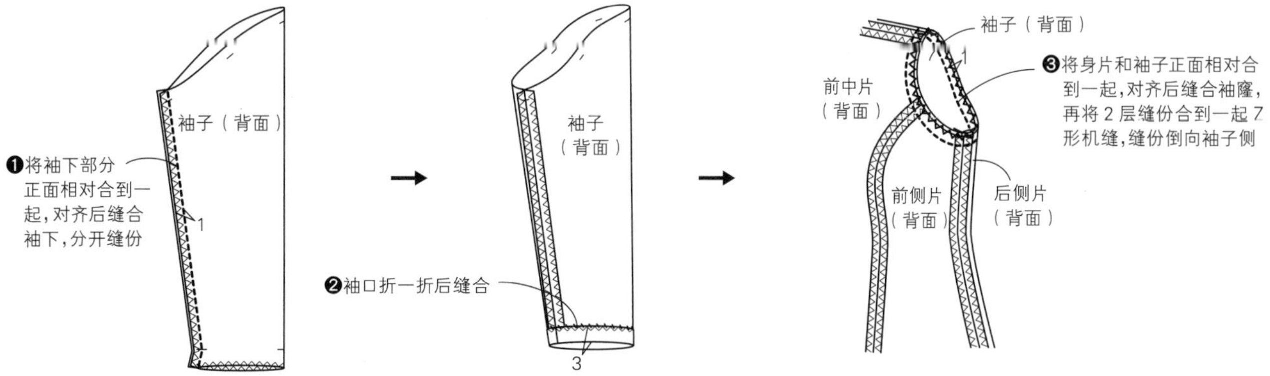

❶将袖下部分正面相对合到一起，对齐后缝合袖下，分开缝份

❷袖口折一折后缝合

❸将身片和袖子正面相对合到一起，对齐后缝合袖窿，再将 2 层缝份合到一起 Z 形机缝，缝份倒向袖子侧

6. 缝制衬里

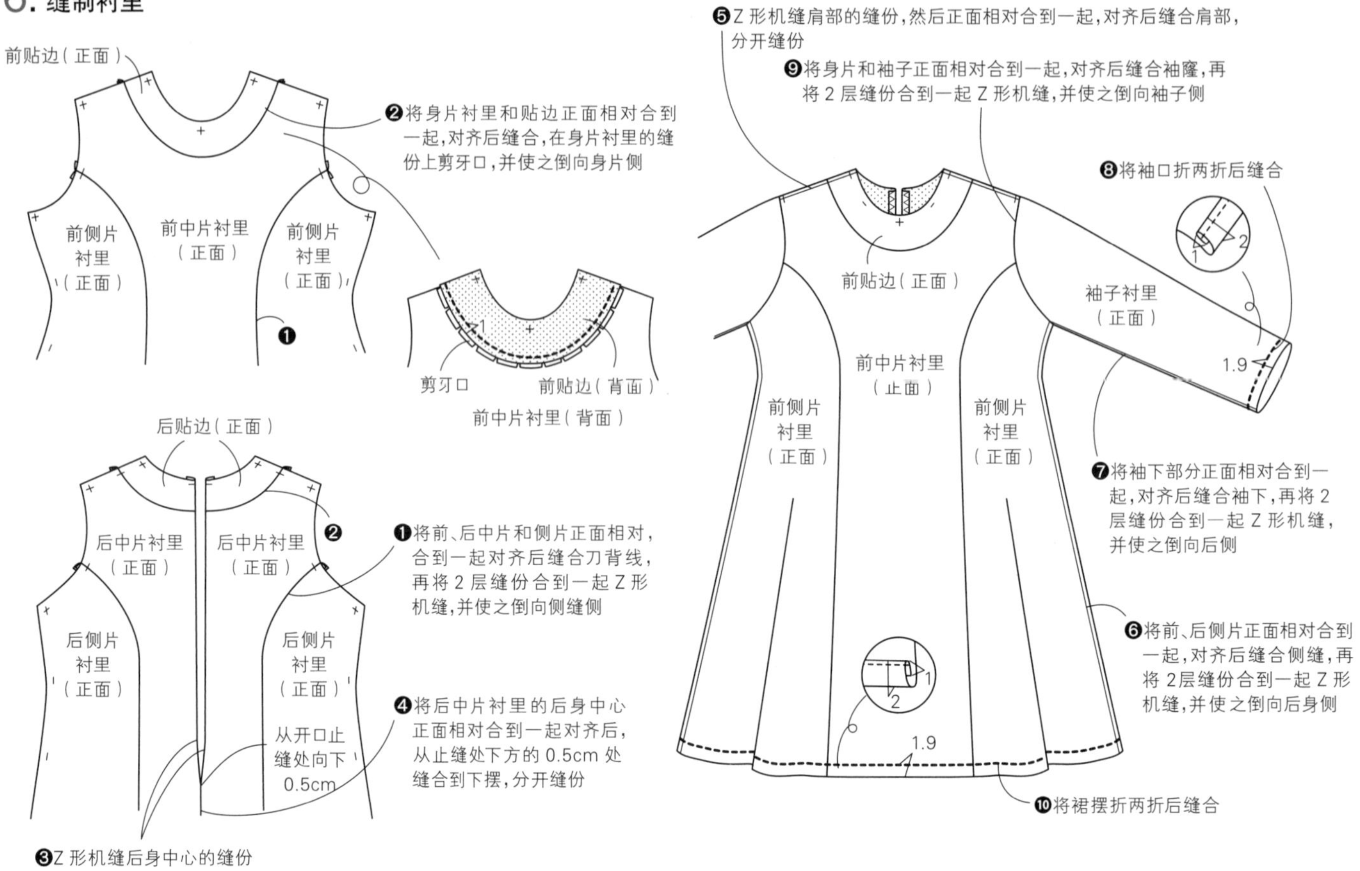
前贴边（正面）
❷将身片衬里和贴边正面相对合到一起，对齐后缝合，在身片衬里的缝份上剪牙口，并使之倒向身片侧
前侧片衬里（正面）
前中片衬里（正面）
前侧片衬里（正面）
❶
1
剪牙口
前贴边（背面）
前中片衬里（背面）
后贴边（正面）
❷
后中片衬里（正面）
后中片衬里（正面）
❶将前、后中片和侧片正面相对，合到一起对齐后缝合刀背线，再将2层缝份合到一起Z形机缝，并使之倒向侧缝侧
后侧片衬里（正面）
后侧片衬里（正面）
从开口止缝处向下0.5cm
❹将后中片衬里的后身中心正面相对合到一起对齐后，从止缝处下方的0.5cm处缝合到下摆，分开缝份
❸Z形机缝后身中心的缝份
❺Z形机缝肩部的缝份，然后正面相对合到一起，对齐后缝合肩部，分开缝份
❾将身片和袖子正面相对合到一起，对齐后缝合袖窿，再将2层缝份合到一起Z形机缝，并使之倒向袖子侧
❽将袖口折两折后缝合
1
2
前贴边（正面）
袖子衬里（正面）
1.9
前中片衬里（正面）
前侧片衬里（正面）
前侧片衬里（正面）
❼将袖下部分正面相对合到一起，对齐后缝合袖下，再将2层缝份合到一起Z形机缝，并使之倒向后侧
❻将前、后侧片正面相对合到一起，对齐后缝合侧缝，再将2层缝份合到一起Z形机缝，并使之倒向后身侧
1
2
1.9
❿将裙摆折两折后缝合

7. 用贴边处理领口

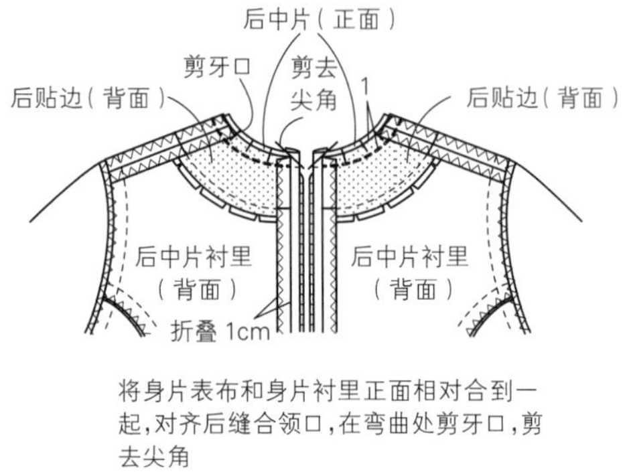
后中片（正面）
剪牙口
剪去尖角
1
后贴边（背面）
后贴边（背面）
后中片衬里（背面）
后中片衬里（背面）
折叠1cm
将身片表布和身片衬里正面相对合到一起，对齐后缝合领口，在弯曲处剪牙口，剪去尖角

8. 将衬里锁缝到拉链边沿

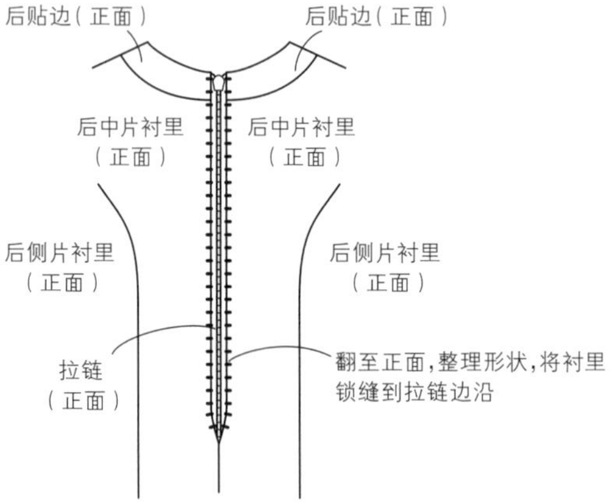
后贴边（正面）
后贴边（正面）
后中片衬里（正面）
后中片衬里（正面）
后侧片衬里（正面）
后侧片衬里（正面）
拉链（正面）
翻至正面，整理形状，将衬里锁缝到拉链边沿

9. 将裙摆折一折后锁缝

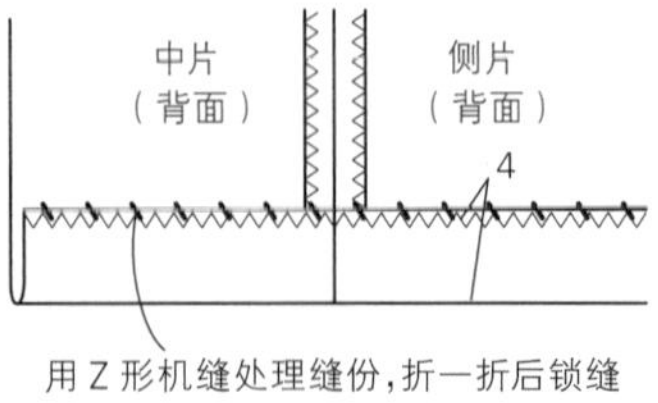
中片（背面）
侧片（背面）
4
用Z形机缝处理缝份，折一折后锁缝

10. 将衬里止缝到表布内侧

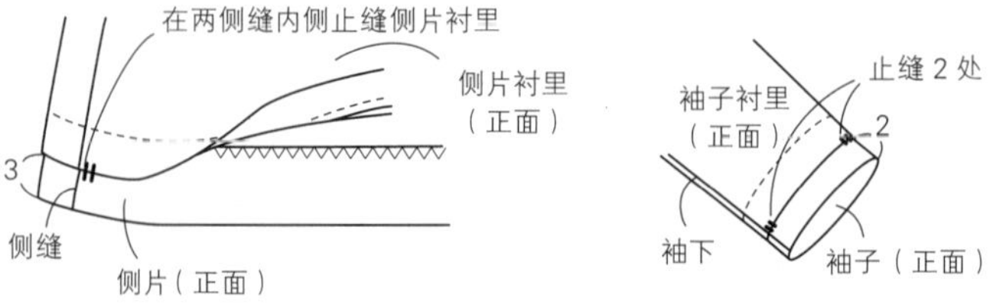
在两侧缝内侧止缝侧片衬里
侧片衬里（正面）
3
侧缝
侧片（正面）
止缝2处
袖子衬里（正面）
2
袖下
袖子（正面）

吊带裙…24页

实物等大纸样

前身片…[E]吊带裙 前身片

后身片…[E]吊带裙 后身片

材料

人造丝绸…92cm宽×240/250/260/260/260cm

圆环…内径1cm×2个

8字形调节扣…内径1cm×2个

成品尺寸

衣长(从后身中心上端到下摆)…67/69/71.5/70.5/69.5cm

胸围…83.5/87.5/91.5/96.5/101.5cm

※从左边或上边开始分别为7/9/11/13/15码的尺寸

裁剪方法图

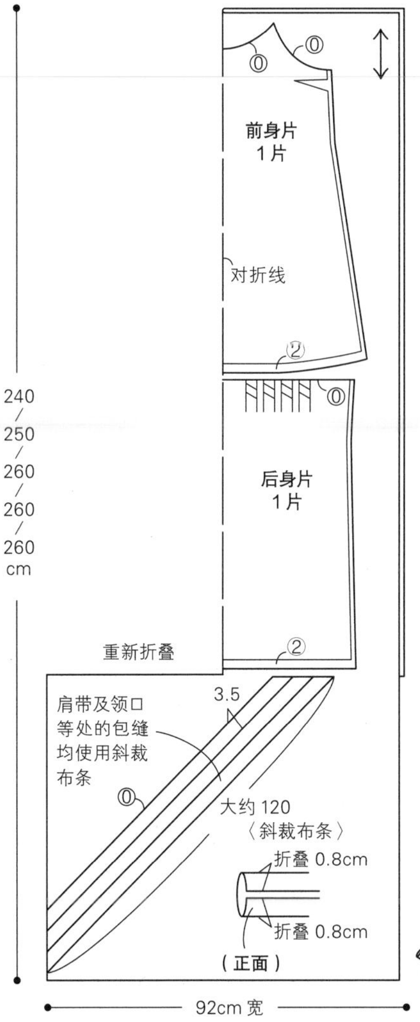

※○内的数字表示缝份,指定以外的缝份均为1cm

缝制顺序

※参照裁剪方法图裁布,先做好斜裁布条

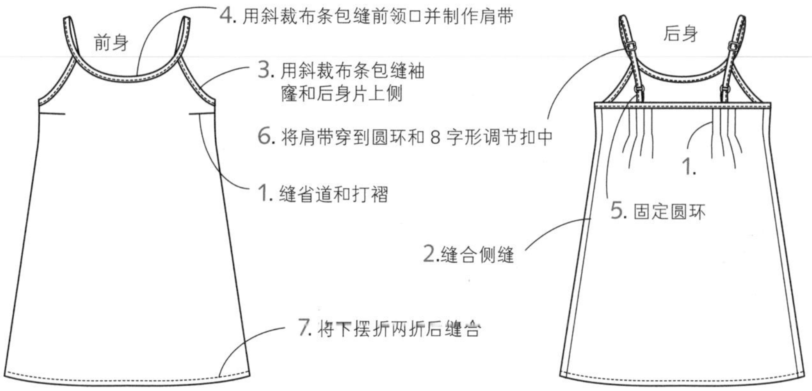

1. 缝省道和打褶

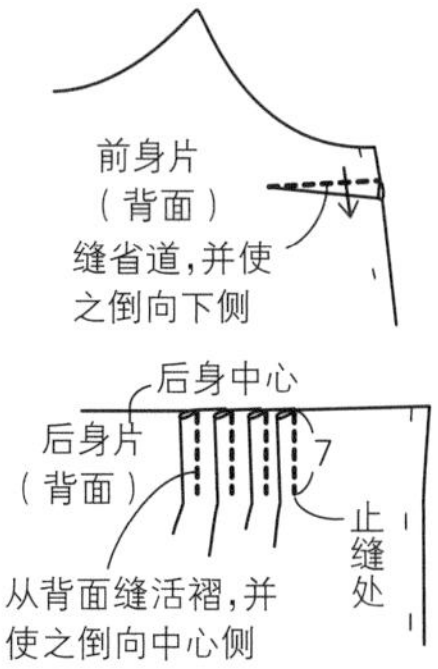

2. 缝合侧缝

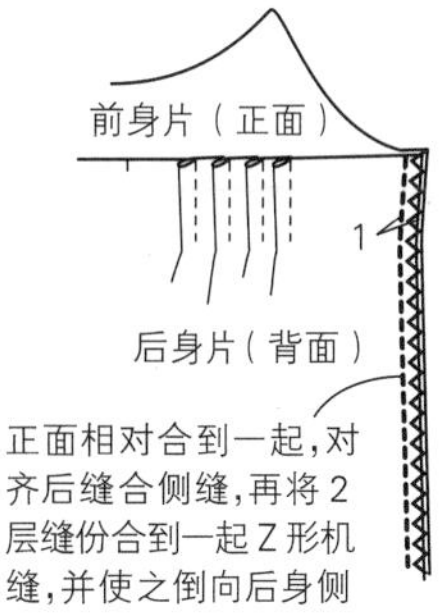

3. 用斜裁布条包缝袖窿和后身片上侧

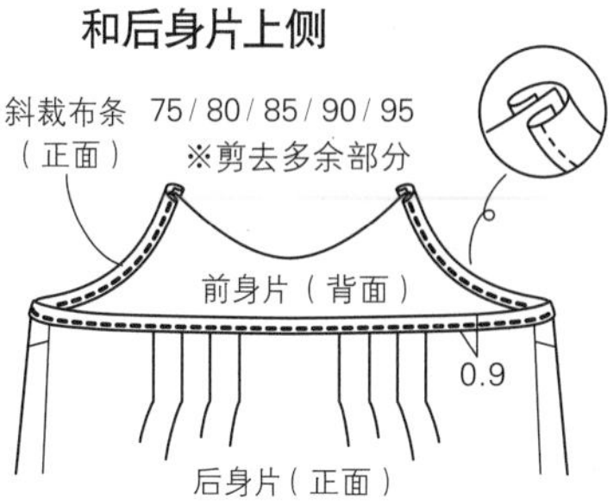

4. 用斜裁布条包缝前领口并制作肩带

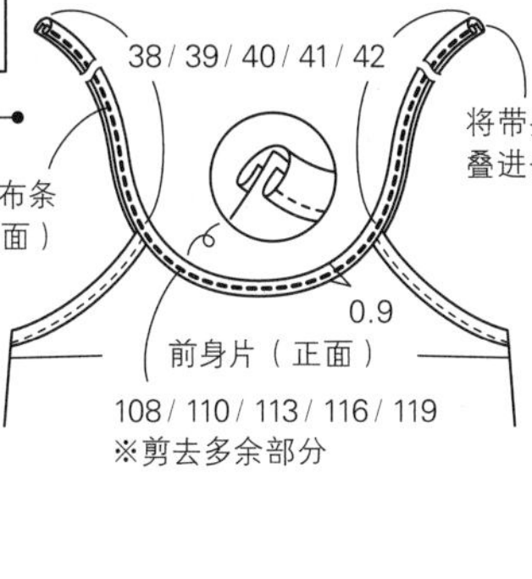

5. 固定圆环

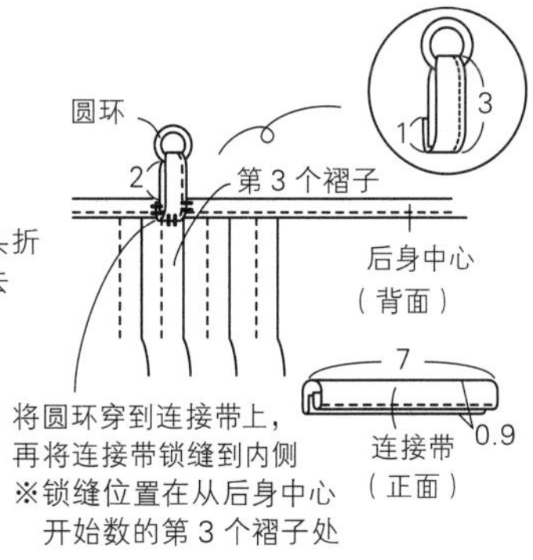

6. 将肩带穿到圆环和8字形调节扣中

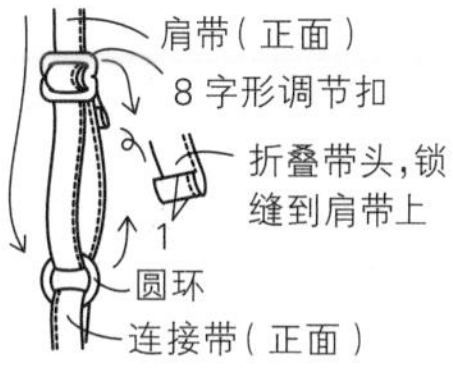

7. 将下摆折两折后缝合

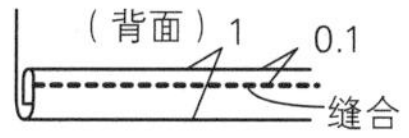

Photographer: Noriaki Moriya
Original Japanese edition published in Japan by NIHON VOGUE Corp.
Simplified Chinese translation rights arranged with BEIJING BAOKU INTERNATIONAL CULTURAL DEVELOPMENT Co., Ltd.

备案号：豫著许可备字-2020-A-0170

图书在版编目（CIP）数据

详尽的服装版型教科书 . 裙装篇 /（日）野木阳子著；边冬梅译 .—郑州：河南科学技术出版社，2023.7
ISBN 978-7-5725-1198-1

Ⅰ . ①详… Ⅱ . ①野… ②边… Ⅲ . ①裙子—服装设计 Ⅳ . ① TS941

中国国家版本馆 CIP 数据核字（2023）第 090406 号

野木阳子

桑泽设计研究所服装设计专业毕业。
在纽约的梅森萨福服装设计学院学习法式时装。现在一边举办成人服装研讨会，一边以成人服装和童装为中心发表作品。也从事原创缝纫的设计，提倡享受缝纫的快乐。
著作有《第一次也能缝好拉链、包和衣服之书》（日本文艺社）、《穿起来很舒服的婴幼儿服装》（日本宝库社）等。

出版发行：河南科学技术出版社
地址：郑州市郑东新区祥盛街 27 号　　邮编：4
电话：（0371）65737028　65788613
网址：www.hnstp.cn
策划编辑：刘　欣
责任编辑：梁　娟
责任校对：耿宝文
封面设计：张　伟
责任印制：张艳芳
印　　刷：北京盛通印刷股份有限公司
经　　销：全国新华书店
开　　本：889 mm × 1 194 mm　1/16　**印张：**12.5　**字数：**210 千字
版　　次：2023 年 7 月第 1 版　　2023 年 7 月第 1 次印刷
定　　价：59.00 元